Forêt et eau

XIIIe – XXIe siècle

Textes réunis et présentés par Andrée Corvol

Forêt et eau

XIIIe – XXIe siècle

L'Harmattan

5-7, rue de l'École-Polytechnique ; 75005 Paris

http://www.librairieharmattan.com
diffusion.harmattan@wanadoo.fr
harmattan1@wanadoo.fr

ISBN : 978-2-296-03809-7
EAN : 9782296038097

Remerciements

Le Groupe d'Histoire des Forêts Françaises remercie, pour l'aide et les fonds qu'ils ont apportés, les organismes suivants :

- l'Agence de l'eau, Adour Garonne,
- le CNRS,
- le Conseil Général de la Gironde,
- le Conseil Régional d'Aquitaine,
- le Ministère de l'Agriculture et de la Pêche,
- l'Office National des Forêts,
- le Syndicat des Sylviculteurs du Sud-Ouest.

Ni la tenue du colloque international « La Forêt et l'Eau, XIIIe-XXIe siècle », ni la publication de ses Actes n'auraient été possibles sans cette contribution matérielle.

Préface

*Andrée CORVOL**

Dans les années 1980, les recherches concernaient Forêts et Pollutions atmosphériques. Point de salut, c'est-à-dire de crédits, sans cela. Las ! le soufflé médiatique retomba et, avec lui, la sollicitude politique. On vira de bord. On étudia les menaces qui pesaient sur l'eau. C'était une conséquence de la sécheresse de 1976 : dans les supermarchés, on s'était précipité sur les eaux minérales. Dès lors, on regarda de près la consommation française, on constata qu'en toute période, on préférait l'eau en bouteille à l'eau du robinet. Elle faisait partie des spécificités françaises. On informa les citadins qu'au plan sanitaire le Château La Pompe était excellent. On entreprit d'amender goût, odeur, couleur. Du coup, on délaissa le chapitre forestier.

Dans les années 1990, les photographies satellitaires révélèrent le « trou d'ozone ». On observa son extension. On évoqua les cancers qu'il provoquait. On critiqua un modèle industriel dévoreur d'énergies fossiles. En déclarant l'homme coupable de tout, on écarta les facteurs naturels, on limita la discussion à l'effet de serre, aux gaz qui en étaient cause. Aucune télévision n'informa les spectateurs quant aux éruptions volcaniques, aux incendies forestiers. Aucune ne rappela que la photosynthèse transforme le CO2 en carbone-bois, que la respiration rejette vapeur d'eau et gaz carbonique. C'était l'époque de la forêt amazonienne « poumon planétaire ». On multiplia les reportages sur le déboisement tropical. On le confondit avec les récoltes normales : celles qui respectent la régénération naturelle.

Dans les années 2000, enfin, grâce aux tempêtes et aux inondations, on maria Eau et Forêt. En effet, c'est la saturation des sols qui accentue le phénomène des chablis. On le nota au lendemain des tempêtes de 1999. De même, c'est le remplacement végétal par une surface imperméable (lotissements, parkings) qui diminue l'infiltration. On s'en aperçut au travers des dégâts répétés qu'occasionnent les crues

---

* Directeur de recherche, CNRS. Présidente du Groupe d'Histoire des Forêts Françaises.

languedociennes, mosellanes et mosanes. On fit tant que chacun crut le problème nouveau. Tout le monde en déduisit (à tort) que la forêt régressait, victime de la fièvre immobilière et des aménagements routiers. Hélas, les tempêtes, les inondations ne datent pas d'aujourd'hui. Quant à la couverture forestière, jamais elle n'a été aussi étendue. Au XXe siècle, elle progressa de 1 à 2 %. Sur les trente dernières années, de 4 à 5 %. Et maintenant, elle représente 28 % du territoire national. Au demeurant, le gain fut spontané, « sauvage » : 86 % des boisements sont naturels, 14 %, dirigés. Ainsi, le « déboisement » est imaginaire et l'afforestation, moins efficace qu'on ne le disait pour contrer la montée subite des eaux. Le rôle de la forêt est ailleurs.

En forêt tropicale, les échanges gazeux sont équilibrés : l'arbre fixe autant de CO2 qu'il en émet. À cela s'ajoute ce que dégage et recycle la décomposition de la biomasse. En forêt tempérée et boréale, au contraire, le bilan carboné est déséquilibré : dans la période chaude, sous forme ligneuse, l'arbre stocke davantage de CO2 qu'il n'en produit ; dans la période froide, le métabolisme ralentissant, l'arbre réduit sa respiration, donc l'émission de CO2 et de vapeur d'eau. Par la nutrition minérale, il absorbe les minéraux qu'apportent les épandages agricoles, les émanations industrielles. Comme la forêt comporte des centaines, des milliers de sujets, elle contribue aux précipitations en condensant la vapeur d'eau (refroidissement nocturne), à l'assainissement des eaux en ponctionnant nitrates et phosphates (action des mycorhizes). Cela caractérise toute forêt en tout lieu. Dans le cas des forêts cultivées, la récolte prélève les troncs déclarés matures : dans les charpentes, les huisseries, le CO2 reste piégé. Avantage de l'exploitation : on amplifie le stockage ligneux, puisqu'un peuplement nouveau remplace le peuplement ancien.

Naguère, le propriétaire forestier était rémunéré par le biais des taxes d'usage et par la vente des surplus ligneux. À partir du XVIIIe siècle, on observe la progression du commerce des bois. La perspective des profits aggrave la répression des usages : on préfère céder à leurs bénéficiaires une fraction de surface afin de libérer le restant (au moins les deux tiers). L'extinction des usages prélude à l'orientation productiviste. On améliore alors la conduite des peuplements afin d'obtenir moins d'arbres et plus de gros bois. On privilégie alors les essences à haut rendement (récolter vite). On sélectionne les sujets d'élite (produire mieux). On élimine progressivement les tiges inutiles. Évidemment, cela suppose investissements et interventions. On accepte dans la mesure où l'exploitation est bénéficiaire. On ne réfléchit guère aux fonctions que remplit la forêt : écrêter le volume hydrique, affaiblir le ruissellement superficiel, accroître l'infiltration en profondeur qui alimente les nappes phréatiques.

Aujourd'hui, le système est perturbé par la faiblesse des prix ligneux, alors qu'augmentent les dépenses en machines et en salaires, qu'augmentent aussi les demandes des citadins : préservation des paysages, dénonciation des résineux, exigences en matière d'éco-certification, en matière de biodiversité également. On conçoit que les forêts domaniales en supportent la charge : le contribuable compense (ou devrait compenser…) le surcoût (8 à 10 %). Mais qui indemnisera le propriétaire particulier ? Il ne saurait reporter le surcoût sur la vente des bois : renchérir les prix éteindrait les ventes. Or, les acheteurs boudent déjà le bois français, trop cher par rapport aux cours mondiaux. Découragé par la médiocrité des offres, par la perte en capital que qu'entraînent vents et flammes, beaucoup ont envie de jeter l'éponge. En bien des cas, s'il y en avait la possibilité, on vendrait le fonds ou bien on le lotirait. C'est exclu quand la forêt est située en zone inconstructible. Ne pouvant en tirer parti de cette manière, on compte sur la location des chasses, le ramassage des baies, des champignons. Au reste, le sort du propriétaire ne préoccupe guère. S'il possède une surface notable, il est un « nanti ». S'il possède un timbre-poste, il en tire peu de bois. De toute façon, pour vivre, aucun ne dépend du revenu forestier.

Sans doute conviendrait-il de réfléchir sur les compensations nécessaires à l'ouverture au public, à la prestation de services aussi éminents que le recyclage et l'épuration des eaux. Mais comment chiffrer les données immatérielles ? On évalue les nuisances qu'occasionnerait la disparition d'une forêt particulière. Comme cela aurait un coût pour la collectivité, il est juste d'en reverser le montant aux sylviculteurs à condition qu'ils exploitent dans les règles de l'art. Il suffit de négocier un accord entre partenaires : à l'échelle d'un bassin-versant, cela concerne les représentants des sylviculteurs et ceux des agglomérations. Ainsi, après la forêt victime de l'homme et l'homme victime de lui-même, on admet que la forêt cultivée aide davantage le combat écologique que la forêt spontanée. Cependant, soyons réalistes : ce n'est pas parce que les spécialistes le disent que l'opinion en est convaincue. À ce sujet, l'amélioration de l'information est indispensable. Le slogan « le bois est essentiel » marque une première étape : on éclaircit la question au plan général. Encore faut-il montrer que les achats doivent viser en priorité les bois européens, mieux, les bois français ! Comme 70 % des forêts de l'hexagone sont de droit privé, que 40 % d'entre elles dérivent hors du circuit économique, on mesure le chantier…

Néanmoins, on a le sentiment que la réflexion évolue. Une génération, la génération post-soixante-huitarde, a basculé d'une consommation hydrique effrénée à la conscience de sa préciosité. Évidemment les factures y ont contribué ! Peu à peu, on ne limite plus la forêt aux activités ludiques, on découvre les fonctions qu'elle remplit gratuitement, des fonctions qui conditionnent la qualité de vie. On établit la relation Eau et Forêt. Avec la défense des forêts, celles des tropiques, autrement dit celles d'ailleurs, on exalte la conscience écologique. Un tel comportement innove-t-il véritablement ? Pas sûr. En témoigne la récente exposition du Musée Magnin à Dijon (Côte-d'Or). Elle portait sur *Le Déluge*. Comme les peintures reflètent plus ou moins le savoir et la crainte des contemporains, le thème naquit au XVIe siècle. On mettait en scène données politico-religieuses et réalités naturelles.

À l'époque, dans le cadre du conflit opposant puissances protestantes et catholiques, on apprit la défaite espagnole ; on n'avait pas cru au succès anglais. Cela tenait moins au commandement élisabéthain qu'au déchaînement maritime. La propagande exploita une défaite totalement inattendue. On déclara, on représenta L'Eternel soutenant la cause antipapiste. On lisait ainsi les modifications environnementales, les événements météorologiques au travers des idéologies religieuses. En fait, depuis la fin du Moyen Age, la Mer du Nord connaissait une remontée marine. Déjà, les tempêtes y étaient meurtrières, car amplifiées par la plate-forme continentale. Les flots submergèrent les cordons littoraux, qui abritent les terres, et les digues artificielles, qui rehaussent les berges. Tout fut anéanti, à commencer par les installations piscicoles et les chantiers maritimes. L'eau envahit l'intérieur des terres. Les habitants s'enfuirent mais revinrent. On transforma le spectacle en image biblique. La baleine qui avala Jonas devint un monstre jailli des profondeurs marines. Le « poisson » incarnait le croyant qui assiste au châtiment des méchants : les catholiques. L'iconographie jonassienne est anglo-hollandaise. Vivant dans la pluie et le vent, les artistes écoutaient les pêcheurs, les commerçants, les navigateurs. Les ressources locales reposaient sur l'import-export de poissons salés ou fumés, de marchandises coloniales, de pondéreux scandinaves.

Au XVIIe siècle, les images montrèrent la terre devenue chaos. Les tourbillons entraînaient les cadavres. Les forêts basculaient dans les flots. Une femme échevelée, l'Ève pécheresse, essayait de sauver son enfant, l'Innocent échappé au Massacre. Elle le tendait à l'époux, l'Adam repenti, et acceptait le châtiment : elle abandonnait la main secourable. La punition concernait l'humanité entière et non plus les seuls méchants. Au premier plan, un cèdre ou plutôt un sapin résumait toute la forêt. Le cèdre revient souvent dans l'Ancien Testament comme symbole d'orgueil, d'arrogance : le souffle de Dieu suffit à le renverser. Mais le peintre connaissait mal cette essence, la remplaçait par les résineux qui lui étaient familiers. Il les avait vus expédier des fjords norvégiens ou convoyer de l'arrière-pays mosan. L'essentiel, c'était leur dimension, leur volume. On insistait dessus tant ce symbole d'orgueil devait attirer les foudres de Yahvé, version jupitérienne : l'éclair déchirait les nuées et les trombes d'eau emportaient les hommes. Dieu était derrière tout bienfait, tout malheur. Il créa les arbres pour les hommes : on mange leurs fruits, on emploie leurs bois, Dieu les détruisait quand ils succombaient au mal. La chute des forêts était tout autant menace que châtiment. Menace : l'eau montait et ruinait récoltes et semailles. Châtiment : l'eau tombait continûment et tuait l'humanité.

Au XVIIIe siècle, on découvrit le pouvoir de la science. On mesura la profondeur des fleuves, le volume des inondations. Pour atténuer leurs effets, on dragua, on démolit les constructions riveraines, on limita les installations qui barraient le cours des rivières. Le programme était assez conséquent pour séduire les financiers. On entreprit de désenclaver les régions productrices de blés et de bois, de bois de mâture notamment. Les gisements pyrénéens étaient quasi épuisés. Les gisements franc-comtois entraient en exploitation. Pourtant, les charpentiers de marine proclamaient que les mâts les meilleurs étaient scandinaves. Mais avec la Guerre de Sept Ans, l'ex-allié prussien ferma les voies maritimes (les Anglais croisaient au large des ports baltiques) et les voies terrestres (les Prussiens bloquaient les convois de grumes). Aussi les artistes remplacèrent-ils le thème Forêt et pluies diluviennes par le thème Forêts et érosion torrentielle. La crue des torrents ravageait scieries et moulins dont le fonctionnement réclamait un débit modeste, mais régulier. La crue disloquait aussi les radeaux de grumes : les troncs brisaient les piles des ponts et minaient l'édifice. On le voit : l'eau que l'homme ne maîtrisait plus renversait son œuvre. On dépassait l'enseignement religieux pour souligner la leçon naturelle : les individus pèsent peu quand l'eau déferle. Il fallait attendre le reflux pour rebâtir. S'il demeurait une morale, c'était celle du travail.

Au XIXe siècle, on enterra ces réflexions, mais on conserva les images. Les Romantiques montrèrent les débordements torrentiels, avec arbres basculés et transportés, racines dénudées et souches déplacées. Cela persista au-delà des années 1830. Le thème doit son maintien à l'École de Genève : sa réussite tient autant au tourisme rousseauiste qu'à l'émigration révolutionnaire. Au centre : Auguste Calame, son atelier, ses élèves. Le thème inspira d'innombrables, que dis-je ? d'innommables barbouilleurs. Parmi eux, des pères de famille qui détestaient les excursions, des jeunes filles qui recherchaient les prétendants. Sans parler des voyageurs qui relataient l'épreuve qu'était la traversée d'un torrent, d'une forêt. Le thème fut adopté par la Société des Peintres de Montagne. Née sous le Second Empire, elle regroupait Belges, Français, Allemands. Le commerce de ses œuvres, tableaux et lithos, accentua l'ambiguïté des hautes terres : la montagne constituait un espace dangereux, mais les montagnards demeuraient

« authentiques », la civilisation les ayant épargnés. Dans l'affaire, le torrent comptait moins que la forêt : elle portait l'empreinte de sa folie meurtrière. On devait la secourir. Les populations en tireraient un revenu. Enfin, le progrès technique si souvent critiqué servirait une grande cause nationale.

Et la plaine dans tout cela ? Et bien, il fallut la fin du XIXe siècle pour la dépeindre sous les eaux non du déluge, mais de l'inondation. Elle couvrait les voies ferrées et montait jusqu'au premier étage des maisons. Les impressionnistes ne décrirent aucune ruine, aucun bâtiment écroulé, aucun véhicule charrié. Ils traduisaient la submersion générale et le miroitement de l'eau sous l'effet d'un soleil hésitant entre hiver et printemps. Sans le savoir, ils imitaient Mac Mahon. Le pauvre fut brocardé pour avoir dit : « Que d'eau ! Que d'eau ! ». C'était l'évidence même. Une fois les terres noyées, on espérait que la décrue arriverait. On pourrait alors aérer, sécher ou jeter intérieurs et mobiliers. C'était l'heure du bilan avec l'évaluation des dégâts, des requêtes afin d'obtenir une réduction fiscale, voire quelques subsides. On voulait que cela ne se produise plus. Dans la zone amont, on renforçait les digues. En bordure du fleuve, on les rehaussait. On agissait comme si rien n'avait été jamais fait. Pourtant, entre deux accidents météorologiques, maints experts critiquaient les deux méthodes (renforcer, rehausser la protection latérale). Ils prétendaient que cela accentuait le fléau en resserrant le lit de la rivière.

Cependant, les peintures n'évoquent jamais la domestication des torrents et fleuves : la nature attire quand elle ignore la discipline humaine. Au contraire, les photographies révèlent des pentes dénudées et des digues délabrées ainsi que les premiers semis, les premiers potets sur les périmètres de reboisement. Ainsi, elles révèlent l'engagement du programme RTM. Cela permet d'en suivre la progression. Au reste, mieux vaudrait parler de « périmètres de boisement » que de reboisement car, bien souvent, la forêt n'avait pas retrouvé l'extension antérieure aux glaciations du Quaternaire. C'est en cela que le XIXe siècle, fort de ses compétences, inaugura un nouvel âge des forêts : installer l'arbre au paradis de l'herbe et de la neige (pâtures d'altitude), installer l'arbre dans les étendues acides sèches l'été, mouillées l'hiver (landes à bruyères et à genêts). On développait une politique volontariste, au risque de heurter les éleveurs. On expliquait qu'à terme, cela enrichirait les populations et désarmerait leur hostilité. Bref, pour lutter contre l'excès d'eau, l'eau qui dévale ou l'eau qui persiste, on prétendait créer des forêts de production qui, en outre, rempliraient un rôle de protection.

On souhaitait retarder l'écoulement et éponger le trop plein. On exploitait la formidable capacité des végétaux, des arbres surtout. Ceux-ci pompent d'énormes quantités hydriques qu'ils rejettent sous forme gazeuse. On ignorait qu'au-delà d'une certaine altitude, dans le sol, la réserve hydrique n'est disponible qu'en été ; que, sur le sol, la réverbération solaire est intense et brûle les écorces et les feuillages des essences sensibles. On ignorait aussi qu'un jour, en raison du réchauffement climatique, le recul glaciaire, la sécheresse printanière affaibliraient l'approvisionnement des sources, ce qui rend préférable l'emploi de plantes basses. On exploitait également la capacité qu'a la litière de feuilles mortes de recouvrir le sol, d'absorber l'eau, tandis que les racines apparentes fragmentent le ruissellement, que les racines superficielles soutiennent l'enrochement. On ignorait encore que des vignes, des prairies feraient de même. On ignorait d'ailleurs que les ligneux ne vivent pas d'eau fraîche : les travaux sur la nutrition minérale étaient très peu connus. Ainsi, après le « Que d'eau ! Que d'eau ! », on demanda « Plus d'arbres ! Plus d'arbres ! ». On postulait la facilité du « reboisement » ainsi que la faiblesse de sa dépense : la plupart des gens minoraient les difficultés de l'entreprise, persuadés que les arbres poussaient en tout lieu et par tout temps. On écartait aussi la difficulté de déterminer les superficies nécessaires à la diminution des inondations.

Les malveillants ne manquèrent pas de souligner le caractère chimérique de l'ambition administrative : un tiers de la France serait boisé. À l'époque, cela semblait fou, l'agriculture ne produisant pas assez pour perdre tant de terres. Aujourd'hui, cela n'a plus rien de chimérique, puisque c'est fait ! La déprise rurale facilita l'afforestation tant et si bien que la proportion est presque atteinte (28 %). À cet égard, peu importe que la nature ait travaillé davantage que l'homme. C'est donc à la faveur d'un certain nombre d'incertitudes qu'on encouragea le « reboisement » des espaces considérés comme improductifs. Devant pareille approche, on comprend la colère paysanne. Certes, on promettait un revenu hypothétique, mais il ne pouvait profiter qu'aux petits-enfants, voire qu'aux arrière petits-enfants : l'espérance était lointaine. On devait indemniser les éleveurs, acquérir les pâtures, mais les caisses étaient vides. Ainsi, obtenir le consensus fut délicat. C'est la lenteur des discussions plus que les erreurs de technique qui rend compte du retard enregistré. Cela se passa mieux en plaine (Sologne, Gascogne) qu'en montagne (massifs alpins et pyrénéens) sans doute parce que le placement parut rentable dans un cas, incertain dans l'autre : les capitaux privés n'allèrent pas en montagne, mais s'investirent en plaine. Et puis, que d'échecs ! que d'échecs ! dès les premières opérations.

Après les pannes des années 1870-1880, les essais des années 1890-1900, enfin la méthode fut au point. Mais le premier conflit mondial ajourna l'exécution. La paix revenue, on retrouva l'ambition première. Cette fois, on manquait d'hommes et d'argent. En raison de la Grande Crise, on employa la main d'œuvre en quête de subsides et de provisions (le chômage privait le dixième de la population active de toute ressource). Mais on finança chichement l'opération : au lieu des engins mécaniques, on préféra mobiliser davantage de bras. Cela continua jusqu'au second conflit mondial. Celui-ci fini, on privilégia la reconstruction des villes et le rétablissement des infrastructures. Avec timidité, dans le cadre des Trente Glorieuses, le programme RTM fut repris, mais, comme nous l'avons dit, la déprise rurale aida la nature. Par contre, dans les vallées et les plateaux, le Fonds Forestier National intéressa les cultivateurs à l'entreprise. Ils recherchaient là un revenu complémentaire. Comme ni les uns ni les autres ne songeaient guère aux méfaits de l'eau, on peut dire que ces Jourdain-là faisaient de la prose sans le savoir. C'est-à-dire que les propriétaires sylvicoles participaient à la politique de l'eau sans le savoir. Maintenant, ils connaissent leur rôle et leurs charges : ils exigent une reconnaissance qui ne relèverait pas d'un simple coup de chapeau...

PREMIÈRE PARTIE

LA FORÊT PANACÉE CONTRE L'INONDATION ?

Des « eaux et forêts » à l'eau et la forêt

*Jean-Marie BALLU**

Le droit à l'eau, eau potable et assainissement, est internationalement reconnu. Les grands pays se sont engagés à procurer de l'eau saine à plus d'un milliard d'êtres humains d'ici dix ans et à assurer l'assainissement à deux milliards et demi d'entre eux, ce qui est déjà impossible. Presque tous les pays connaîtront des problèmes graves dans la gestion de l'eau douce. L'eau constituera le principal enjeu du développement économique et social de l'humanité en 2030 ! L'irrigation est indispensable pour nourrir les neuf milliards d'habitants, mais elle est la plus grosse consommatrice d'eau douce et un modèle d'inefficacité à l'échelle mondiale (60 % de pertes). Du fait du réchauffement climatique, du gaspillage et des pollutions, toutes les populations, à commencer par les plus pauvres, seront affectées. Plus près de nous, la Directive Cadre Européenne, appliquée à plus de vingt-cinq états, fixe à l'horizon 2015 des obligations très contraignantes pour améliorer la qualité des eaux. On souhaite atteindre le plus vite possible le « bon état écologique » des masses d'eau, expression qui demeure à préciser ? Ces objectifs supposent une désintensification et une modification des itinéraires agronomiques et des pratiques agricoles. De ce point de vue, moins que sur les nitrates, l'effort doit porter sur les pesticides, vrai problème de santé.

I – LA FORÊT, SOURCE DE L'EAU VITALE

La régulation du régime des eaux

La forêt est la source de l'eau pure. Les anciens l'avaient bien remarqué. Après le chêne de Dodone[1] qui abritait l'oracle de Zeus, pourvoyeur de la pluie, les croyants sculptaient des statuettes en chêne

* Ex-président de la section « eaux et milieux aquatiques » du Conseil général du Génie Rural des Eaux et Forêts.

1. D'après J. Brosse dans la « mythologie des arbres ».

qu'ils brûlaient sur les rives du fleuve Asopos, près du chêne du Cithéron (qui dominait la Béotie). Le rite provoquait la pluie, car leur combustion engendrait une fumée assimilée aux nuages annonciateurs de pluies. Au reste, dans la légende d'Ogygès, roi de Béotie, lors du déluge béotien on éleva une statue de chêne qui mit fin au déluge. Ces exemples traduisent la certitude antique : les grands arbres déclenchent et arrêtent les averses et régulent ainsi le régime des eaux.

Les scientifiques ont confirmé ce rôle de la forêt, en soulignant certains points. La plupart des cours d'eau ont leurs sources dans les hauteurs boisées, pièges à pluie et à neige dont la fonte est retardée. La forêt fonctionne comme une éponge absorbant l'eau. Elle régularise le régime des eaux sur l'année. Pourtant, elle a besoin d'eau car par évapotranspiration, elle attire la condensation des nuages et redonne la pluie. A contrario, la déforestation africaine ou amazonienne diminue l'évaporation et l'interception. C'est la spirale perverse et mortelle pour l'eau douce ! Enfin les ripsylves se sont révélées plus efficaces que les bandes enherbées contre les pollutions agricoles, nitrates, phosphates et pesticides, d'où des reboisements croissants des périmètres de captage.

La forêt, plus humide que les espaces non boisés, constitue un piège à pluie et à neige qui aide à régulariser le régime annuel des eaux. Elle ne laisse pas l'eau ruisseler. Elle ralentit et étale son évacuation. Chacun peut le constater en recherchant un abri pendant une averse, encore que dix minutes après, le feuillage est mouillé et l'eau de pluie coule alors de branche en branche jusqu'au sol, mais aussi le long du tronc en petite partie. En effet, le filtre du feuillage des arbres, 10 à 15 hectares par hectare forestier, ralentit la violence de la pluie, même orageuse.

Une fois au sol, retenue par le tapis de feuilles mortes et de brindilles, par le sous-étage et les racines, l'eau s'infiltre. Le sol, par sa litière et son humus, sa structure, son réseau de racines, absorbe trois à cinq fois plus d'eau qu'une prairie. Cela favorise le rechargement des nappes. Il est rare que le sol sature et qu'un ruissellement en nappe et encore moins en griffe apparaisse dans une forêt en bon état.

Le célèbre géographe Onésime Reclus avait écrit « l'eau, c'est l'arbre, l'arbre c'est l'eau. Un pacte indissoluble lie éternellement l'eau fuyante à l'éternuement immobile »[2]. La forêt occupe les sites où l'humidité atmosphérique se condense. Cela joue sur les montagnes, mais aussi sur le littoral. Si la forêt réclame l'humidité du ciel, elle la restitue, d'où une atmosphère humide qui attire les nuages. Plus la forêt est âgée et l'humus épais, plus elle joue un rôle modérateur. En outre, par

2. Onésime Reclus, 1837-1916, célèbre géographe et explorateur français.

l'évapotranspiration, elle émet de la vapeur d'eau et, par l'humidité induite, elle donne naissance aux nuages et à la pluie. C'est le cycle de l'eau. La déforestation des zones tropicales est une catastrophe, car les arbres disparus n'évaporent plus d'eau et n'en interceptent pas non plus, d'où la raréfaction des pluies et la disparition de l'eau douce dans un monde qui, avec le réchauffement et les canicules, en manque et en manquera de plus en plus. L'écologie rappelle que tout est interaction. Chaque espèce a sa place et son rôle sur terre. Toutes sont indispensables et interdépendantes. Ainsi, la survie des grands singes africains passe par la survie des forêts, laquelle garantit la survie de l'homme par le maintien de l'humidité indispensable à l'agriculture.

La forêt comme piège à neige

En forêt, les chutes de neige sont interceptées par les cimes des arbres. Parfois, elles sont surchargées, surtout pour les arbres de bordures dont les branches cèdent. On parle de « bris de neige ». Après des siècles d'évolution, certains arbres ont pris des formes « columnaires » évitant ainsi de se casser. Sous bois, des paquets de neige tombent des branches. Elles sont prêtes à la prochaine chute de neige. Enfin, chaque irrégularité, chaque ouverture dans le peuplement allonge les lisières. Là se forment des amas de neige, congères qui fondront lentement en raison de leur épaisseur. Certains pays comme les États-Unis ont même envisagé une sylviculture mélangeant feuillus et résineux afin d'augmenter cette structure en « nids d'abeille » qui accentue la fonction de « piège à neige ». Les arbres, en interceptant le soleil, retardent la fonte des neiges, ce qui favorise l'infiltration et le rechargement des nappes. Au fond, la forêt agit comme un barrage d'altitude retenant pendant plusieurs mois la neige et l'eau de fonte.

II – L'EAU CATASTROPHIQUE : INONDATIONS ET ÉROSIONS

La forêt freine les effets des précipitations et « les élans juvéniles de ces fous les torrents », comme disait joliment René Camens d'Améida en 1936. Lorsque la végétation est dégradée par exploitation abusive des forêts ou surpaturage, en pays de collines ou de montagne, le ruissellement taille des griffes d'érosion qui dégradent rapidement les versants et entraînent des coulées de boues et de pierres. Ces « laves torrentielles » peuvent transporter des blocs de 30 mètres cubes. Seuls l'engazonnement et surtout le reboisement peuvent interrompre le phénomène.

Maints pays ont perdu leurs forêts sous l'effet du pâturage des chèvres, les besoins en bois d'œuvre, de feu. Souvent, la construction navale leur a donné le coup de grâce. Les palais de Babylone et de

Persépolis étaient construits d'après des tablettes d'argile, « en bois de cèdre venant d'une montagne appelé Liban ». Aujourd'hui, il n'en reste plus guère. Les besoins de la marine déboisent le pourtour méditerranéen, Liban, Grèce, îles de la mer Égée, voire Angleterre. Au contraire, la France bénéficie des ordonnances de Philippe VI de Valois, qui organisent la forêt pour qu'elle réponde aux exigences de la Marine.

Plus récemment, la déforestation illégale et les pluies diluviennes ont entraîné des coulées de boues mortelles à Haïti (600 morts, avec les drames de septembre et octobre 2004). La même année la déforestation pour bois de feu et charbon de bois provoqua des milliers de morts au nord-ouest d'Haïti et en Indonésie (800 morts le 1er décembre 2004). Plus près de nous, on se souvient de l'énorme crue dévastant, le 22 septembre 1992, Vaison la Romaine, ville médiévale. A l'étranger aussi, en Chine notamment, des reboisements contre les risques naturels sont réalisés. La perte de l'état boisé dans les pays de collines ou de montagnes se termine toujours par des coulées de boues, des laves torrentielles emportant les villages et villes en aval. Comme l'avait dit Chateaubriand, « les forêts précèdent les peuples et les déserts les suivent ».

Rappelons que l'absence de forêt après des déboisements inconsidérés, telles les Cévennes, est cause des inondations brutales. Ainsi en mars 1930, les affluents des cours supérieurs du Tarn et du Lot ont vite gonflé, comme le Tarn de 10 mètres dans la nuit et l'Agout de 22 mètres. Le débit de l'Aveyron est passé dans la journée de 5 à 1 500 m^3/seconde et celui du Tarn au confluent avec la Garonne de 20 à 6 500 m^3/seconde, voilà les effets de la déforestation. La forêt, en interceptant la neige et l'eau, agissant comme une éponge, étale leur filtration vers la nappe ou le ruissellement vers les ruisseaux et rivières. La forêt régularise le régime des eaux, et supprime les petites crues. Elle substitue donc à un écoulement inutile et souvent dévastateur en aval un très salutaire rechargement des nappes phréatiques.

L'eau doit être interceptée en forêt dans le haut des bassins versants sans la laisser prendre de la vitesse et, par concentration, dévaster les parties inférieures des bassins versants. Là, à défaut, l'homme cherche à écrêter les crues en organisant dans les lits majeurs des espaces souvent agricoles de surinondations[3] ou des « casiers hydrauliques » entourés de digues, où se déverse le trop-plein de la crue. En effet, pour limiter la hauteur de la crue, quelques centimètres gagnés

---

3. On appelle surinondation l'inondation volontaire d'un terrain qui n'aurait pas dû être atteint par cette crue pour limiter celle qui aurait du naturellement intervenir en ville ; elle nécessite donc une indemnisation des propriétaires et exploitants agricoles.

dans les villes apportent d'énormes économies. Mais ces casiers et ces espaces de surinondations doivent être vides à l'arrivée de la crue. Ensuite, on relâche l'eau après le passage du maximum, la crête. C'est la technique du « ralentissement dynamique des crues » et du « laminage » d'une onde de crue. On l'a pratiqué depuis l'an 2000 pour l'Oise et l'Aisne.

III – LA FORÊT ET LE REBOISEMENT , REMÈDE AUX CATASTROPHES

La forêt, là où elle peut s'installer, constitue une solution pour empêcher le départ des avalanches de neige. Par ses troncs, elle ralentit ou arrête la reptation de la neige et donc le départ des avalanches. C'est pourquoi les forestiers ont imaginé de reboiser ces zones, lorsque l'altitude le permet. Pour améliorer la rugosité (capacité d'accroche du sol) que ce soit à la houe ou mécaniquement, on réalise de petites banquettes selon les courbes de niveau. Elles servent de premières contraintes de frottement (attrition) contre le glissement. Ces rigoles sont plantées de mélèzes, de pins à crochets, voire d'aulnes verts. Les arbres, d'abord par leurs branchages puis par leur tronc, augmentent considérablement le coefficient d'attrition et retiennent la neige. Mais elle tend toujours à glisser. Les troncs sollicités, notamment pour le mélèze quasiment inarrachable, prennent souvent une inclinaison et une forme en crosse. C'est la rançon de leur efficacité contre la « reptation » de la neige. Au-dessus de la zone forestière, là où les arbres ne poussent plus, le forestier installe des filets ou des « râteliers à neige » réalisés en bois ou en profilés métalliques.

Au milieu du XIXe siècle, une série d'inondations catastrophiques avec des laves torrentielles descendent des montagnes et charrient boues et cailloux ravagea villes et villages. De nombreuses montagnes comme l'Aïgoual connaissaient alors un déboisement inconsidéré qui conduisit à la désertification de la montagne. L'administration forestière lança une croisade de reboisement et le Parlement suivit. La loi du 28 juillet 1860 donna des moyens pour reboiser les montagnes, définir des périmètres de reboisement d'utilité publique, avec des subventions. Si les propriétaires refusaient, ils étaient expropriés. D'où l'apparition rapide de troubles à l'ordre public et la reprise de la Guerre des Demoiselles (Ariège). Un premier assouplissement aboutit à la loi du 8 juin 1864 « sur le gazonnement des montagnes ». En accord avec le conseil municipal, on pouvait substituer au reboisement, un engazonnement, ce qui ménageait l'intérêt des éleveurs.

A l'avènement de la Troisième République, le service forestier comprit qu'il lui fallait être plus souple et négocier l'objectif du reboisement. La loi de 1860 et ses expropriations fut abrogée et remplacée par la loi du 4 avril 1882, suivi du décret du 11 juillet, sur « la Restauration des Terrains en Montagne » créant un service du même nom (RTM), confié à l'administration forestière et, aujourd'hui, à l'ONF. On lui affecta les crédits nécessaires. La nouvelle loi axait les forestiers vers les travaux de génie civil de correction des torrents à l'aide des seuils et des barrages en pierre ou en bois sur les terrains les plus dégradés. Le forestier traitait ainsi en amont les « torrents à affouillement », les « torrents à casses », les éboulements et les glissements. Les torrents à affouillements exigeaient des barrages en travers qui cassaient la vigueur du flot et bloquaient la descente des pierres et autres matériaux. Les berges furent protégées par des clayonnages de bois. En revanche, les torrents à casses étaient intraitables car inépuisables en matériaux.

La lutte contre les ravages des inondations et laves torrentielles en montagne demeure actuelle car la montagne est immense et que le phénomène n'a jamais pu être traité en totalité, en raison de l'ampleur de la tâche et de l'insuffisance des moyens financiers. Enfin, les barrages se remplissent de pierres et de rochers, ce qui exige d'en refaire d'autres. Or, l'érosion peut toujours repartir, faute d'entretien.

Résumé des politiques publiques : du reboisement des montagnes à la RTM :

Loi de 1827 sur les services forestiers dans la montagne : les plantations de bois sur le sommet et le penchant des montagnes seraient exempts de tout impôt pendant 20 ans.

Loi du 28 juillet 1860 sur le reboisement et jusqu'à l'expropriation si besoin.

Loi du 8 juin 1864 sur le gazonnement des montagnes.

Loi du 4 avril 1982 et décret du 11 juillet sur la Restauration des Terrains en Montagne, la RTM. Le génie civil de corrections des torrents s'ajoute aux opérations de reboisement contestées par les populations.

IV – LA FORÊT ORIGINELLE CONTRE L'ÉROSION

L'histoire forestière de l'Aïgoual, au cœur des Cévennes, illustre le rôle protecteur de la forêt et l'action du forestier au service de la collectivité dans le respect des équilibres biologiques.

Il y a 10 000 ans, les formations forestières pionnières de l'Aïgoual étaient constituées de bouleaux et de pins. Il y a 5 000 ans, elles évoluèrent vers une forêt naturelle plus fermée de chênes blancs et verts. Puis, elles se fermèrent progressivement avec la domination du hêtre et du sapin. On suit cette évolution au travers des analyses palynologiques des marais. Avec l'activité des hommes, à l'âge du fer, les déboisements apparurent afin de favoriser les pâturages. Mais la surcharge pastorale les dégrada en landes à bruyères et surtout à callunes. Au Moyen Âge, sous l'impulsion notamment des Bénédictins, les déboisements s'intensifièrent. Dans la forêt, le sapin peu intéressant fut remplacé par le hêtre, utile pour le chauffage, et par le châtaignier recherché pour ses fruits et son bois.

Un certain équilibre se créa où la forêt avait sa place, quand intervint, à la fin du XVIIIe siècle, une accélération des déboisements sous l'effet, d'une part, des coupes rases pour alimenter les forges et verreries en bois de chauffage et, d'autre part, des besoins en pâturage pour les moutons et les chèvres. Or celles-ci empêchent la repousse de la forêt. Dans les terrains privés, rien n'empêche les coupes et les écobuages des taillis de hêtre jusqu'à leur régression. L'équilibre fut rompu : des pâturages dégradés laissent apparaître la terre nue ; des forêts éclaircies n'absorbent plus les pluies cévenoles souvent diluviennes. Le résultat ne se fit pas attendre : des torrents dévalèrent les pentes de l'Aïgoual, détruisant les pâturages, emportant les terres et les cailloux ; des villes et des villages furent submergés par des torrents de boues. C'est plus de 600 000 mètres cubes par an de matériaux venant de l'Aïgoual qui descendent jusqu'à Bordeaux encombrant la Gironde. Les hameaux de l'Aïgoual perdirent une population qui n'avait plus les coupes de bois d'une forêt disparue, qui supportait les vents que plus rien n'arrêtait ! L'homme avait détruit ses conditions de vie et quittait la montagne et les collines qu'il avait dénudées.

En 1875, les élus du conseil général du Gard réclamèrent des reboisements. En 1890, ceux du conseil municipal de Valleraugue sont très explicites : « Considérant que les versants de nos montagnes qui sont reboisés ont parfaitement résisté aux trombes d'eau. Que, au contraire, partout où le sol était boisé d'une façon insuffisante les terres et les pierres ont été entraînées au fond de la vallée par les eaux torrentielles, ... demande que le Gouvernement prenne des mesures à bref délai pour étendre les travaux protecteurs de reboisement sur tous les versants dégradés ou en voie de ruine, dans la vallée de l'Hérault et de ses affluents ».

C'est sous l'impulsion de Georges Fabre, un jeune forestier sorti de l'École des eaux-et-forêts de Nancy et nommé au service RTM de Mende, que s'organisa le reboisement de l'Aïgoual en testant diverses essences et en préservant la place de l'homme au service de la forêt. Les hommes du pays employés aux reboisements occupèrent les hameaux abandonnés et la vie reprit. Tout fut mis en œuvre, achat et préservation des derniers bois, achat et reboisement des landes par semis ou plantations, utilisation du pin sylvestre et à crochets sur les sols dégradés, tout en recherchant un mélange feuillus-résineux le plus proche possible du mélange originel hêtre-sapin. Aujourd'hui, les reboisements sur l'Aïgoual, entretenus et gérés par le service forestier, couvrent 16 000 hectares sur les versants autrefois érodés. L'équilibre est retrouvé grâce à la forêt où le hêtre se réinstalle seul ou assisté. Ainsi, la forêt mélangée remplace les essences pionnières qui avaient colonisé les sols dégradés et reconstitué un sol forestier. Par son label, le Parc naturel des Cévennes est venu couronner le succès.

L'érosion ne concerne pas que la montagne. Elle ravage aussi les collines sèches. Dès la fin du XIXe siècle, l'administration française des eaux-et-forêts réalisa une œuvre d'intérêt public en Afrique du Nord, avec les périmètres de Défense et Restauration des Sols (DRS) au Maroc, puis en Algérie. Cela visait la réhabilitation des sols cultivables pour satisfaire les besoins d'une population nombreuse et peu sensible à la forêt. La première cause de l'érosion en pays méditerranéens est sa dégradation des forêts par le surpâturage, notamment celui des chèvres. Le couvert végétal disparu, les pluies d'orages ravinent les flancs des collines, la terre est arrachée, les boues et les cailloux dévalent les pentes et, en aval, ravagent les villes, villages et infrastructures. Retenir les terres sur les collines était d'intérêt général. Il s'agissait de lutter contre l'érosion et l'atterrissement et de sauver l'agriculture et la forêt.

La première phase, indispensable mais très peu populaire, consistait à contrôler, voire à défendre les parcours ovins et caprins. La seconde consistait à réaliser des banquettes selon les courbes de niveau pour arrêter les ruissellements et interrompre les griffes d'érosion formées selon les lignes de plus grande pente. On effectue ce travail avec une légère contre-pente incitant à l'infiltration des eaux. Cela nécessitait de gros moyens de chantier et un parc de bulldozer impressionnant pour retailler les flancs des collines et basses montagnes. La troisième phase consistait à installer des boisements forestiers ou des plantations fruitières, voire des cultures si les pentes n'étaient pas trop fortes.

En Algérie, notamment dans les zones sèches de l'est (Constantinois) et du sud, 350 000 hectares furent reboisés. Mais une récente estimation révélait que, faute d'entretien ou par suite d'incendies, 75 % ont disparu ou sont dégradés. Or il sera difficile d'imposer à nouveau une période de mise en défens. En effet, les forestiers algériens, malgré leur courage, rencontrent difficultés et oppositions. Les populations désirent le retour à la liberté de parcours du bétail. L'objectif de développement durable suppose une campagne d'explications, une volonté politique constante, peu évidente quand on rejette des contraintes jugées coloniales. L'intérêt individuel immédiat l'emporte trop souvent sur l'intérêt collectif à moyen et long terme. Il en est de même dans toutes les zones déforestées pour les besoins vitaux des populations en bois de chauffage comme à Madagascar.

V – PROTÉGER LA FORÊT, C'EST PROTÉGER LA PLANÈTE

Il nous faut protéger l'air contre les Gaz à Effet de Serre (GES), l'eau potable si précieuse, la terre arable qui disparaît.

Avec le réchauffement climatique, il est clair que la forêt va souffrir de la température, du manque d'eau. Ainsi, une reprise de l'érosion est probable, d'autant que les arbres consomment beaucoup d'eau, ce qui génère des conflits d'usage avec les cultivateurs qui irriguent. Ainsi, il faudra une sylviculture qui réduise l'évapotranspiration. On doit réduire d'un quart la densité et la surface foliaire, ainsi que la surface terrière. La situation est d'autant plus complexe que la forêt gérée est nécessaire pour lutter contre l'effet de serre. Elle agit par séquestration du carbone. Pour passer le cap des vingt-cinq à cinquante ans à venir, il n'y a que deux solutions : piéger du CO_2 dans le bois par la sylviculture ou dans les coquilles par la conchyliculture. Elle agit aussi en fournissant un bois renouvelable, donc durable. Il conviendrait de l'employer en remplaçant les matériaux consommateurs d'énergie fossile comme bio-combustible.

La terre disparaît par érosion due à l'eau ou au vent, glissement de terrains, perte de matière organique, tassement, salinisation. L'Europe chiffre à 50 millions d'hectares les sols dégradés, soit 16 % de la superficie. Elle n'est pas seule concernée. Rien qu'en Chine, en 2004, on a perdu 1,6 milliard de tonnes de sol sous l'effet de l'eau et du vent. On comprend que 2006 a été classé année de la désertification par les Nations Unies.

Si l'eau est un thème porteur et fait l'objet de colloques internationaux, certains jugent que la forêt est un objectif dépassé. Or il n'y a pas de bonne eau et d'eau paisible sans forêt. Il faut donc que les politiques publiques associent à nouveau « les eaux et les forêts ». L'expression date de huit siècles. Conservons le couple et le concept !

Les forêts préviennent-elles ou atténuent-elles les crues ? Débats scientifiques en France au XIXe siècle

*Éric GERVREAU**

Longtemps, les explications concernant les inondations ont fait appel à des considérations magiques ou religieuses. En 581, Grégoire de Tours explique ainsi la crue de la Loire : « la lune fut éclipsée et une comète apparue ». Au XIe siècle, la crue de la Loire est interprétée comme un signe de deuil accompagnant la mort du roi Robert. En 1755, on expose à Tours le Saint-Sacrement pour arrêter les eaux. L'idée prévaut alors que l'inondation, rappel du déluge, est un châtiment de Dieu. La colère n'est pas la seule cause évoquée. En 1592, Louis Gollut, historien dolois, observe que « si l'eau ruisselle sur la terre nue, elle entraîne avec elle la terre alors que, si elle passe sur un terrain boisé, elle s'arrêtera jusqu'à ce que les racines et tout le dedans du bois jusqu'au sommet et aux branches les plus étendues aient sucé et attiré ce qui leur est nécessaire »[1]. Cela fait référence au caractère protecteur contre l'érosion des surfaces boisées. Quelques années plus tard, en 1605, les États de Provence s'adressant au Parlement disaient que les ravages des eaux en Provence provenaient des défrichements et des déboisements montagnards[2]. En 1706, l'assesseur d'Aix ajoute la culture des terres qui « ne devraient pas l'être », la coupe des arbres en bordure des rivières et des torrents, le resserrement des lits induit par les usurpations des riverains et la croissance d'arbustes et de broussailles dans ces mêmes lits. Au XVIIIe siècle, peu à peu, il est clair que le défrichement, s'il augmente les surfaces consacrées à la culture et aux pâturages,

* Maître de conférences, Université de Cergy-Pontoise.

1. Mémoires historiques de la République séquanoise, Dôle, II, Chapitre XVIII cité par M. Champion, in *Les inondations en France*, Éditions Dunod, 1862, tome IV, p. 18.

2. Voir C. Ribbe, *La Provence au point de vue des bois, des torrents et des inondations*, Paris, 1857, p. 30.

affecte le régime des eaux. Cependant, aucun élément scientifique n'étaye cette thèse avant le XIXe siècle.

On examine ici les débats publics menés au XIXe siècle entre forestiers et ingénieurs au sujet de l'occupation du sol, en particulier du boisement des terrains sur le régime des cours d'eau. Ces débats ont permis une politique coordonnée de gestion des eaux et des forêts. Les crues catastrophiques ne sont qu'un aspect particulier de l'hydrologie des bassins. Le problème des étiages n'est pas abordé ici, bien que rentrant dans les inquiétudes de la première moitié du XIXe siècle, alors que le transport par voie d'eau demeure essentiel.

I – UN ENJEU ÉCONOMIQUE IMPORTANT AU TOURNANT DU XIXe SIÈCLE

Durant le XVIIIe siècle, la tendance à défricher progresse en France. L'accroissement démographique a mécaniquement augmenté les besoins en bois de chauffage domestique et en bois d'œuvre. Alors que le bois manque face à la nécessité alimentaire croissante, des encouragements fiscaux sont donnés aux défricheurs de landes et terres incultes en 1766. De surcroît, les populations supportent une augmentation importante des céréales à partir de 1760. Les producteurs sont doublement encouragés à défricher massivement. Les abus dénoncés par Henri-Alexandre Tessier en 1799 ont causé la diminution du bois mais provoque d'autres maux : « On se plaint que tous les pays à coteaux sont ruinés : les sommets étaient garnis d'arbres ou de broussailles, dont les feuilles se pourrissaient et formaient un peu de terre végétale, que l'eau des pluies, retenue quelques temps par les racines, entraînait vers le bas ; ce qui fertilisait les coteaux. Depuis que les sommets sont dégarnis, les roches sont à nu. Dans les montagnes dont la terre, délayée par les pluies, les fontes de neige et les orages est descendue jusqu'au bas ; dans les vallées, les atterrissements ont obstrué les grands chemins et les rivières, et causé des débordements funestes »[3]. En région montagneuse, l'érosion des sols est à son apogée sous la Révolution. Les voies de communication sont mauvaises. Les pierres qui se détachent après les pluies rendent les routes dangereuses. La traversée des torrents expose les voyageurs à des accidents. Le passage devient parfois impossible après les précipitations. Comment admettre des usines, des ponts, des routes régulièrement détruits et l'économie régionale perturbée ? Dès 1802, l'ingénieur géographe

---

3. H.-A. Tessier, *Mémoire sur les abus des défrichements*. Mémoires de mathématique et de physique présentés à l'académie des Sciences, 1799, tome I, 1ère série, pp. 280-287.

Pierre-Alexandre d'Allent, fondateur du concept du « réseau », fixe l'enjeu territorial que l'empereur confie aux ingénieurs des ponts-et-chaussées : restaurer les voies de communications. L'augmentation substantielle des crédits des ponts-et-chaussées est votée pour améliorer et construire des routes et des voies navigables. C'est dans ce contexte que l'aggravation des dégâts causés aux cultures en montagne, la multiplication des perturbations apportées par l'activité des torrents à la circulation sur les routes, ainsi que la recrudescence des inondations dans les basses vallées, furent mises en rapport avec le déboisement des montagnes.

Forêt, inondation, érosion en montagne

La sensibilisation au problème de déboisement en montagne commence à la fin du XVIIIe siècle. Jean Fabre, ingénieur des ponts-et-chaussées en poste dans le Var présente dans son *Essai sur la théorie des torrents et des rivières* paru en 1797 l'une des premières mises en cause de la déforestation dans l'apparition de nouvelles zones d'érosion et l'aggravation du charriage des torrents. Pour cet ingénieur, la restauration forestière constitue seulement une piste de réflexion. Les forestiers français restent en retrait jusqu'à la création de l'École royale forestière de Nancy en 1824, elle marque la naissance de la sylviculture moderne. Jusqu'à cette date, les forestiers ne sont pas des techniciens. Juristes de formation, ils ne découvrent les réalités naturelles qu'au contact du terrain. Propriétaires de leur charge, ils administrent les forêts sous l'angle réglementaire et policier, seule approche rémunératrice à court terme. Les problèmes d'inondation ressortent du génie civil. Par exemple, le décret du 4 thermidor an XIII (1805) concerne uniquement les Hautes-Alpes, instaure des syndicats de riverains de torrents que conseilleront les ingénieurs des ponts-et-chaussées pour dresser les plans des digues et les ouvrages de défense contre les cours d'eau. La facture incombe aux habitants. Ainsi, la construction d'ouvrages d'art, malgré son coût, est considérée comme la solution la plus rationnelle. Certes, le code forestier de 1827 prescrivait que « ... les semis et plantations de bois sur le sommet et le penchant des montagnes et sur les dunes seraient exempts de tout impôt pendant 20 ans... ». C'était un petit encouragement.

Alexandre Surell, jeune ingénieur des ponts-et-chaussées, produit en 1838 une étude sur les torrents des Hautes-Alpes. Il écrit : « combien toutes nos digues paraissent débiles à côté de ces grands moyens dont dispose la nature [...]. Tous nos mesquins ouvrages ne sont que des défenses [...]. Ce sont des masses passives opposées à des forces actives, des obstacles inertes qui se détruisent, opposés à des puissances vives qui attaquent toujours et ne se détruisent jamais »[4]. Cela traduit un changement d'attitude. Une certaine unanimité se dégage quant à la complexité du problème et la nécessaire complémentarité des démarches du génie civil et du génie forestier. L'ouvrage d'Alexandre Surell eut une grande influence sur l'administration d'alors. Un projet de loi, inspiré de ce livre, fut même soumis au ministre des Finances Jean-Georges Humann en 1841, mais n'aboutit pas au Parlement. Le processus législatif est long, car la politique RTM heurte des intérêts puissants arc-boutés sur la défense de la propriété privée[5] à une époque où le concept d'utilité publique faisait débat[6]. Mais entre 1845 et 1860, toutes les grandes rivières connaissent des crues. Les catastrophes subies par les populations relancent le débat. Finalement le 10 juillet 1860, une première loi sur le reboisement des montagnes et la régularisation du régime des eaux est adoptée. Elle suscite la vive résistance des montagnards.

Prosper Demontzey applique la loi de 1860 dans les Basses-Alpes à partir de 1868[7]. Il corrige les torrents par une double composante de génie civil (ouvrages maçonnés) et de génie forestier (boisements) avec un certain succès. Pourtant, sous les pressions politiques, la loi de 1860 est abrogée en 1874. Une loi de restauration des terrains en montagne est promulguée le 4 avril 1882. Elle introduit la notion de périmètres domaniaux de restauration des terrains en montagne en zones sensibles et organise le financement des travaux par l'État, après achat des terrains à l'amiable ou par expropriation.

II – IMPACTS DU DÉBOISEMENT ET DU DÉFRICHEMENT EN PLAINE

L'impact du déboisement en montagne sur l'érosion et le gonflement brutal des torrents n'était pas contestable, mais il en allait autrement des évaluations effectuées quant aux superficies à protéger. Le 25 avril 1822, le ministre de l'Intérieur de Louis XVIII, Joseph Jérémie Siméon, émet une circulaire adressée à l'ensemble des préfets pour

4. Cette étude commandée à Alexandre Surell fut publiée en 1841 et couronnée par l'Académie des Sciences en 1842. Sans retirer à l'auteur son mérite, il faut noter que l'ouvrage reflétait les idées déjà en cours.

5. H. Passy (1793-1880), député de l'Eure, ministre des Finances, écrira : « l'Administration des bois par l'état, c'est le socialisme ».

6. Le 3 mai 1841 est promulguée une loi sur l'expropriation pour cause d'utilité publique.

7. P. Demontzey (1831-1898), ingénieur des eaux-et-forêts, diplômé de l'École forestière de Nancy.

évaluer l'impact sur l'ensemble du territoire du déboisement des montagnes et du défrichement des forêts. Elle est rédigée de la manière suivante : « Messieurs, depuis quelques années, nous sommes témoins de refroidissements sensibles dans l'atmosphère, de variations subites dans les saisons et d'ouragans ou d'inondations extraordinaires auxquels la France semble devenir de plus en plus sujette. On l'attribue en partie aux déboisements des montagnes, aux défrichements des forêts, aux défauts d'abri qu'éprouvent nos campagnes et à l'absence des obstacles naturels qui s'opposaient jadis aux vents et aux nuages du nord et de l'ouest ». ainsi, le préambule élargit la problématique aux plaines, ceci à une date où l'on n'examinait que les défrichements de montagne. Il ajoute également une composante climatique à l'action supposée de la déforestation. Le 16 février 1824, se tient la séance de synthèse de la commission de l'Académie royale des Sciences chargée d'examiner les réponses des préfets et de conclure sur les mutations induites par les déboisements. La commission demeure perplexe devant la disparité des rapports et la faiblesse des données chiffrées. Dans les comptes rendus, on peut lire : « Un an après la circulaire, il n'y avait encore que 42 sur 86 de MM. les préfets qui eussent répondu [...]. Souvent nous avons trouvé pour le même département deux, trois, quatre mémoires différents de manière de voir, plus ou moins incomplets, les uns s'appuyant sur des théories vagues, les autres se contentant d'émettre l'opinion de son auteur. Très peu citent des observations météorologiques [...]. L'académie qui ne doit procéder que sur des expériences positives ou sur des calculs rigoureux, pensera sans doute que sa commission ne peut lui faire un rapport convenable [...], nous nous bornerons donc à balancer le résultat des opinions qui nous ont paru ressortir de la lecture des pièces ».

Il semble que les préfets aient été désemparés par les demandes formulées. Faute du concours des administrations techniques, ils ont fourni des réponses lacunaires difficiles à exploiter. Les rapporteurs de la commission peinent à rendre leur rapport en 1824. Pourtant, il alimentera longtemps les débats. Ses conclusions pondèrent les motifs de l'enquête en ramenant à une juste proportion l'étendue des déboisements[8]. A propos des effets météorologiques, la commission souligne de la diversité des réponses :

8. Sur 34 départements qui comportaient 3 439 943 hectares de bois, on a arraché 204 092 hectares. Globalement la surface forestière aurait peu varié, mais la nature de la propriété a changé : les forêts privées se sont accrues au dépens du domaine public et par ailleurs, les forêts ont subi des dégradations importantes (coupes abusives, extension des pâturages, etc.) non prise en compte ici.

- Dans 14 départements, on estime que le déboisement refroidit l'air et le sol, mais dans 39 cas, on présente le contraire.
- Dans 32 départements, on constate des hivers moins froids et plus longs, mais dans 21 on ne regarde pas le fait comme constant.
- Dans 27 départements, on constate des vents plus violents, mais dans 26 cas on soutient le contraire.
- Dans 28 départements, on constate une diminution des eaux, mais dans 25 cas, on éprouve des inondations plus fréquentes qu'en 1789.

Le compte rendu de séance conclut : « la commission ne peut que vous proposer de mander au ministre qu'elle n'a pas trouvé de preuves assez positives ni assez complètes des faits contestés pour qu'elle puisse émettre une opinion ». Au-delà des problèmes rencontrés, l'initiative ouverte par la circulaire du 25 avril 1821 demeure originale. C'est peut-être l'une des premières du genre. Les promoteurs du reboisement comme ses détracteurs trouveront des arguments en faveur de leur position. En 1827, un inventaire forestier détaillé est mené. Il établit le patrimoine forestier à 6 417 000 hectares en 1878. Pourtant, des crues importantes se produisent, les pires étant celles de 1856 et 1876. Mais cela n'empêche pas les forestiers de défendre âprement le reboisement. Les recherches quant aux impacts de la déforestation sont orientées dans plusieurs directions intimement liées :

- Influence de la couverture forestière sur les sources. On s'inquiétait de l'alimentation en eau des grandes villes. On ne s'étonne donc pas du nombre de mémoires des ponts-et-chaussées sur le sujet.
- Influence de la couverture forestière sur les précipitations et le climat en général. Investissent ce thème les multiples écrits savants qui exposent les phénomènes météorologiques.
- Influence de la couverture forestière sur les crues. Évidemment, cela inspire aussi les ponts-et-chaussées en charge des voies de communication.

À partir des années 1850-1860, des avancées importantes dans les techniques de mesure permettent des analyses scientifiques fondées sur des expériences et non plus des approches agitant des opinions, des théories vagues, ce que, trente années plus tôt, déplorait la commission chargée par le ministre Siméon d'étudier les effets de la supposée déforestation.

Influence de la couverture forestière sur les sources

On n'évoque pas la relation entre couverture forestière et alimentation des sources avant le XIXe siècle, mis à part les travaux expérimentaux de Philippe de la Hire sur la consommation d'eau des plantes[9] et de Jean-Étienne Guettard sur la transpiration des plantes[10] pour expliquer les différences entre la pluviométrie annuelle et l'écoulement des cours d'eau. Cela participait au débat sur l'origine des sources[11]. En 1836, Alphonse Auguste Rivière communique à l'Académie des Sciences ses observations sur les bocages vendéens qui étaient en forêt avant la Révolution. Il observe que « jadis, l'eau nuisait beaucoup à la culture et aux communications, mais que, depuis les nombreux défrichements qui datent de 1808, les champs de blé réclament souvent en vain le bienfait de la pluie. A Bourbon-Vendée (La Roche-sur-Yon), les fontaines et les puits ne donnent quelquefois qu'une eau très peu abondante »[12]. Avant 1821, poursuit Rivière, « la Provence était sillonnée de nombreux ruisseaux ; on y rencontrait beaucoup de sources et de fontaines. En 1821, on commença à couper tous les arbres, le pays fut dénudé ; de ce moment les sources tarirent et l'agriculture devint languissante ». Il paraît difficile d'accorder crédit à pareils textes : ils transcrivent seulement des opinions. Mais l'Académie reçoit beaucoup de mémoires sur le sujet. Jean-Sébastien Devèze de Chabriol transmet plusieurs documents en 1837 attestant que, dans les environs de Saint-Flour (Cantal), beaucoup d'anciennes sources ont tari[13]. La même année, Jean-Baptiste Boussingault ramène de son séjour en Amérique du Sud des observations du nouveau monde[14]. Il argue des variations de niveau des lacs, en les expliquant par les défrichements. Il conclut notamment que les déboisements purement locaux entraînent la disparition des sources mais sans diminuer la quantité de pluie annuelle.

---

9. Ph. de la Hire (1640-1718), mathématicien et physicien français, « Remarques sur l'eau de pluie et sur l'origine des fontaines », *Mémoires de l'Académie des Sciences*, 18 avril 1703.

10. J.-E. Guettard (1715-1786), géologue et naturaliste français, *Mémoire sur plusieurs rivières de Normandie qui entrent enterrées et qui reparaissent ensuite*, Mémoire de l'Académie des Sciences, 12 juillet 1758.

11. P. Perrault (frère de Claude qui participa à la fondation de l'Académie des Sciences), *De l'origine des fontaines*, 1678. Il y calcule qu'un sixième de la quantité de pluie et de neige qui tombe sur le bassin amont de Seine suffit à assurer son entretien.

12. A.A. Rivière (1805-1877), géologue et minéralogiste français.

13. J.-S. Devèze de Chabriol (1792-1842), ingénieur géomètre, naturaliste, agronome, paléontologiste, produit un mémoire sur le boisement du département du Cantal qui sera lu au Conseil d'Agriculture du ministère de l'Intérieur en juin 1820.

14. J.-B. Boussingault (1802-1887), chimiste et agronome français. Après avoir étudié à l'École des Mines de Saint-Étienne, il est parti un peu plus de vingt ans en Amérique du Sud au nom d'une compagnie anglaise. De retour en France, il sera nommé professeur de chimie agricole et analytique au CNAM à Paris.

On remarque ici une tentative de quantifier le problème, mais sous des climats autres.

Vingt ans plus tard, Eugène Belgrand ne se contente plus d'évidences dans son étude hydrologique sur le bassin de Seine parue dans les *Annales des Ponts et Chaussées* en 1852 et 1854[15]. Il étudie quatre bassins versants : un boisé, un boisé au tiers, un totalement déboisé, un très perméable. A la grande satisfaction des propriétaires forestiers, il en conclut que les bois ne régularisent pas sensiblement le régime des sources et des cours d'eau. Mais Pierre Conte-Grandchamp en arrive à l'inverse[16]. Lui, a mené des expériences dans le département de la Loire pendant trois années pour établir l'influence des forêts de sapins sur le débit des sources[17]. Cela montre qu'en terrains granitiques, à 1 000 mètres d'altitude, le débit des sources est deux fois plus important dans les terrains boisés que déboisés ; que le reboisement joint aux travaux de captage, augmente le débit des sources. Mais ce n'est pas conduit sur des durées assez longues pour éclairer la question. Au reste, Conte-Grandchamp soulève peu d'échos.

Influence de la couverture forestière sur les précipitations

Le Père Louis Cotte, prêtre de l'Oratoire et correspondant de l'Académie royale des Sciences publie en 1774 un traité de météorologie : « [...] il paraît que les pluies étaient bien plus abondantes autrefois dans notre royaume qu'elles ne le sont aujourd'hui, ce que l'on peut attribuer aux abattis considérables de bois qu'on y fait ». La diminution des pluies est attestée par les relevés, mais le lien avec les surfaces boisées n'est pas prouvé.

Pierre Hugues Dugied, préfet des Basses-Alpes en 1818, écrit un an plus tard dans son projet de boisement : « Il est reconnu que les hautes montagnes exercent une attraction sur les nuages et que cette attraction est la plus grande possible lorsque les sommets sont boisés ; alors les nuages sont non seulement attirés, mais retenus : forcés de se résoudre en rosée, ils entretiennent le pied des forêts dans une humidité permanente ». On remarque que l'influence de la couverture forestière

15. E. Belgrand (1810-1878), ingénieur des Ponts et Chaussées, spécialiste de l'hydrologie, membre de l'Académie des Sciences, a dirigé la réalisation du grand réseau d'égout de Paris.

16. P. Conte-Grandchamp (1816-1892), ingénieur des Ponts et Chaussées, chargé du service ordinaire dans les Basses-Pyrénées jusqu'en 1874, puis dans le Rhône jusqu'en 1878.

17. Expériences non publiées par l'auteur, mais citées par M. Vicaire, directeur général des forêts dans l'Annuaire de l'Institut des provinces des sociétés savantes et des congrès scientifiques, 1865, volume XVII, pp. 33-49.

sur les précipitations exprimée par Pierre-Hugues Dugied n'est appuyée sur aucune mesure. Là aussi, l'auteur se contente d'évidences.

Plus étonnant, Jacques-Joseph Baudrillart indique dans son *Traité général des eaux et forêts* en 1823 : « les bois ont la propriété d'attirer les nuages par le mouvement de leurs feuilles et d'aspirer une grande quantité d'eau »[18].

Jean-Baptiste Boussingault, dans un *Mémoire sur l'influence des défrichements dans la diminution des cours d'eaux*, présenté à l'Académie des Sciences en 1839, critique l'opinion dominante que, là où des déboisements sont effectués, il pleut moins souvent qu'autrefois et que la quantité annuelle de pluie diminue : « En même temps, on a observé que, depuis le déboisement des montagnes, les rivières et les torrents, qui semblent avoir perdu une partie de leurs eaux, présentent des crues subites et tellement extraordinaires qu'il en résulte de grands désastres. De même, on a vu, à la suite de violents orages, des sources à peu près sèches surgir tout à coup avec impétuosité pour se tarir bientôt après. Il n'y aurait rien d'impossible à ce que, non seulement la quantité de pluie n'ait pas varié depuis un déboisement de montagne, mais il pourrait encore arriver que le volume des eaux courantes fût resté le même, malgré les apparences de sécheresse présentées à certaines époques de l'année par les rivières et les sources : peut-être y trouverait-on cette seule différence que l'écoulement de la même masse d'eau devient beaucoup plus irrégulière par l'effet du déboisement [...]. S'il en était ainsi, les forêts auraient toujours cet avantage qu'elles régulariseraient les eaux pluviales ».

En 1842, François Dausse, ingénieur des ponts-et-chaussées, membre de l'Académie des Sciences, admet qu'une explication sûre et complète manque. Selon lui, il n'est rien de plus local que les phénomènes engendrant la pluie. Il illustre son propos assez décourageant en déclarant que planter des peupliers le long d'une route suffit à l'abîmer. Il ajoute qu'il ne fait aucun doute que le boisement accroisse la pluie localement.

En 1859, dans la *Revue des deux Mondes*, Jules Clavé publie un article sur le reboisement et le régime des eaux. Il analyse l'approche de Boussingault qui repose sur des notations conduites sous d'autres cieux : « [...] sous nos climats tempérés, le morcellement de nos forêts empêche de déterminer exactement l'influence qu'elles exercent sur les pluies. Les observations hygrométriques effectuées sur différents points de la France, en raison des résultats très divers qu'elles ont fournis, ne permettent pas, dans l'état actuel de la science, de formuler en terme

---

18. J.-J. Baudrillart (1774-1832), agronome et forestier français.

précis la loi générale qui préside à ces phénomènes et d'en déduire des conséquences pratiques qu'elles pourraient comporter. Nous ne pouvons donc, en attendant que de nouvelles études aient éclairé le côté météorologique de la question, que nous borner à l'examen de l'action des forêts sur le régime des eaux au seul point de vue des effets mécaniques et physiques ».

En effet, la météorologie au sens actuel ne se constitue en science qu'à partir des années 1840, la notion d'humidité relative ayant été définie au début du XIXe siècle. La classification des nuages est effecutée au cours du XIXe siècle. Elle aboutit en 1896 à la parution de l'*Atlas international des nuages*. Les premières théories, quoique imparfaites, semblent émises par Jacques Babinet[19]. Mais le maillage des stations météorologiques sur le territoire ne deviendra performant qu'au début du XXe siècle.

En 1869, effectuant quelques observations, Antoine et Edmond Becquerel rédigent un mémoire sur les quantités d'eau tombées près et loin des bois. Ils reprennent les théories de Jacques Babinet et confirment que les forêts de grande étendue favorisent les précipitations. Cependant, ils estiment qu'à l'échelle d'une contrée en plaine, l'influence des bois modestes et disséminés ne se fait pas sentir.

En 1874 puis en 1876, Albert Sartiaux, ingénieur des ponts-et-chaussées, et L. Fautrat présentent des notes à l'Académie des Sciences sur l'influence des forêts quant à la pluviométrie régionale. Il s'agit d'observations météorologiques précises menées à l'intérieur de 300 mètres de la forêt d'Halatte (Oise). Sur une assez courte période, cela démontre que la quantité de pluie tombée sur le massif boisé est supérieure d'environ 10 % et que le degré hygrométique de l'air au-dessus du massif boisé est supérieur à celui qu'on enregistre à 300 mètres de là. L'ensemble confirme encore une fois les théories de Jacques Babinet.

Influence de la couverture forestière sur les crues

Les mesures de niveau d'eau et de débit de rivière existent depuis longtemps au début du XIXe siècle, initiés après les inondations de 1740, des échelles sont placées sur les grands fleuves. Cependant, jusqu'au milieu du XIXe siècle, l'observation directe et continue des cours d'eau demeure trop lacunaire et incertaine pour qu'on distingue les variations de leur écoulement. En fait, toute corrélation avec les précipitations est impossible.

Eugène Belgrand, dans ses études hydrologiques dans le bassin de la Seine publiées dans *Les Annales des Ponts et Chaussées* en 1852 et en

19. J. Babinet (1794-1872).

1854, en conclut que les bois ne ralentissent pas l'écoulement pluvial. Il cite pour preuve qu'une pluie de quatre jours, tombée sur une vallée très boisée, entraîne une crue de même durée. Il en déduit que le reboisement ne saurait être le moyen d'écrêter les très grandes crues de la Seine sous les ponts de Paris.

En 1862, Jules Clavé affirme : « La pluie qui tombe sur nos continents se distribue ainsi : une partie s'écoule à la surface du sol, se rend directement sur les cours d'eau puis à la mer ; une autre partie s'évapore quelques instants après sa chute et retourne dans l'atmosphère ; une troisième partie enfin est absorbée par les terres. C'est la première et la troisième de ces parties qui alimentent exclusivement les sources et les rivières »[20]. On remarque que la partie évaporée n'est guère analysée. Il n'est pas précisé ce qui s'est retenu par la végétation ou la terre. Pourtant, en France, les travaux de la Hire sur la consommation d'eau des plantes, les expériences de Cotte sur l'évaporation et les études de Guettard sur la transpiration des plantes étaient connus.

Alexandre Collin[21], dans un travail sur l'évaporation présenté à l'Académie en 1864[22], indique que le problème principal est de connaître les conditions générales du ruissellement pluvial. Il recherche la relation entre l'évaporation et les quantités de précipitations annuelles qui tombent sur terre, les quantités qui s'écoulent, les quantités qui s'infiltrent. Collin admet que l'eau pluviale se divise comme suit : une partie s'écoule en surface, la seconde pénètre dans le sol, la troisième est retenue par la terre, la quatrième s'évapore et la cinquième est absorbée par la végétation.

Becquerel accepte cette distinction en 1866. Lui aussi pense que la question des masses pluviales transportées dans les rivières, à l'origine des inondations, est trop complexe pour être traitée à partir de généralités.

F. Jeandel, J.-B. Cantegril et L. Bellaud, en 1861, conduisent une étude expérimentale sur les inondations, d'où le suivi hydrométrique et pluviométrique de deux bassins versants dans les Vosges de 1858 à 1859 : l'un est entièrement boisé, l'autre l'est à moitié[23]. Il s'agit d'une démarche scientifique entreprise par d'anciens élèves de l'École forestière de Nancy. L'étude indique qu'une action inondante est plus importante dans le bassin déboisé, mais les mesures ne sont pas réalisées sur une durée suffisante et les deux bassins ont des superficies trop

20. J. Clavé, *Étude sur l'économie forestière*, Paris, Guillaumin, 1862, p. 46.

21. A. Collin (1808-1890), ingénieur des ponts-et-chaussées, chargé des services de la Loire.

22. Présenté au nom de l'auteur par M. Becquerel lors de la séance du 11 avril 1864.

23. Trois anciens élèves de l'École forestière de Nancy.

différentes (9,8 km^2 et 42,2 km^2). Malheureusement, ces travaux sont publiés quand d'autres auteurs, plus influents, exposent des conclusions contraires à propos du bassin de la Seine. L'Académie des Sciences accueille très fraîchement ce travail. Soumis à l'Académie, il est examiné le 24 décembre 1860, le rapport sur le mémoire paraissant dans les *Comptes Rendus de l'Académie* en 1861. On y découvre un jugement assez sévère : « Les conclusions de MM. Jeandel, Cantegril et Bellaud, sous-inspecteurs des forêts de l'État, ne nous paraissent pas suffisamment justifiées, parce que leur théorie n'est pas d'une vérité absolue, [...] et que leurs expériences n'ont été ni assez nombreuses, ni assez suivies [...] nous nous plaisons à reconnaître que ce travail mérite non seulement des encouragements, mais aussi des éloges. [...] nous proposons à l'Académie de leur adresser des remerciements pour leur intéressante communication ».

François Vallès, ingénieur des ponts-et-chaussées qui appartient à la même génération qu'Eugène Belgrand, condamne aussi les « jeunes forestiers ». La note est publiée dans les *Annales des Ponts et Chaussées* en 1862 : « Il y a tout au moins une grande insuffisance dans le Mémoire que nous venons d'examiner [...]. Les auteurs n'ont obéi à aucune vue théorique et semblent n'avoir suivi d'autres règles que celles de leurs inspirations personnelles ». Et pourtant, les réflexions de Jeandel, Cantegril et Bellaud innovent, ce que ne relève pas l'Académie : « Le coefficient d'écoulement superficiel (coefficient de ruissellement), qui figure aujourd'hui dans toute une famille de modèles pluie-débit ». Il est peu probable que les travaux de Mulvaney sur les relations pluie-débit établies en 1851 étaient connus des auteurs. On repère seulement des concordances dans les approches[24].

Des décennies plus tard, la question est à nouveau débattue. Le dixième Congrès international de la Navigation, réuni à Milan en 1905, réserve une section à l'influence de la destruction des forêts sur le régime et le débit des rivières. Pour les terrains en pente, les rapporteurs sont unanimes : le déboisement provoque la diminution des sources en terrain imperméable. Dans le cas de terrain perméable, la majorité croit que le déboisement est plutôt favorable aux sources. En période de crue et en plaine, les rapporteurs conviennent que les bois ont une action positive sur les fleuves pour la navigation, car ils augmentent les sources et les débits en période de décrue. Pour les grandes crues, la plupart soutiennent que les forêts sont sans influence : les inondations excep-

24. T.J. Mulvaney, « On the use of self-registering rain and flood gauges in making observation of the relation of rainfall and floods discharges in a given catchment », *Proceedings of the Civil Engineers of Ireland*, 1851, tome IV, pp. 18-31.

tionnelles exigent de fortes pluies. En ce cas, l'action modératrice des bois disparaît. La question reste à trancher, si bien qu'un rapporteur propose : « ... vue l'énorme difficulté de pouvoir étudier avec certitude la question, l'on fasse des études beaucoup plus complètes concertées entre les divers États d'Europe et qu'il y ait un bureau central recueillant toutes les informations ».

Ainsi, très tôt, le déboisement des montagnes est considéré comme responsable des crues torrentielles. Pourtant, une politique efficace de reboisement attend la fin du XIXe siècle, retard qu'explique la considération de la propriété privée. En plaine, la question a été plus âprement débattue en raison des enjeux fonciers plus importants. Schématiquement deux visions se sont affrontées :

- Le parti des ingénieurs entendait contrôler les crues par des ouvrages de génie civil en négligeant l'influence du couvert forestier. Dominant jusqu'au milieu du siècle, il a été soutenu par les industries consommatrices de bois, qui entendaient ne pas perdre une importante source d'énergie et de matériaux.
- Le parti des forestiers souhaitait obtenir une politique globale de gestion des forêts pour réguler les débits, augmenter les pluies nécessaires à l'agriculture et diminuer les crues tout en préservant une économie forestière.

Au XIXe siècle, la compréhension des phénomènes météorologiques et hydrologiques a beaucoup progressé. Même partiaux, les débats ont conduit le législateur à adopter des solutions de compromis qui consistent à gérer globalement le patrimoine forestier, tout en préservant les intérêts privés.

Évolution paysagère du haut bassin versant de la Loire Résultats préliminaires

Guy LEMPÉRIÈRE, Sébastien BOYREL**, Brice LACONDEMINE****

Dans le domaine environnemental, l'intérêt porté aux espaces fluviaux s'accroît, notamment pour le plus important des fleuves français, la Loire. La conservation du patrimoine paysager et écologique de son bassin versant constitue même aujourd'hui une priorité internationale.

A cet égard, un programme exemplaire a été engagé en 1993 par la Fédération des Conservatoires d'espaces naturels de France et le WWF. Le programme entendait protéger « l'espace de liberté du fleuve » et préserver les écosystèmes ligériens afin de maintenir leurs différentes fonctions écologiques. Suite aux bons résultats obtenus, une seconde phase a été lancée. Les deux phases ont été intégrées au « plan Loire Nature », programme interrégional soutenu par l'État, l'Établissement Public Loire, l'Agence de l'eau Loire-Bretagne et les collectivités territoriales.

Ce programme comporte quatre axes (science, pédagogie, tourisme naturel et communication) et repose sur des actions concrètes telles la restauration et la gestion des milieux en liaison avec les agriculteurs et les usagers du fleuve, l'acquisition ou location de terrains, la mise en place d'un suivi scientifique des sites, le développement d'actions de sensibilisation des riverains à la préservation du patrimoine fluvial. Notre étude s'inscrit en marge de ce programme et porte sur les vingt premiers kilomètres du haut bassin versant de la Loire, en Ardèche (Région Rhône-Alpes) (Figure n° 1).

* Professeur, Université Joseph Fourier, Grenoble.
** Entomologiste et cartographe, OPIE, Ardèche-Drôme.
*** Institut de géographie alpine, Grenoble.

Cette étude souligne la structuration spatiale et temporelle du paysage dans ce haut bassin versant. Elle prend en compte aussi bien les grandes matrices paysagères que la ripisylve. Elle utilise les concepts de l'écologie du paysage développés par Baudry et Burel (1999). Un autre objectif était de répondre à la question : la forêt a-t-elle modifié la nature du cours d'eau ou l'inverse ?

Une telle analyse permet de décrire et d'expliquer l'évolution du paysage sur deux siècles, ce qui pourrait permettre de simuler les dynamiques en confrontant cette recherche diachronique avec les phénomènes écologiques et socio-économiques actuels ou futurs. Il s'agit pour cela de localiser, d'examiner les grandes unités paysagères du bassin versant, en rapprochant les caractéristiques du milieu et les pratiques de gestion des producteurs de paysage (agriculteurs, forestiers, populations...). On formule diverses hypothèses en privilégiant deux aspects : la relation milieu/paysage comme explication initiale de la structure paysagère passée et récente (influences topographiques, géologiques, climatiques, hydrologiques...) ; la relation homme/paysage comme révélateur des principales modifications du paysage au cours des cinquante dernières années (pratiques agricoles, forestières, urbanisation, infrastructures...)

L'exploitation de nombreuses données (bibliographiques, topographiques, photographiques, statistiques...) ainsi que des observations de terrain éclairent ces hypothèses. La structuration spatio-temporelle du paysage sur le haut bassin bersant de la Loire apparaît au travers des représentations cartographiques et des analyses.

MATÉRIEL ET MÉTHODES

Typologie et cartographie

La première phase, après étude des orthophotos de 2002 et de la carte IGN au 1/25 000e de la zone d'étude permet de définir et de situer les grandes matrices paysagères.

La seconde phase de terrain confirme et précise la localisation des matrices paysagères ainsi que les habitats établis dans la zone d'étude. Après avoir dressé leur liste, on a croisé les données avec celles de la carte géologique. Le haut bassin versant de la Loire comprend trois secteurs différents et hiérarchisés (zone sédimentaire, basaltique en rive gauche et granitique). Le croisement des données a permis de définir les unités paysagères.

La troisième phase hiérarchise les habitats rencontrés. Pour cela on a exploité la classification existante des écosystèmes européens en utilisant le code CORINE BIOTOPE, issu d'un programme de la Commission des communautés européennes (Tableau n° 1). Nous avons ainsi associé un code simplifié à chaque biotope correspondant à une unité paysagère définie (Tableaux n° 2 et 3). Les grandes unités paysagères ont ensuite été cartographiées sous le Système d'Information Géographique Mapinfo.

RÉSULTATS

À partir des orthophotos de 1956, 1979 et 2002 issues de la DDE de l'Ardèche et de la cartothèque de l'IGA, deux cartes ont été réalisées (Figure n° 2 et n° 3). Elles présentent de manière synthétique les espaces naturels (forêts de résineux et de feuillus), anthropiques (prairies, cultures, bâti) et les corridors. La confrontation des cartes révèle l'évolution du paysage sur cette période.

Nous avons ainsi pu évaluer l'avancée du couvert forestier, indiquer les corridors, leur nature (biologique ou morphologique) et leur évolution depuis 1956, et préciser la place des espaces anthropisés et leur évolution (Tableau n° 4).

La cartographie effectuée à partir des relevés de terrain de novembre 2005 nous a permis d'établir une description détaillée et une répartition spatiale de différents éléments du paysage (Figure n° 4 et n° 5) et la mise en évidence de trois types d'espaces : les peuplements forestiers de la ripisylve, les peuplements forestiers autour de la ripisylve, les espaces anthropisés.

La mosaïque formée par ces trois éléments a évolué entre 1956 et 2006 et nous avons pu constater la présence d'une ripisylve, composée de feuillus et de résineux, progressivement plus continue, formant, dans certains secteurs, un corridor quasi ininterrompu. Ce corridor n'a d'ailleurs pas encore d'impact sur les qualités physico-chimiques et biologiques de l'eau (température, pH, communautés animales et végétales).

Les peuplements forestiers autour de la ripisylve, subspontanés ou artificiels, ont, comme le montre le tableau 4, progressé de manière notable entre 1956 et 2006 (10% de plus en 2006) entraînant une fermeture du paysage bien que les formations forestières soient encore particulièrement fragmentées.

Par contre, les espaces anthropisés, prairies et cultures ont subi et subissent toujours une évolution naturelle après abandon, celle du passage vers une formation à ligneux bas, dans notre cas, une colonisation par la lande à genêt fermant progressivement ces espaces ouverts de manière significative. Cet aspect, lié au phénomène de déprise agricole qui caractérise ces zones de moyenne montagne, n'est pas encore retranscrit dans la cartographie synthétique que nous présentons. Il a néanmoins des conséquences sur les problèmes liés aux crues du cours d'eau.

Rappelons brièvement que nous sommes sur la ligne de partage des eaux Atlantique-Méditerranée, dans un secteur à régime de type cévenol avec une conjugaison de crues méditerranéennes et océaniques où les crues centennales sont fréquentes. Citons entre autres, les crues de 1825, 1846, 1866, 1907, et plus récemment celles de 1980 et 2003.

La forêt et la ripisylve subissent actuellement plus qu'elles ne régulent les crues de la Loire dans sa partie amont. Néanmoins, l'apparition de formations à ligneux bas de types landes, moins sensibles aux crues que les formations forestières, et leur lente évolution sur les cinquante prochaines années tendront vers une fermeture et une banalisation du paysage du haut bassin versant de la Loire caractérisé, jusqu'à présent, par sa mosaïque et sa forte diversité paysagère.

Des analyses plus fines (calculs d'indices de diversité, de surfaces, de fragmentation…) sont en cours pour traduire et préciser la tendance de l'évolution du paysage ainsi qu'une analyse des données du cadastre napoléonien qui donnera des éléments importants en matière d'évolution du paysage.

BIBLIOGRAPHIE

– BUREL F., BAUDRY J., *Écologie du paysage. Concepts, méthodes et applications*, Éditions Tec et Doc, Lavoisier, 1999, 359 p.

Figure n° 1 : Localisation de la zone d'étude

Tableau n° 1 : Typologie des matrices et unités paysagères du haut bassin versant de la Loire

Matrices paysagères	Unités paysagères		Code CORINE associé
Milieux aquatiques non marins			2
	Eaux stagnantes douces		22
	Eaux courantes		24
		Banc de sable des rivières	
		Banc de graviers des cours d'eau	24.2
		Dépôts d'allusions fluviatiles limoneuses	24.5
Landes, fruticées et prairies			3
	Fourrés		31
		Landes à genêts	31.84
		Landes à fougères	31.86
	Prairies mésophiles		38
Forêts			4
	Forêts caducifoliées		41
		Hêtraie	41.1
		Hêtraie sapinière humide du Massif Central	41.144
	Forêts de conifères		42
		Sapinière	42.1
		Reboisement épicéa	42.26
		Forêts de pins sylvestres du Massif Central	42.57
	Forêts riveraines, forêts et fourrés très humides		44
		Saules	44.1
		Frênes et aulnes	44.3
		Aulnes et bouleaux	44.5
		Forêts de peupliers riveraines	44.61
Tourbières et marais			5
Rochers continentaux, éboulis et sables			6
	Eboulis		61
	Falaises continentales		62
Terres agricoles et paysages artificiels			8
	Cultures		82
	Plantations		83
		Plantation de sapins, épicéas, mélèzes	83.3111
	Friches		87

Tableau n° 2 : Cartographies synthétiques du paysage du haut bassin versant de la Loire en 1956/2002

Espaces naturels

- Forêts de feuillus *(41)*
- Forêts de résineux *(42)*

Espaces anthropiques

- Prairies/cultures
- Bâti *(86)*

Corridors

- ······· Corridors morphologiques (routes)
- – – Corridors biologiques (rangées d'arbres)
- —— La Loire

Tableau n° 3 : Cartographie des espaces naturels et anthropiques du haut bassin versant de la Loire en 2005

Peuplements de la ripisylve

- Bouleaux et aulnes *(44.5)*
- Frênes *(44.3)*
- Peupliers *(4461)*
- Saules *(44.1)*

- Eaux stagnantes *(22.1)*
- Eaux courantes *(24.1)*

Peuplements forestiers

- Hêtraie *(41.1)*
- Sapinière *(42.1)*
- Hêtraie – sapinière *(1.14)*
- Forêts de pins sylvestres *(42.57)*

Espaces anthropiques

- Plantations artificielles *(83.3111)*
- Prairies *(38)*
- Espaces cultivés *(82)*
- Espaces défrichés *(87)*
- Landes *(31)*
- Bâti *(86)*
- ····· Murettes en pierre
- —— Routes
- ▬▬ Barrage

Figure n° 2 : Carte synthétique du paysage du haut bassin versant de la Loire en 1956

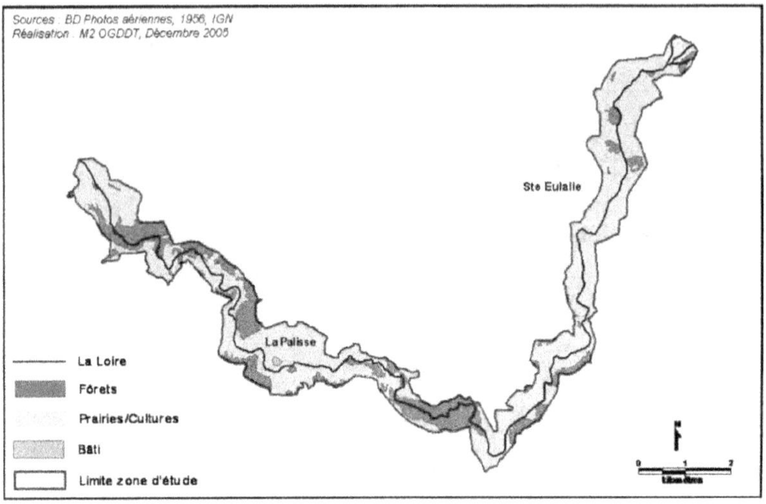

Figure n° 3 : Carte synthétique du paysage du haut bassin versant de la Loire en 2002

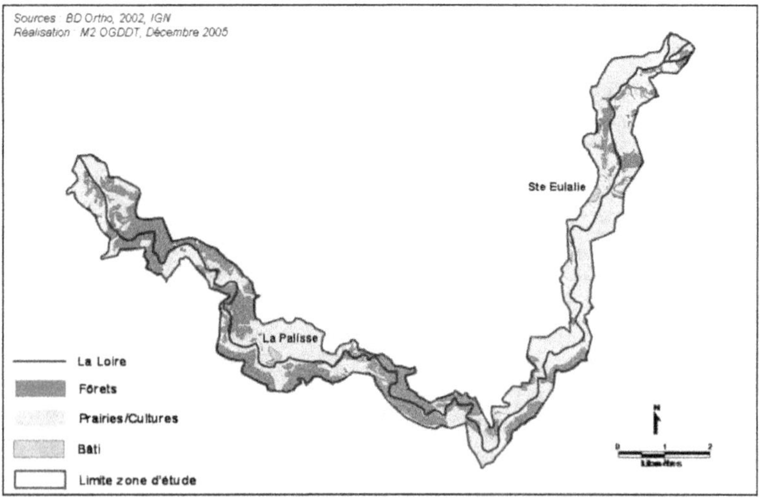

Tableau n° 4 : Évolution de la forêt entre 1950 et 2006

Années	Forêts	Prairies
1950	30,54 %	69,46 %
2006	39,52 %	60,48 %

Figure n° 4 : Répartition de la végétation le long du Haut bassin versant de la Loire avant 1950

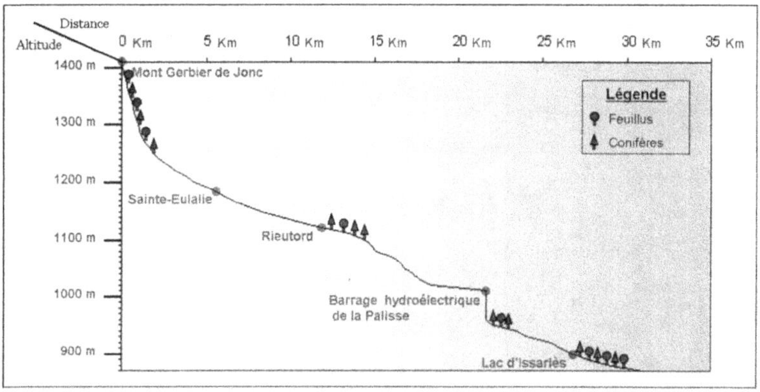

Figure n° 5 : Répartition de la végétation le long du Haut bassin versant de la Loire après 1950

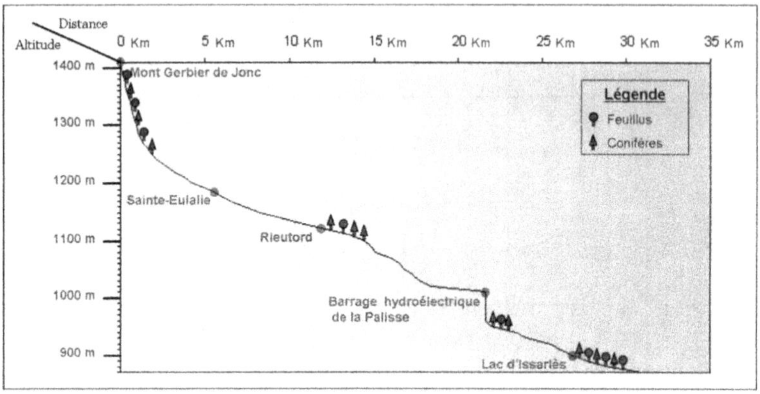

La tourbe, l'arbre et l'eau

Fabrice GRÉGOIRE, Arlette LAPLACE-DOLONDE**, Jérôme CANIVÉ****

La tourbière présente vis-à-vis de l'arbre deux visages : celui de la dynamique forestière spontanée, plus ou moins forte en fonction de l'hydromorphie, avec une large dominance d'espèces pionnières (bouleaux, saules, pins sylvestres), mais aussi d'espèces correspondant au climax (aulnes) ; celui de la plantation d'arbres à développement rapide, peupliers, résineux. Rien d'étonnant que les cartes de végétation de la France au 200 000e révèlent des séries de végétation associant des cortèges de tourbières et des arbres.

En zones collinéennes, on observe la série de l'aulne glutineux à *Carex elata*, *Carex acutiformis*, à *Cladium mariscus*, à *Molinea coerulea*, et à *Phragmites australis*. A cette série se raccroche l'autre forme d'aulnaie-peupleraie à grandes herbes où la megaphorbiaie de départ évolue par drainage vers une chênaie-ormaie. On observe aussi la série à *Betulo-alnuto-sphagnetum* décrit par Lemée en 1937. Elle se présente sous la forme d'un taillis inondé à *Carex paniculata*, dont la strate arborescente est composée de *Salix atrocinerea* et *Betula pubescens*, plus exceptionnellement d'*Alnus glutinosa*. Dans les situations oligotrophes de landes tourbeuses moins inondées, l'acidité exclut l'aulne au bénéfice du bouleau.

En montagne, les pessières à myrtilles peuvent être très dynamiques et coloniser les zones humides en raison de la plasticité édaphique de l'épicéa. Ses plantules, très héliophiles, envahissent les surfaces ouvertes. Elles sont fréquentes sur les faibles pentes des massifs alpins sur roches acides qui donnent des sols tourbeux et para-tourbeux (Les Saisies). Certaines grandes tourbières bombées sont envahies de pins à crochets (Sommant, Luitel). Le *Pinus uncinata* a même apporté son nom à l'alliance du *Vaccinio uliginosi-piceon*. Ainsi, l'attitude

* Ingénieur d'études CNRS, ENS-LSH Lyon.
** Ingénieur de recherches, Université Lyon 2.
*** Directeur de l'ADREE.

scientifique intègre l'arbre à certains types de tourbières. Mais depuis deux décennies, on assiste à la réaction contraire. Car la forêt semble l'aboutissement d'une évolution sans analyse des paliers, blocages et rétroactions. Dans ce mouvement, les nombreuses plantations effectuées depuis 1950 tant par les propriétaires privés que par l'ONF ont pesé lourd dans le rejet de l'arbre. Aussi, jusqu'à une date récente, tendance qui demeure, le premier acte d'un gestionnaire naturaliste est-il de prendre sa tronçonneuse, sa débroussailleuse et d'enlever tout ligneux, spontané ou introduit. Plusieurs raisons sont avancées : maintenir une certaine forme de biodiversité et réduire le prélèvement en eau, incompatible avec le bon état hydrologique des tourbières. Toute solution technique est la bienvenue (Dupieux, 1998). Peu importe l'essence. Il faut supprimer l'arbre ressenti comme l'intrus dans la tourbière.

Cette vision des choses fait débat. Une motivation est financière. Le coût des travaux, que ne compense pas le faible revenu tiré de mauvais bois, incombe à la charge des collectivités. Il est croissant. Il est de l'ordre de 1 500 euros par hectare dans le meilleur des cas.

On se demande si l'opprobre dont souffre l'arbre est justifié sur le plan de la genèse et du fonctionnement des tourbières ; si la réticence à l'égard du boisement des tourbières ne tient pas également à des aspects culturels, éthiques et de représentation ; s'il n'y a pas un nouveau regard possible indépendamment de la communauté scientifique et naturaliste. La réflexion repose sur une expérience pluridécennale de la gestion de ces milieux et, notamment, de la création et du fonctionnement des réserves naturelles (Lavours, Grand Lemps, Sangsurière, Mathon, Vesles-et-Caumont, Versigny).

I – L'ARBRE ET LA TOURBE SONT-ILS COMPATIBLES ?

L'arbre et la tourbification

Les profils réalisés dans les tourbières de plaine et de montagne révèlent la présence d'arbres. Deux cas illustrent cette présence : une forêt feuillue qui a précédé la mise en état d'hydromorphie du système et une forêt humide claire qui constitue l'étape entre humidité et inondation. Dans les deux cas, les feuillus dominent avec les chênes et les aulnes. Rentrant dans le premier cas, on trouve les marais de l'isthme du Cotentin, les marais de Dol et la Brière. L'exploitation de certains secteurs comme à Baupte dégage troncs et souches. La forme, la structure du bois demeure intacte. Cela a l'aspect d'une pâte brune fine, comme si l'arbre était digéré sur place. Mais dès que le bois est à l'air, il part par lamelles.

La nature des bois, des chênes surtout, d'âge adulte pour l'essentiel, la densité des souches montrent qu'il s'agit d'une vraie forêt. Elle est restée du Boréal à l'Atlantique, comme en témoignent les analyses polliniques. Celles-ci témoignent aussi de la sédimentation fine d'origine marine qui, dans le bassin de Gorges, l'a précédée. Mais entre le retrait de la mer et l'envahissement des eaux douces à l'origine de la tourbification, la chênaie périphérique a pu s'établir dans la cuvette que délaissaient les eaux saumâtres. La première période de l'Atlantique a produit une épaisseur de deux mètres de tourbe, incluant les masses ligneuses victimes de l'asphyxie ou des tempêtes. Les cataclysmes, qui ont marqué les esprits jusqu'au VIIe siècle après J.-C., sont à l'origine d'un mythe quant à l'évolution du golfe normando-breton avec le mythe de la forêt de Scissy, qui aurait donné son nom à Chausey, petit archipel au large du Cotentin. Selon un manuscrit du IXe siècle, le Mont Saint-Michel était cerné par une vaste forêt dévastée lors de grands vents coïncidant avec une forte marée. On constatait que le long des côtes de la Manche est jonché de troncs fossiles (coïrons dits « mortas » en Brière).

Si l'ennoiement des forêts littorales est évident, elle résulte des phases de remontée marine davantage que des météores, même s'ils ont accentué localement le phénomène (Larsonneur, 1988). Mais les datations des restes végétaux indiquent des événements plus anciens. Suivant les conditions topographiques, les niveaux à bois ne correspondent pas toujours aux mêmes époques. La concordance demeure entre les zones de la Manche et de l'Atlantique. Les évolutions paléogéographiques dues aux variations du rivage et du niveau marin sont étudiées en Bretagne dans les marais de Dol par M.-T. Morzadec et en Brière (Loire-Atlantique) par L. Visset. Après une série de transgressions et régressions de la mer, qui ont affecté le golfe briéron et expliquent la présence de vases au dessus desquelles une première épaisseur de tourbe s'est constituée entre 220 et 1800 avant J.-C. sous une faible lame d'eau à partir de bois d'aulnes et de bouleaux (L. Visset, 1995).

Si les bois figurant dans l'accumulation organique révèlent la présence ancienne d'arbres, dans la période actuelle, la formation ligneuse est différente. Leurs restes constituent seulement une partie de la tourbe. L'enracinement étant médiocre, les arbres ont une espérance de vie courte. Non exploités, ils deviennent chablis. L'essentiel du matériel ligneux étant en surface, la décomposition est rapide. Aussi la tourbe ne contient-elle que des éléments de petite taille, voire microscopiques. Ce n'est pas la seule explication. Les tourbières de ces deux régions sont utilisées depuis longtemps. La plupart ont été consacrées à l'élevage, ce qui a limité l'essor d'une strate ligneuse abondante. On notera cependant que, même si le fait forestier ne s'exprime pas, l'arbre se maintient sous forme de pousses discrètes. Les relevés effectués avant et après l'abandon du pâturage sur des tourbières témoins montrent, dans le cas d'une colonisation par les saules, que le nombre de pieds évolue peu (B. Clément). En revanche, dans un cas, ils donnent des plantules et, dans l'autre, un fourré qui couvre plusieurs mètres carrés de surface.

L'arbre et la compétition envers l'eau

L'arbre est souvent accusé de prélever beaucoup d'eau et de ponctionner ainsi la tourbière. Mais le fait doit être nuancé, d'autant que les mesures sont rares et les modélisations quasi inexistantes. Même dans notre pratique de gestionnaire, nous n'avons pas tenté d'étudier cette absorption, l'étude ne paraissait pas urgente. L'expérience de ces lieux est cependant corroborée par un certain nombre de mesures. Dans le cas d'une dynamique spontanée, il n'y a pas dans les marais un secteur plus sec qui serait boisé et un secteur plus humide qui ne le serait pas. On voit que le caractère est plutôt déterminé par les conditions où circulent les eaux (Figure n° 1). Ce n'est pas le cas lorsque des fossés ont été creusés. Néanmoins, même là, les composants de la tourbe peuvent limiter l'effet drainant des fossés.

Figure n° 1 : Circulation des eaux indifférente à la présence des boisements

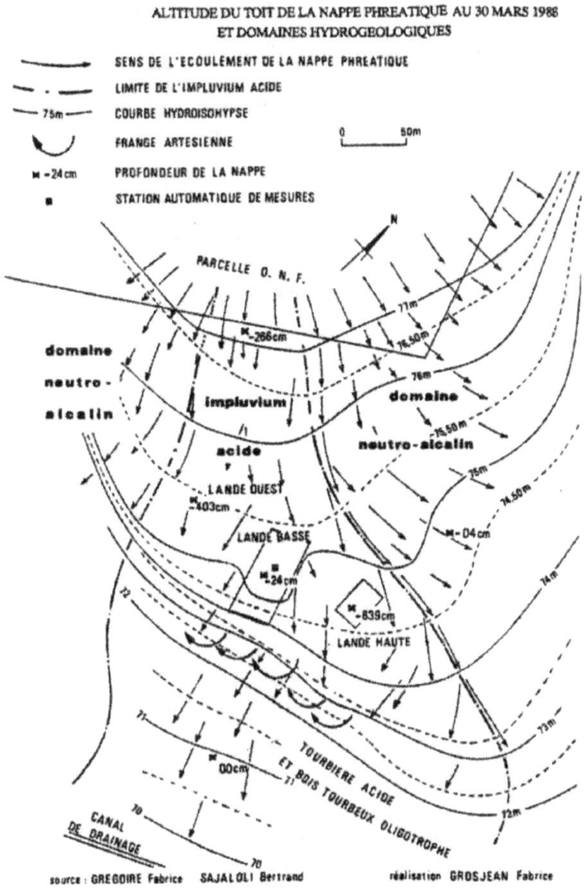

On suit depuis trente ans un réseau de piézomètres sur le marais de Cessières. Plusieurs secteurs ont été déboisés par des coupes de bois et abandonnés à la dynamique spontanée. Certes, on constate la remontée du niveau de l'eau au moment de la coupe, mais cette tendance disparaît ensuite. Le niveau de l'eau au centre de la tourbière atteignit plusieurs fois la cote maximale, alors que le marais était fortement boisé.

On allègue souvent, pour critiquer le rôle de l'arbre dans l'hydrologie du marais, sa transpiration : plusieurs millimètres par jour pour un sujet adulte. C'est oublier que les couverts végétaux des tourbières connaissent aussi une évaporation : les sphaignes, considérées comme significatives de ce type de milieu, sont dépourvues de régulation stomatique. L'abaissement de température observé (plus de 5°C en été par rapport à un sol sec) montre la part énergétique considérable liée à leur évaporation et à leur transpiration. Les grandes roselières offrent également de fortes surfaces d'échanges. A l'inverse, à l'occasion de la sécheresse de 1976, on a vu des bouleaux dépérir bien que la tourbe conserve encore 50 % d'eau, tout simplement parce que l'eau était retenue. 50 % d'eau volumique, c'est le taux d'humidité à partir duquel opère le flétrissement.

D'une manière générale, les tourbières, correctement alimentées en eau, se défendent bien contre un excès de boisement.

Il y a des cas où les arbres sont associés à des battements de nappe plus importants. Mais la croissance des arbres en était plutôt la conséquence que la cause.

Il y a des cas aussi où leur présence est une opportunité pour la tourbière en assurant deux fonctions. Les arbres protègent de l'évaporation. Ainsi, sur un réseau de tourbières en Ardèche situées sur un plateau exposé à un fort ensoleillement et une ventilation importante, des tourbières sont déboisées en périphérie, d'autres ne le sont pas. Celles qui ont gardé leur environnement boisé connaissent moins le dessèchement estival. Dans les landes humides du Laonnois, il en est de même. Les arbres favorisent le développement de sphaignes dans les bétulaies claires installées récemment. C'est particulièrement le cas des marais alcalins, où le support ligneux surélève les plantes acidophiles par rapport à une tourbière alcaline (tourbière de Cerin). Cela lance le processus d'acidification du milieu, considéré comme une mutation importante au point de vue patrimonial.

L'arbre et la biodiversité

L'arbre ou plutôt le couvert forestier a une image déplorable en terme de biodiversité. Si l'on examine les espèces végétales protégées sur une tourbière comme Cessières, il apparaît que la plupart sont héliophiles (Figure n° 2) . C'est sur ce principe que maintes opérations de déboisement, de débroussaillage ont été menées. De même, les espèces d'odonates ou de lépidoptères, liées à ces types de milieux, imposent des tailles minimales d'aire vitale, ainsi que des possibilités de communication entre sites de reproduction.

Figure n° 2 : Des exigences de biodiversité
a priori défavorables à l'arbre

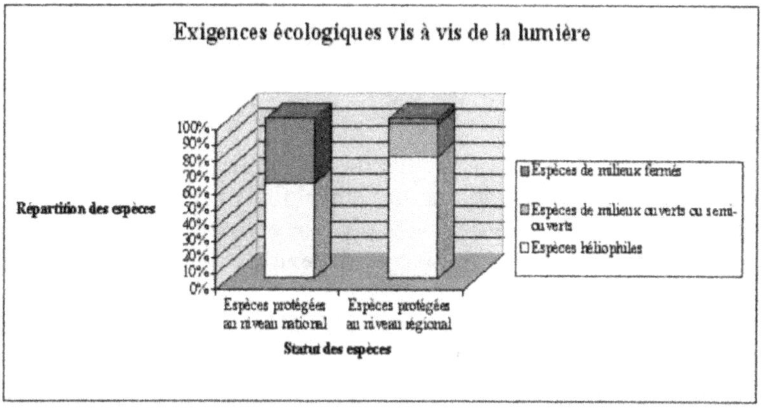

Si, pour certaines espèces, le milieu ouvert est optimal, en élargissant le spectre biologique, les boisements deviennent de plus en plus intéressants. Ainsi, le plan de gestion de la RN de Vesles-et-Caumont estime que la principale menace pesant sur un des groupements végétaux est la coupe des arbres. C'est le cas pour une partie des mammifères, des oiseaux et des insectes. Certaines espèces végétales tirent également profit des espaces boisés. Les lisières en particulier constituent des positions particulièrement intéressantes.

II – L'ARBRE REJETÉ

L'arbre agressif

On perçoit comme agressif l'arbre planté accompagné de drainage, comme dans le cas des peupliers ou des résineux. Cela a marqué durablement des générations de naturalistes. On peut comprendre leur réaction, même quand elle est disproportionnée. On constate souvent que semblables plantations débouchent sur un échec. Mieux vaut, quand le mal est fait, laisser les arbres périr de leur belle mort. L'effet pédagogique est assuré. Et cela revient moins cher qu'un arrachage ou qu'une réhabilitation.

On perçoit aussi comme agressive l'exploitation des bois. Pour le grand public en général, pour beaucoup de naturalistes également, cela génère une dégradation mal ressentie. Là encore, cela conduit à privilégier des méthodes « douces » qui, en fait, ne le sont ni en terme de piétinement ni en terme de dérangement. Aussi, pendant longtemps, a-t-on répugné aux engins mécaniques adaptés. Pourtant, en passant plus rapidement, ils causent moins de dégâts et de troubles qu'un débardage à cheval. On note fréquemment qu'il est difficile d'envisager, dans le cadre de ces coupes, de laisser des rémanents sur place qui, souvent, se décomposent le plus naturellement du monde.

L'arbre mythifié

On refuse l'arbre en milieu tourbeux sous prétexte d'une tourbière idéale qui serait, pour simplifier, voire caricaturer, une tourbière bombée à sphaignes où il n'y a aucun arbre, mais des drosera, des linaigrettes, de la canneberge. Il existe des substituts dans le domaine alcalin, les grandes roselières, les groupements à tendance acide, mais ceux-ci ne possèdent pas la même valeur symbolique. Quand on s'écarte du modèle dominant ou des modèles de substitution, les tourbières sont décrites comme « dégradées ». Pour présenter pareilles tourbières, tel le haut marais de Cessières, on peut témoigner de la fascination qu'il exerce sur tout public.

C'est que le mythe de la tourbière haute acide est magnifié, car elle réunit la plupart des plantes patrimoniales. Parmi elles, la « star » est la Drosera sp. Du coup, il n'y a pas de logo de tourbière sans drosera ! Comme elle ne dépasse pas trois à cinq centimètres de hauteur, on multiplie sa taille par deux ou trois, à moins de la dessiner comme les herbacées de taille moyenne. Il y a bien manipulation des visiteurs. Pour eux, les ligneux signifient une sénescence résultant de l'évolution de la tourbière haute.

Chaque gestionnaire use du schéma classique de la tourbière lacustre, comme on en trouve dans le Jura suisse (Gobat, 1986). Ce modèle largement repris n'est qu'un type d'évolution possible. En outre, les gestionnaires naturalistes cherchent à conserver sur leur site le maximum d'espèces protégées, car patrimoniales. Or la plupart sont pionnières. Elles seront donc moins présentes dans un écosystème plus évolué. Les opérations privilégient alors les stades pionniers, qui, évidemment, ne comportent pas d'arbres.

Figure n° 3 : Une tourbière « idéale » , celle de Cerin

Néanmoins, les échanges avec les spécialistes étrangers, surtout depuis la visite en 2002 du groupe de l'IMCG en France, vont dans le sens d'un maintien du couvert forestier. Il en va de même avec les expériences françaises en pays nordiques (Finlande, 2006), où l'arbre fait partie de la tourbière comme la tourbe peut faire partie de la forêt (Figure n° 3).

Autre raison de mythification, la tourbière est en soi un endroit étrange, inhabituel, car le sol est mouvant. Quand on rajoute la difficulté de pénétration dues aux troncs, aux racines, la difficulté de l'orientation, le lieu est perçu comme inhospitalier, sauf pour les rares habitués. Il nous est arrivé d'emmener dans des tourbières boisées des habitants d'un village voisin. Après 200 mètres de marche, ils étaient perdus ! D'une manière générale, malgré le pouvoir attractif de la forêt, ses gestionnaires savent que tous les peuplements n'ont pas le même attrait. Entre la forêt cathédrale aux sous-bois clairs et le taillis impénétrable, le choix est fait. Or le boisement spontané des espaces tourbeux alcalins génère un taillis couvert touffu où la circulation est impossible (Figure n° 4). C'est le cas de l'Aulnaie tourbeuse, habitat dominant au niveau européen.

Figure n° 4 : Le bois tourbeux non accessible

De ce fait, le paysage des tourbières le plus apprécié est presque toujours d'aspect ouvert. Certes, certaines perceptions dérivent de la tourbière idéale. Mais il faut tenir compte aussi de la demande en biens de nature. La tourbière, le marais doivent être accessibles, avec des aperçus dégagés. Il faut également tenir compte de cette notion de « propre » qu'emploient fréquemment visiteurs, touristes et gestionnaires. La tourbière enforestée est ressentie comme un espace rural « sale », c'est-à-dire délaissé.

Le poids du passé

Dans la volonté de retrouver des paysages ouverts percent les souvenirs d'enfance ou de jeunesse. Il est incontestable que toutes les tourbières où nous travaillons ont été, jusqu'à la Seconde Guerre mondiale, dépourvues d'arbres. Cela tenait aux usages, élevage, fauche, brûlis, étrépage. La dynamique forestière, spontanée le plus souvent, a bouleversé les repères.

Deux exemples illustrent le propos. L'ancien maire de Cessières, qui fréquentait la tourbière dès son jeune âge, vers 1930, a encouragé la venue des chercheurs. Ceux-ci l'ont souvent entendu dire que, dans son temps, le « marais n'avait pas un arbre ». Aussi n'a-t-il eu de cesse de faire exploiter le maximum de bois pour retrouver un espace ouvert. De même, le maire de Vesles-et-Caumont rappelle qu'autrefois, de son village, il pouvait apercevoir le clocher du village voisin au travers du marais. Lorsque les saules ont envahi le marais, il a eu l'impression « que ce n'était plus le marais ». Cela a motivé son désir de voir créer une réserve naturelle. Les enquêtes conduites dans les hameaux périphériques révèlent que les personnes âgées, lorsqu'on leur demande ce qui a changé dans les tourbières, répondent que, maintenant, elles sont boisées (Logné, Montselgues, Lavours). Cela reflète la pression qu'exercent les gestionnaires naturalistes qui n'ont de cesse, pour permettre la réappropriation de l'espace tourbeux par les acteurs locaux, de restituer ce paysage et de réintroduire l'élevage.

III – LES NOUVEAUX REGARDS SUR L'ARBRE EN TOURBIÈRE

Au fond, doit-on considérer la tourbière comme un musée, un jardin botanique et animalier soustrait au fonctionnement rural ? Pour certains sites, cela peut être un choix, que justifie la biodiversité. Mais en général, il est préférable de respecter les réalités physiques et humaines. Si le génie écologique permet des opérations d'envergure, les interventions ordinaires contribuent largement à l'amélioration de la biodiversité, sans qu'elle soit programmable. Enfin, favoriser la simple gestion permet des économies importantes, sous réserve d'une bonne concertation.

Le bois ressource

Il est important de comprendre qu'en général les ruraux jugent improductifs les marais ou les tourbières. La présence de bois exploitable, même médiocre, ce qui est souvent le cas, peut corriger cette perception, surtout si les coupes communales concernent un certain nombre de villageois (Figure n° 5). Dans la RN de Vesles-et-Caumont, des contrats d'exploitation individuelle ont été ainsi conclus. Sur ce site, une gestion particulière de la partie de marais dite « Les Durs » est instaurée depuis des décennies sous forme de lots réservés aux habitants. Il en va de même dans la RN de Versigny. Cela est assez courant. La question de la coupe familiale occupe une place de choix, avec la chasse dans les préoccupations des gestionnaires.

Figure n° 5 : Coupe de bois communale à Cessières

Le bois refuge

Dans la plupart des sites, les usagers les plus réguliers des marais sont les chasseurs. Ce sont des partenaires incontournables et de bon conseil, pour peu que les relations soient bonnes, car ils connaissent bien leur territoire. Ils ont besoin d'espaces variés au sein desquels les peuplements forestiers comptent beaucoup, à moins de ne tirer que le gibier d'eau. En ce qui concerne le gibier terrestre, les secteurs boisés constituent des zones de refuge qui conservent la faune. Ceci dépend du type de marais. Ainsi, une roselière bien développée offre les mêmes qualités. En revanche, un marais nu et ras gêne la fonction refuge.

Le bois paysage

En apparente contradiction avec ce qui a été dit, les bois et les bosquets, voire les peuplements plus volumineux, induisent davantage de variété paysagère. Le problème tient au dosage. C'est le cas pour les lisières. Quand on emmène un groupe en roselière, l'arrêt choisi pour une présentation, un pique-nique, est la lisière, qui apparaît comme rassurante (Figure n° 6).

Figure n° 6 : Dans une tourbière, arrêt au bord de l'eau ou près d'un boisement

Le point à simplifier est que le marais en général et la tourbière en particulier ne sont pas les seuls éléments à évoluer. L'exemple le plus frappant est celui de la Souche. Pendant que la plaine agricole perdait bosquets et petits bois, le marais s'est boisé. Dès lors, l'espace tourbeux devient l'espace de nature où l'arbre a sa place, ceci dans l'image qu'on a d'un paysage naturel. De ce fait, au rebours du discours de la génération précédente, les adultes dénoncent les coupes à blanc étoc. C'est le cas à Vesles-et-Caumont. C'est aussi le cas à Cessières où le maire actuel est attaché à la valorisation forestière des communaux. De même, l'influence d'autres cultures européennes, où les tourbières sont rarement associées aux espaces pâturés, mais plutôt aux boisements lâches (taïga), facilite l'acceptation de l'arbre (pin, bouleau) dans l'espace tourbeux. En Suisse, où le pâturage sous forêt est plus répandu qu'en France, le pré bois est volontiers associé aux tourbières.

Au terme de ce panorama des relations conflictuelles parfois entre arbres et tourbières, ou plutôt entre arbres et l'idée qu'on a de la tourbière, il apparaît qu'ils sont loin d'être étrangers à ce milieu, mieux qu'ils y ont toute leur place. Elle est à apprécier en fonction des objectifs des gestionnaires. Elle doit être également définie par les caractères de la tourbe, en fonction notamment de sa perméabilité. Si l'équilibre hydrique de la tourbière est assuré, elle régulera la croissance des arbres. C'est la piste suivie à propos de la RN de Vesles-et-Caumont.

Cette étude souligne qu'à l'instar de ce qu'on observe pour la forêt, les représentations sont très importantes. On ne saurait les nier. Elles font partie de notre culture et conditionnent le regard et les décisions relatives à ces espaces. Dans cette perspective, on note que les nouvelles générations portent un regard différent sur la présence de l'arbre dans le marais en général et dans la tourbière notamment. Cela tient à la connaissance qu'elles ont de la déprise rurale et de la forestation spontanée ou volontaire. Dans la gestion de ces milieux, il faut intégrer toutes ces visions. L'une ne saurait remplacer l'autre par effet de mode. Il convient donc d'estimer scientifiquement l'impact qu'a l'arbre sur la tourbière.

BIBLIOGRAPHIE

– ADREE, *La gestion durable du Marais de Cessières–Montbavin*, pré-rapport pour le projet 12 de la charte pour l'environnement et le développement durable du département de l'Aisne, 2001, 56 p.
– CANIVÉ J., *Étude préalable à la réalisation de la carte des habitats de la Directive Habitas dans les marais de la Souche (Aisne)*. Étude réalisée dans le cadre du Programme LIFE « Élaboration expérimentale de documents d'onjectifs sur de futurs sites du réseau Natura 2000 », 1998, 44 p.
– CANIVÉ J., LAPLACE-DOLONDE A., « Mutations socio-économiques des tourbières : des territoires de production à des espaces de protection », in *Les Actes du colloque de Toulouse du Programme National de Recherche sur les zones Humides*, 2004, pp. 266-276.
– COIC B., FRAPPA F., LAZA L., *Tourbières en rhône-Alpes, Un patrimoine commun à gérer*. Document de synthèse, 48 p + cartes et inventaires départementaux en 7 volumes, Conservatoire Rhône-alpes des Espaces Naturels, 2001.
– COLLECTIF, *Entre Terre et Eau, les Marais de Lavours (Ain)*, EID ed., 1999, 175 p.
– CORILLION R., Notice détaillée des feuilles armoricaines de la carte de végétation au 200 000e, 1971.
– CREN, Bilan des expériences de gestion patrimoniale des tourbières de la zone alpine, Life nature « Programme de protection des tourbières de France », 1997, 126 p.
– CUBIZOLLE H., GEORGES V., ARGANT J., SERIEYSSOL K., « Changements environnementaux et sociétés humaines dans le Massif central oriental granitique au cours de l'Holocène : les enseignements tirés du croisement des données archéométriques », *Archémoétrie*, n° 28, 2004, pp. 57-70.

– DUPIAS G., Notice détaillée de la carte de végétation au 200 000e des Pyrénées, 1985.
– DUPIEUX N., *La gestion conservatoire des tourbières de France, Espaces Naturels de France*, 1998, 244 p.
– LAPLACE-DOLONDE A., GRÉGOIRE F., CANIVÉ J., « Influence des recherches scientifiques sur la gestion des tourbières lors des dix dernières années ». Actes du Colloque organisé par l'Université de Saint-Étienne « Origine, dynamique et conservation des tourbières », Château de Gouttelas, 5-7 octobre 2005 (sous presse).
– LARSONNEUR C., *La baie du Mont Saint-Michel*, Université de Caen, 1988, pp. 11-19.
– MANNEVILLE O., VERGNE V., VILLEPOUX O., *Le monde des tourbières et des marais*, 1999, 320 p.
– RICHARD L., PAUTOU G., *Alpes du nord et Jura méridional.* Notice détaillée des feuilles 48 et 54 des cartes de la végétation de la France au 200 000e, Éd. du CNRS, 1982, 316 p.
– SAJALOLI B., *Les zones humides laonnoises, fonctionnement, usages, gestion.* Thèse de Doctorat, Université de Paris I, 1993, 629 p.
– VISSET L., *8 000 ans en Brière*, Éd. Ouest-France, 1995, 61 p.

Conséquences de la forêt méditerranéenne sur les écoulements de crue. Synthèse des recherches françaises

Claude COSANDEY, Jacques LAVABRE**, Claude MARTIN***, Nicolle MATHYS*****

Le rôle régulateur de la forêt sur les crues, largement admis par l'opinion publique, suscite maintes interrogations chez les hydrologues, surtout en ce qui concerne les crues les plus fortes. Ce rôle dépend d'un grand nombre de facteurs, ce qui explique la disparité, voire la divergence des résultats observés. Dans le Sud de la France, trois sites de BVRE ont permis de conduire cette recherche en climat méditerranéen humide. Ils diffèrent au plan pédologique et géomorphologique. Mais tous connaissent de fortes pluies automnales surtout, estivales parfois. La diversité des réponses observées amène à comprendre les mécanismes qui expliquent les conséquences de la végétation sur les écoulements de crue.

I – SITES D'ÉTUDE ET CONDITIONS D'EXPÉRIMENTATION

Ces trois sites sont : Draix, (marnes noires de la région de Digne, arrière pays provençal), Réal-Collobrier, (proche de la côte méditerranéenne, arrière pays toulonais), Mont-Lozère (contreforts sud-est du Massif Central). Leurs caractéristiques sont portées dans le Tableau n° 1.

* Directeur de recherche, CNRS.
** Ingénieur de recherche, CEMAGREF.
*** Chargé de recherche, CNRS.
**** Chercheur, CEMAGREF.

Tableau n° 1 : Principales caractéristiques des bassins-tests

Nom du bassin	Superficie	Occupation du sol	Pente	Période d'étude
• Draix				
— Laval	86 ha	22 % bosquets ; 10 % herbe ; 68 % sols nus	58 %	1983-2000
— Brusquet	108 ha	87 % bois ; 13 % sols nus	53 %	1987-2000
• Real Collobrier				
— Rimbaud	146 ha	Maquis ; feu ; repousse	20 %	1966-1990 ; 1990-2000
— Valescure	930 ha	maquis		1966-2000
• Mont-Lozere				
— Latte	19,5 ha	Épicéas ; coupe ; repousse	20 %	1981-1987 ; 1987-1999
— Cloutasses	81 ha	pelouse pâturée	10 %	1981-1999

II – CONSÉQUENCES DE LA FORÊT SUR LES CRUES

Les résultats concernant les effets de la forêt sur les crues (pointe ou volume) diffèrent d'un site à l'autre.

À Draix

Le dispositif expérimental comporte un bassin reboisé à la fin du XIXe siècle (Le Brusquet) et un bassin non reboisé, où le taux de couverture végétale est faible (Tableau n° 1). Les pluies annuelles sont de l'ordre de 940 mm, avec des maxima journaliers décennaux de 80 mm. Leur intensité est forte au cours des orages d'été et d'automne. Le premier effet du couvert végétal est d'augmenter le seuil minimal de pluie nécessaire à l'apparition d'un écoulement : les crues du bassin boisé sont moins fréquentes (Richard et Mathys , 1999). Pour des crues produites par des pluies analogues, les pointes de crue sont retardées d'au moins une demi-heure dans le bassin boisé. Les pointes de crue sont très fortes pour le bassin non reboisé. Là, elles atteignent 23 $m^3/s/km^2$ lors d'un épisode pluvieux de 53 mm. Elles sont en moyenne cinq fois plus faibles pour le bassin reboisé. Un exemple est fourni par la crue du 27 mai 1988 (Figure n° 1).

Figure n° 1 : La crue du 27 mai 1988 dans les bassins du Brusquet (reboisé) et du Laval

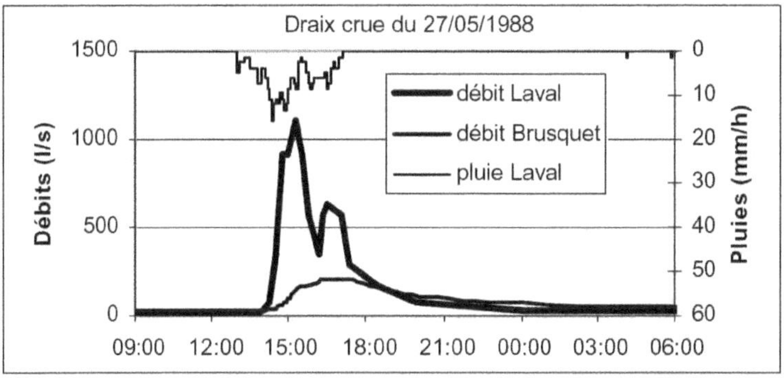

Une averse de 21 mm provoque une pointe de crue six fois plus forte dans le bassin non reboisé du Laval (1,3 $m^3/s/km^2$) que dans celui reboisé du Brusquet (0,2 $m^3/s/km^2$). Le rapport est de 1 à 6,5. La limitation des volumes de crue est moins importante que celle des pointes parce que la crue est plus longue dans le bassin boisé. Le rapport oscille de 1 à 2 (Richard et Mathys, 1999).

Dans les bassins du Réal Collobrier

Les pluies annuelles sont de l'ordre de 1 200 mm, avec des pluies journalières décennales de 150 mm, et toujours de fortes pluies automnales. L'incendie de l'été 1990 a détruit 80 % du bassin du Rimbaud, dont les débits étaient mesurés depuis vingt-cinq ans. L'automne suivant, le comportement du ruisseau est devenu fortement impulsionnel. Le débit maximal a atteint 5 $m^3/s/km^2$ pour des précipitations ordinaires tant en quantité qu'en intensité. Les montées de crue demandent moins de cinq minutes. Les décrues sont tout aussi rapides. Le caractère excessif de ces réactions s'explique par le ruissellement sur les versants dénudés (Martin et Lavabre, 1997).

Une modélisation « pluie-débit » au pas de temps journalier, permet de comparer les débits observés avec ceux simulés, sur une même période, par le modèle calé sur les données recueillies avant l'incendie (Lavabre et al., 1993). La figure n° 2 fait ressortir les effets de la disparition végétale pendant les périodes pluvieuses.

Figure n° 2 : Comparaison des débits journaliers mesurés après l'incendie avec les valeurs reconstituées à partir des informations recueillies avant le feu (la période représentée démarre le 26 octobre 1990 ; le temps est en jours).

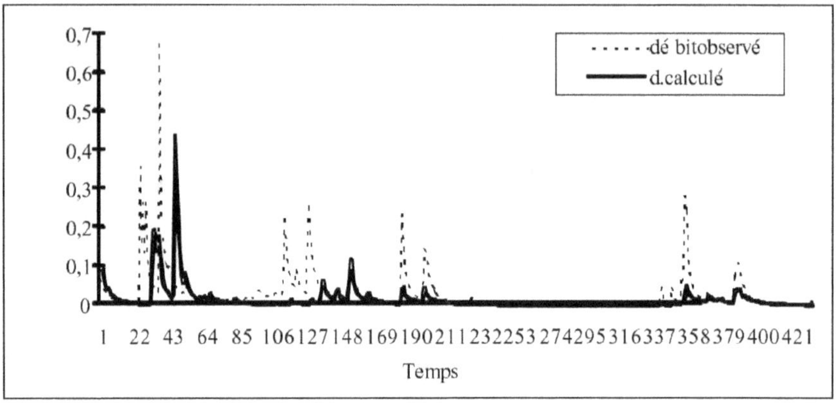

Sur le Mont-Lozère

Le dispositif expérimental se compose de deux bassins : l'un en pelouse pâturée, l'autre en épicéas. Après six années de suivi, l'attaque parasitaire des épicéas a obligé à les couper. Les données obtenues avant et après abattage sont comparées à celles du bassin témoin des Cloutasses. Les pluies sont très abondantes : les précipitations annuelles moyennes avoisinent 1 950 mm ; en 24 heures, les abats d'eau peuvent atteindre 400 mm. Les conditions de travail très difficiles qui prévalent lors des pluies cévenoles gênent la vérification des courbes de tarage théoriques pour les débits les plus forts. En comparant entre les pointes de crue sur les deux bassins, le débit de pointe annuel serait plus faible dans le bassin boisé (1 $m^3/s/km^2$) que dans celui en pelouse (1,45 $m^3/s/km^2$). La tendance s'inverserait avec les débits décennaux, qui s'élèveraient à 3,15 $m^3/s/km^2$ pour le bassin forestier, à 3 $m^3/s/km^2$ seulement pour celui en pelouse (Lavabre et al, 1999).

Au sujet des volumes de crue, mieux connus, est déjà informatif un simple graphique de double cumul, établi à partir des volumes journaliers écoulés par la Latte (avant et après la coupe) et les Cloutasses (considéré comme témoin) lors des fortes crues[1]. La figuren° 3 ne montre pas de cassure qui indiquerait un changement de fonctionnement dans le bassin de la Latte à la suite de la coupe. Le même résultat apparaît en utilisant un seuil plus faible. En effet, une étude du même type, menée sur des débits dépassant 20 mm de lame écoulée dans le bassin de la Latte, aboutit à des conclusions identiques (Cosandey et al., 2000) : la coupe des épicéas n'augmente pas l'écoulement en période de fortes crues. Cette observation, qui étonnerait dans d'autres conditions (Martin et Lavabre, 1997), s'explique ici par la forte perméabilité des sols et les processus spécifiques de formation des crues (Cosandey, 1994).

Figure n° 3 : Double cumul des lames d'eau écoulées par la Latte et les Cloutasse en crues

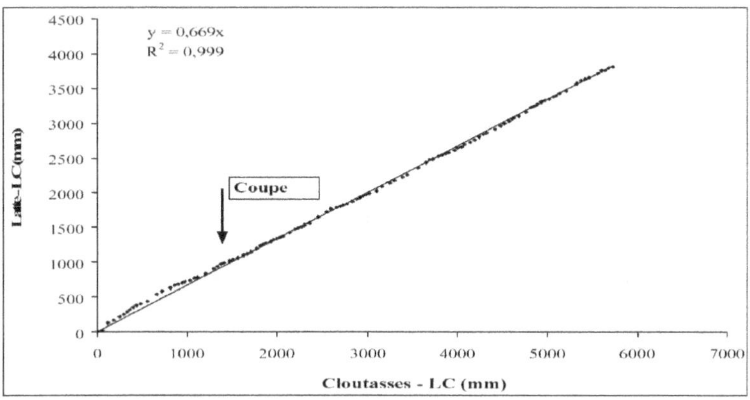

1. On entend par « fortes crues » les crues qui ont généré sur le bassin des Cloutasses une lame écoulée supérieure à 30 mm. Des écoulements de cette importance se produisent en moyenne moins de huit fois par an, mais assurent plus du cinquième des écoulements (21,8 % selon Cosandey, 1994).

III – RÔLE DE PROTECTION DE LA FORÊT CONTRE LES CRUES

Complexité des résultats

À Draix, les volumes de crue du bassin forestier sont inférieurs de moitié à ceux du bassin non couvert. Les débits de pointe sont plus affectés encore : ils sont réduits dans un rapport de 5 à 1, on l'a vu.

Sur le Réal Collobrier, l'incendie du bassin du Rimbaud a entraîné une augmentation très nette des débits de pointe de crue les premières années après la coupe.

Sur le Mont-Lozère, en revanche, aucune modification des débits maximaux n'apparaît clairement après la coupe, ceci pour les fortes crues.

Ainsi résumés, les résultats paraissent discordants, voire opposés, et suggèrent qu'il est difficile de conclure quant au rôle de la forêt sur les crues. En fait, ils sont complémentaires : leurs contradictions apparentes soulignent la complexité des relations pluies-débits. On ne saurait les comprendre sans tenir compte de la nature et de l'épaisseur des sols, du type de végétation (lorsque le bassin de référence n'est pas forestier) ou des conditions climatiques qui déterminent les processus hydrologiques à l'origine de la vitesse et du volume des crues.

Rôle forestier sur les crues : considérations théoriques

— Processus de genèse des crues

Les crues sont liées à une circulation rapide de l'eau sur les versants, que cette circulation soit par ruissellement ou par transmission de pression dans l'épaisseur du sol et exfiltration rapide de la nappe dans le cours d'eau (Cosandey et Robinson, 2000).

On distingue deux types de ruissellement : le ruissellement par refus d'infiltration d'un sol non saturé (dépassement d'un seuil d'infiltration) et le ruissellement par refus d'infiltration d'un sol saturé (dépassement d'un seuil de saturation). Mais cela a l'inconvénient de confondre le ruissellement « hortonien », (faible perméabilité intrinsèque des sols) et le ruissellement dû à l'évolution parfois très rapide de l'état de surface (sols mal protégés par la végétation) sous l'impact des gouttes de pluie.

On notera par ailleurs que la forêt influence les caractères hydrodynamiques des sols en agissant directement ou non sur leur structure et leur stabilité. Les sols évoluant lentement, les effets d'un boisement ou d'un déboisement ne sont pas toujours sensibles dans l'immédiat. Une déforestation non accompagnée de mise en culture ou d'érosion des sols n'aggrave donc pas toujours les crues, surtout quand la revégétalisation est rapide. C'est le cas sur le Mont-Lozère, où les conditions sont assez particulières, il est vrai : précipitations abondantes qui minimisent l'interception des pluies, alors que les sols, extrêmement filtrants, empêchent le ruissellement d'excéder le seuil d'infiltration.

— Sur le volume des crues

Lorsque le ruissellement générateur des crues présente un caractère hortonien, avec des sols très peu perméables, la forêt modifie la structure du sol, améliorant ses capacités d'infiltration. Mais ces caractéristiques restent acquises indépendamment du couvert végétal, si bien que le sol les conserve longtemps après déboisement.

Lorsque le ruissellement est généré par l'évolution de l'état de surface, les arbres et leurs litières ne protègent pas mieux que les autres types de végétaux couvrant bien. En revanche, si leur coupe dénude le sol (ce n'était pas le cas au Mont-Lozère) ou si leur incendie en fait autant (c'était le cas pour le Rimbaud), le sol mal protégé est modifié en surface, ce qui favorise un ruissellement inconnu jusque-là. Le fonctionnement impulsionnel du bassin du Rimbaud après incendie s'expliquerait ainsi.

Lorsque le ruissellement est généré par saturation à partir d'une remontée de nappe, le type de couvert n'intervient pas directement sur la progression des surfaces saturées en période de pluie. Par contre, cela joue sur les réserves hydrologiques par le biais de l'interception : elle diminue la quantité d'eau qui filtre jusqu'à la nappe.

Cependant, quel que soit le mécanisme des crues, l'interception d'une partie de la pluie par la végétation forestière, plus importante que pour tout autre végétation, réduit d'autant la pluie atteignant le sol. Mais proportionnellement, elle est plus faible par fortes pluies, celles qui provoquent les crues : au Mont-Lozère, l'effet de la forêt est limité par fortes crues, alors qu'il s'impose pour les écoulements plus faibles.

— Sur les pointes de crue

Pour un bassin versant donné, les pointes de crue dépendent de la vitesse de l'eau sur les versants. Or l'on considère souvent que la végétation forestière freine le ruissellement et accroît donc les temps de concentration. Pourtant, c'est tout aussi vrai, voire davantage, pour les autres végétations, les prairies notamment. Là encore, la différence réside entre sol nu et sol végétalisé, plus marqué que dans tout autre cas.

Lorsque les transferts d'eau résultent surtout de processus subsurface, les sols forestiers, en général perméables de par leur structure, favorisent les transmissions de pression et/ou permettent les circulations rapides de l'eau dans le sol. Toutefois les auteurs n'approuvent pas tous ce point (Rawlins et al., 1997).

— Sur les écoulements de crue : discussion

Des considérations précédentes, il ressort que si la forêt diminue les débits de pointe de crue dans certaines conditions, elle n'a pas toujours d'effet perceptible par rapport à d'autres végétations en bon état et couvrantes. Il est alors facile de comprendre la diversité des résultats.

Tout d'abord, il faut noter que le protocole expérimental n'est pas le même dans les trois bassins. Aux Mont-Lozère et Réal Collobrier, il s'agit de déboisement, ce qui veut dire que le sol forestier initial existe et continue de jouer un rôle hydrologique. Ce sol forestier n'existe pas pour le bassin non boisé de Draix. Enfin, un incendie de forêt n'est pas une coupe. Le premier laisse le sol nu et ses fortes températures peuvent modifier la surface du sol. Le second laisse un sol que protègent les rémanents, car seuls les troncs sont débardés. En cas d'incendie, un ruissellement superficiel, résultant de la fermeture de la surface du sol sous l'impact des gouttes de pluie, peut se produire. Cela n'arrive pas après une exploitation forestière.

Ensuite, les pluies et les crues sont différentes. Malgré les abats d'eau plus importants sur le Mont-Lozère (400 mm maximums journaliers, mais 150 mm sur le Réal-Collobrier et 80 mm à Draix), les pointes de crue du bassin des Cloutasses sous pelouse sont inférieures à celles enregistrées sur les bassins déboisés du Rimbaud (Réal-Collobrier) et du Laval (Draix). Car les sols très filtrants et bien protégés par la végétation excluent le ruissellement quand ils sont saturés. Le fonctionnement hydrologique d'un bassin sous pelouse ne diffère donc pas d'un bassin forestier. On comprend que la coupe des arbres du bassin de la Latte n'ait guère affecté les écoulements de crue.

Les études menées sur l'hydrologie forestière sous climat méditerranéen révèlent la complexité du rôle forestier sur les écoulements. Ainsi, il est aussi faux de considérer que la forêt n'influence pas les crues que le contraire. Cette complexité rend impossible de prévoir les effets d'un boisement ou d'un déboisement sans comprendre le fonctionnement hydrologique du milieu considéré. Il dépend entre autres des formations superficielles, des conditions climatiques, des caractéristiques de la végétation. Par ailleurs, il n'est pas inutile d'insister sur les incertitudes quant aux données de base (pluies et débits). Souvent, elles sont du même ordre de grandeur que les effets des paramètres qu'on veut estimer : ici le rôle de la végétation. Et quand à ces incertitudes s'ajoutent les hypothèses des modèles, il devient bien délicat de trancher.

De cette synthèse, on tirera un certain nombre d'enseignements :

D'abord, l'opposition est entre sol nu et sol couvert (quelle que soit la végétation), davantage qu'entre un type de couvert végétal et un autre. Si les défrichements perturbent le milieu, c'est parce que les cultures remplacent souvent la forêt et qu'elles laissent le sol à nu une partie de l'année. Les effets de l'incendie du Rimbaud sur les crues régressèrent quand le sol fut recolonisé par une végétation buissonneuse ou arbustive. Il n'y a guère de différence de fonctionnement sur le Mont-Lozère entre le bassin en pelouse et ceux en forêt. A l'opposé, le bassin très mal couvert du Laval, à Draix, réagit autrement que le bassin boisé du Brusquet.

Ensuite, il faut noter l'importance du sol forestier. Son maintien après la disparition de la forêt peut expliquer les faibles conséquences de la coupe. Mais le sol forestier doit être considéré comme une création de la forêt, bien qu'il conserve son action après la disparition des arbres. Ainsi le rôle de la forêt sur les crues, considérable dans certaines conditions, est loin d'être toujours et partout sensible.

BIBLIOGRAPHIE

– COSANDEY C., « Formation des crues « cévenoles » dans des bassins élémentaires du Mont-Lozère », *Revue des Sciences de l'Eau*, vol. 7, 1994, pp. 377-393.

– COSANDEY C. (en coll. avec MARTIN C., DIDON-LESCOT J-.F.), « Forêt et écoulements : étude des conséquences d'une coupe forestière sur le bilan d'écoulement annuel, les crues et les étiages », Rapport sectoriel pour le rapport final du contrat européen FOREX, 2000, 34 p.

– COSANDEY C., ROBINSON M., *Hydrologie continentale*, Armand Colin, 2000, 360 p.

– LAVABRE J., SEMPERE-TORRES D., CERNESSON F., « Hydrological consequences of fire : changes on the hydrological response of a little Mediterranean basin a year after the fire », vol. 142, 1993, pp 273-299.

– LAVABRE J., MARTIN C., (en coll. avec DIDON-LESCOT J.F.), « Appréciation de l'impact des coupes forestières sur l'hydrologie et l'érosion des sols. Cas de la forêt d'Altefage (commune du Pont-de-Montvert - 48) », Rapport à la DDAF de Lozère, Aix-en-Provence, Cemagref,1999, 28 p.

– MARTIN C., LAVABRE J., « Estimation de la part du ruissellement sur les versants dans les crues du ruisseau du Rimbaud (massif des Maures, Var, France) après l'incendie de forêt d'août 1990 », *Journal des Sciences Hydrologiques*, vol. 42, n° 6, 1997, pp. 893-907.

– MARTIN C., DIDON-LESCOT J.F., (en coll. avec COSANDEY C.), « Le rôle du couvert végétal sur le fonctionnement hydrologique des bassins versants expérimentaux du Mont-Lozère. In : Etude intégrée du bassin

versant du Haut-Tarn appliquée à la gestion des ressources en eau et des fonctionnements hydrobiologiques : contribution de l'UMR « Espace » à la connaissance des fonctionnements hydrologiques et hydrochimiques », Rapport intermédiaire pour le Parc national des Cévennes et l'Agence de l'Eau Adour-Garonne, 2000, pp. 34-53.
– RAWLINS B.G., BAIRD A.J., TRUDGLL S.T., HORNUNG M., *Absence of preferential flows in the percolating waters of a coniferous forest Soil. Hydrol. Process*, vol. 1, 1997.
– RICHARD D., MATHYS N., « Historique, contexte technique et scientifique des BVRE de Draix. Caractéristiques, données disponibles et principaux résultats acquis au cours des dix ans de suivi », Actes du séminaire *Les bassins versants expérimentaux de Draix, laboratoire d'étude de l'érosion en montagne* (Draix, Le Brusquet, Digne, 1997), Cemagref-Éditions, Mathys, 1999, pp. 11-28.

Conséquences des forêts sur l'écoulement annuel des cours d'eau

*Claude COSANDEY**

De toutes les activités humaines qui peuvent avoir des conséquences indirectes sur le fonctionnement hydrologique d'un milieu, la modification de type de végétation et notamment les actions de reforestation/déforestation sont probablement celles qui interviennent le plus largement à l'échelle mondiale, dans les temps historiques comme dans la période actuelle. Alors que dans certaines régions, surtout en zone intertropicale, la disparition massive de la forêt pose des problèmes spécifiques, en Europe de l'Ouest la tendance est à l'augmentation des surfaces boisées. Or, la connaissance du rôle hydrologique de cette forêt demeure imparfaite, qu'il s'agisse des écoulements à l'échelle annuelle (seuls abordés ici), des crues et des étiages. D'autant plus que la forêt présente une dimension mythique, voire mystique, qui n'aide pas à dégager des idées claires (Bruijnzeel 1990, Calder, 1998). Bruijnzeel parle d'ailleurs, des quatre « M's » (« Misinformation, misinterpretation, mis-understanding and myth ») qui compliquent les études d'hydrologie forestière.

Les écoulements résultent de la différence entre les pluies et l'évaporation. Le rôle potentiel d'abord, effectif ensuite, de la forêt sur ces composantes du cycle de l'eau est envisagé successivement.

I – LA FORÊT INTERVIENT-ELLE SUR LES PLUIES ?

L'idée que la forêt augmente les pluies n'est pas nouvelle. Si on croit son fils Ferdinand, Christophe Colomb savait « par expérience » que la disparition de la forêt qui recouvrait les Canaries, Madère et les Açores avait réduit les brouillards et les pluies (Thompson, 1980). Si l'action de la forêt sur le climat n'est ni aussi simple ni aussi bénéfique qu'on l'a dit, il n'en reste pas moins que l'augmentation d'évaporation

* Directeur de recherche, CNRS.

induite se résorbe en précipitations. Tout le problème est d'évaluer l'ampleur du processus et ses conséquences locales ou non. La question est encore plus aiguë dans les climats tropicaux humides que dans les climats tempérés pour des raisons liées aux caractères extrêmes de la végétation et des pluies.

En milieu tropical

De nombreux travaux menés dans les conditions climatiques tropicales ont conclu que la forêt n'influençait pas la pluviométrie locale, ce qui n'est pas forcément exact pour des surfaces beaucoup plus grandes. Pourtant, les climatologues ne s'accordent pas sur la question. Et si certains estiment que le régime des pluies pourrait être perturbé (Gash et al. 1996), d'autres pensent qu'elles ne sont guères modifiées (Polcher, 2001).

En climats tempérés

Il est possible qu'en climats tempérés, qui n'ont ni les forêts ni les pluviosités tropicales, l'échelle d'étude ait de l'importance. Ainsi, les auteurs russes écrivent que la forêt augmente le volume des écoulements en raison de pluies plus abondantes, au moins en ce qui concerne les immenses forêts d'Europe et d'Asie centrale (Bochkov, 1959, 1970 ; Krestovsky et al., 1970 ; Ved, 1978). Ces résultats sont repris en France par Poncet (1981) et Garzinsky (1980) et au Canada par Morton (1984).

Pourtant, à l'échelle locale, celle des aménagements forestiers, si les auteurs considèrent que la forêt augmente les précipitations, c'est toujours faiblement. Aussenac (1970) propose 1 ou 2 %. Lambert (1996) avance les valeurs de 5 à 6 % en climat tempéré océanique (en pays plat par effet topographique, par effet thermique, par captation des brouillards). Des travaux récents modélisant des événements pluvieux dans les Landes (Sud-Ouest) vont dans le même sens (Blyth et al., 1994). Bref, les effets de la forêt sur les précipitations sont loin d'être évidents, ni aussi importants qu'on le croyait, au moins en climat tempéré. Il n'en est pas de même en ce qui concerne l'évaporation.

II – COMMENT LA FORÊT INTERVIENT SUR L'ÉVAPORATION

L'évaporation des précipitations dans un milieu donné résulte de la combinaison de l'énergie et de l'eau disponible. La nature du couvert végétal intervient inégalement aux deux niveaux.

La forêt intervient sur l'eau disponible

La végétation forestière, comparée avec une végétation basse et a fortiori un sol dénudé, présente une potentialité plus élevée d'utilisation des réserves en eau du sol, dans la mesure où la tranche de sol colonisée par les racines peut être plus épaisse. Cela suppose de réunir trois conditions :

– Condition pédologique : les formations superficielles doivent être suffisamment épaisses pour que la forêt colonise une tranche de sol plus grande que ne le ferait un autre type de végétation.

– Condition climatique n° 1 : le climat doit présenter des périodes de déficit hydrique, rendant nécessaire une alimentation plus importante à partir de la réserve en eau du sol.

– Condition climatique n° 2 : il faut que le climat présente des périodes de pluies suffisantes pour permettre à ces réserves de se reconstituer.

Du strict point de vue de l'utilisation optimale des réserves en eau du sol, les trois conditions remplies, la forêt joue un rôle majeur dans le bilan d'évaporation et ses conséquences sur le volume de l'écoulement annuel sont sensibles, voire déterminantes. C'est le cas des régions qui connaissent des alternances de saisons sèches et humides : pendant la saison sèche, la forêt ponctionne d'importantes quantités d'eau, ce qui entraîne une reprise tardive des écoulements à l'automne, comme le montre un petit bassin forestier, en Bretagne, où la reprise d'écoulement est décalée d'environ deux mois par rapport aux bassins voisins non boisés.

Aux deux mois de décalage correspond une différence de lame écoulée de l'ordre de 120 mm, qui résulte d'une réserve hydrique plus grande en forêt que dans les milieux bocagers où coulent l'Isole et l'Ellée. Le rôle de l'enracinement forestier sur le bilan d'écoulement annuel augmente avec des contrastes pluviométriques saisonniers plus marqués, des conditions climatiques favorables, des sols plus profonds. Le climat méditerranéen présente des conditions particulièrement propices.

La végétation intervient sur le pouvoir évaporant de l'atmosphère

Le pouvoir évaporant de l'atmosphère dépend de l'énergie disponible. Celle-ci est la somme de l'énergie radiative (qui dépend de la radiation solaire, de la nébulosité, de la quantité d'énergie réfléchie par le sol - ou albédo -) et de l'énergie advective. On calcule le pouvoir évaporant de l'atmosphère à l'aide des formules d'évapotranspiration potentielle (Etp), plus ou moins sophistiquées selon les paramètres du bilan d'énergie qu'elles prennent en compte. Leur faiblesse résulte de ce qu'elles ne tiennent pas compte (ou en tiennent mal compte) de l'énergie advective, dont le rôle est pourtant essentiel. Or, cette Etp est plus élevée pour la forêt que pour tout autre type de couvert (Aussenac, 1970). La couleur habituellement plus foncée d'un couvert forestier (notamment de résineux), l'irrégularité de la surface réceptrice qui accroît le captage de la radiation incidente, entraîne un albédo plus faible (Baldochi et al., 1985 ; Kotoda, 1989 ; Berger, 1992 ; Wallace et al., 1992 ; Schuttleworth et al, 1991). Les travaux déjà cités menés en Amazonie (Gash et al) aboutissent à la conclusion que la forêt absorbe en moyenne 11 % de radiations de plus que les pâturages.

Par ailleurs, la plus forte rugosité d'une végétation forestière accentue la turbulence de l'air et assure une meilleure utilisation de l'énergie advective. Cette énergie peut alors être utilisée pour évaporer l'eau interceptée par la végétation. Il en résulte la perte d'une partie des précipitations qui arriveraient au sol si elles n'étaient pas interceptées et évaporées. De nombreux travaux menés sous différents climats, mais tous plutôt pluvieux, font état, surtout l'hiver, de valeurs d'interception importantes. Elles peuvent même excéder celles de l'Etp (Petit et Kalombo, 1984 ; Robinson et al., 1991 ; Cheng et al. 1987 ; Calder, 1991). Ce serait là le facteur essentiel qui expliquerait les moindres écoulements des bassins forestiers (Pearce et al., 1987 ; Hallding et Lindroth, 1989 ; Reynolds et al., 1989 ; Mbuyu et Petit, 1990). Pourtant, de tels résultats posent problème et la littérature est loin d'être consensuelle sur le sujet (Poncet, 1981 ; Harding, 1992 ; Humbert et Najjar, 1992). En tout état de cause, leur dispersion est considérable, là encore. Par exemple Humbert et Najjar (1992), qui ont rassemblé un certain nombre de valeurs expérimentales à partir des travaux francophones, proposent 18 à 43 % pour des forêts résineuses, 14 % à 32 % pour des forêts feuillues. Les valeurs extrêmes concernent des forêts de mêmes caractéristiques, ce qui montre combien il est difficile de dégager les relations entre la valeur de l'interception et l'âge du peuplement, la saison de mesure, les conditions climatiques....

Les conséquences de l'interception sur l'écoulement

Les conséquences de la forêt sur l'évaporation ne se limitent pas à une meilleure utilisation de la réserve hydrique. Mais l'évaporation directe d'une partie des précipitations interceptées par la canopée constitue un élément important, sinon essentiel, du bilan hydrologique des milieux forestiers. Il n'en demeure pas moins qu'estimer l'effet de cette interception sur le bilan d'écoulement n'est pas tranché. Ce n'est pourtant pas faute d'études ! Mais si les études sur l'interception abondent, celles qui évaluent la réduction d'écoulement annuel sont plus rares. Il est généralement admis qu'en raison de l'interception, la transpiration des forêts est inférieure à celle des prairies (Forest Commission, 1993). Une partie au moins de l'énergie utilisée pour évaporer l'eau interceptée se déduit de celle disponible pour la transpiration végétale (Harding, 1992 ; Morton, 1984). Le tout est de savoir dans quelles proportions.

La question est difficile. Si on accepte la notion d'Etp en tant que valeur maximum de l'évaporation, il faut admettre que cette interception ne change pas les termes du bilan, puisque l'énergie utilisée pour l'évaporation directe est déduite de l'énergie disponible pour le reste de l'évapotranspiration (Agence financière de Bassin, 1979 ; Braque, 1982 ; Cosandey, 1985 ; Frischen et al., 1985 ; Chassagneux & Choisnel, 1987). Mais si ce point de vue a pu s'exprimer, il n'a pas résisté aux expériences. La littérature scientifique montre que l'interception tient un rôle essentiel dans la surévaporation et le déficit d'écoulement des milieux forestiers, notamment pendant l'hiver océanique, alors qu'en théorie, il n'y a pas de déficit d'évaporation. Cela explique les moindres écoulements des bassins forestiers, même lorsque le déficit hydrique (estimé par Etp-P) est très faible durant l'été et que, par conséquent, le rôle des réserves en eau du sol reste secondaire

L'interception évaporée représente 30 % de la pluie incidente. L'énergie nécessaire à l'évaporation de cette interception réduit la transpiration végétale à 15 % alors qu'elle est de 22 % pour une prairie voisine. Mais l'évaporation totale de la forêt représente 45 % de la pluie incidente. Elle n'est que de 22 % pour la prairie. Les pertes résultant de l'interception et d'une meilleure utilisation de l'énergie advective s'ajoutent, au moins partiellement, à la meilleure utilisation de la réserve hydrique. Cela explique la plus forte évaporation des milieux forestiers.

III – LA FORÊT RÉDUIT L'ÉCOULEMENT ANNUEL

Etp plus élevée, interception importante, plus grande quantité d'eau utilisable à partir du sol : tous les facteurs vont dans le sens d'une plus forte évapotranspiration des milieux forestiers. Le moindre écoulement des milieux forestiers relève de l'évidence, du moins à l'échelle traitée ici (Oberlin, 1986 ; Humbert et Najjar, 1992 ; Calder 1990, 1998). En contrepartie, la disparité des valeurs proposées demeure très grande et les derniers résultats ne clarifient guère les résultats anciens. Bosch et Hewlett en avaient présenté la synthèse dès 1982. Leurs conclusions, souvent rappelées (Bruijnzeel, 1990) portaient sur quatre points. Un, la diversité des résultats souligne la complexité des effets qu'ont les aménagements forestiers sur les ressources en eau. Par contre, la corrélation est très médiocre entre taux de boisement et réduction de l'écoulement. Même au sein d'un type donné de couvert (résineux notamment). Ainsi, pour un taux de déboisement de 100 %, la réduction d'écoulement varie de quelques mm à plus de 700 mm. En revanche, la corrélation existe parfois localement, comme dans le Pays de Galles étudié par Mad'ud (1987). Deux, les différences sont importantes entre types de végétation : le rôle des broussailles est moindre, celui des conifères, considérable. Trois, en général, la réduction de débit est d'autant plus sensible que le climat est plus pluvieux. Quatre, lors des reforestations, la diminution de débit est proportionnelle à la croissance des arbres.

Depuis, les études se sont multipliées sans atténuer la dispersion (Cosandey, 1999 ; Cosandey et Robinson, 2000). Griollet et Haller (1985) estiment qu'en Champagne, la coupe à blanc d'une forêt diminue l'évaporation de 12 %, soit 65 mm. Verry (1987) mesure dans le Minesota l'augmentation des débits d'environ 100 mm dans les trois années qui suivent, en dépit du maintien des rémanents. Pour composer le bilan d'écoulement entre une forêt et un autre type de végétation, Cosandey (1978) évalue dans le Sud Bretagne à 100 mm environ l'écart d'écoulement entre un petit bassin forestier et des bassins bocagers voisins. Enfin, des valeurs plus élevées sont calculées par Helbig (cité par Robinson, 1997), pour la région de Magdebourg (RFA) : une plantation de pins sylvestres âgés de 8 à 14 ans, évapore en moyenne 160 mm de plus qu'une prairie. De même, Nisbet (1998) estime que dans le bassin de Coalburn (Nord Angleterre) la forêt ponctionne 50 mm, avec une pluviosité de 1 280 mm. L'augmentation de l'écoulement, due au déboisement de 80 % de la surface d'un petit bassin cévenol, est de 140 mm (Didon–Lescot, 1996).

Si ces valeurs semblent faibles au regard des pluies (# 1 900 mm), c'est en raison de leurs fortes intensités. Cela gêne l'interception. En effet, lorsque les pluies sont plus abondantes mais de moindre intensité, l'interception progresse. Ainsi, même en climat humide à faible déficit hydrique, Reynolds et al. (1989) trouvent 250 mm à 300 mm et plus d'écart entre les écoulements d'un bassin forestier à 77 % et d'un bassin en pelouse, avec une pluviosité de 2 400 mm dans les Mid-Wales anglaises. C'est également à l'interception que Pearce (1987) attribue un déficit d'écoulement accru, allant de 170 mm (1 350 mm de pluviosité annuelle) à 400 mm (2 500 mm de pluviosité annuelle), soit 25 à 30 % de l'écoulement nouveau-zélandais. Mais les valeurs les plus importantes sont avancées par Calder (1990) : 27 à 41 % de la pluie incidente dans les forêts anglaises (1 000 à 3 000 mm de précipitations annuelles). Plus du double de l'Etp Penman...

Par ailleurs, quand le déficit hydrique s'amplifie (saison sèche définie au plan hydrologique : P<ETP), le rôle de la forêt s'accentue, même avec des pluies faibles, pour peu que les réserves hydriques soient potentiellement importantes. Cela explique les fortes valeurs mesurées dans le Nord Tunisie pour une plantation d'eucalyptus par Delhumeau. Cela explique aussi les résultats obtenus en Afrique du Sud. Or, ce sont les modèles établis d'après ces expérimentations qui aboutissent aux valeurs de 400 mm proposées par Bosch et Hewlett et diffusées ensuite. Et si Lavabre et al (1991) proposent des valeurs

modestes (150 mm), c'est pour l'année d'après incendie dans le bassin du Rimbaud (Massif des Maures). Cela dure moins de trois ans. C'est en relation avec la faible épaisseur des sols qui empêche la forêt de disposer d'importantes réserves hydriques.

Enfin, il faut mentionner le cas où les arbres puisent directement dans la nappe. L'évaporation dépasse alors de beaucoup non seulement celle des prairies voisines, mais aussi la hauteur de la pluie incidente. Ainsi, Grenwood et al. (1985) opposent les 2 300 à 2 700 mm d'évapotranspiration d'une plantation d'eucalyptus en Australie aux 390 mm d'une prairie voisine.

Rappelons que ces résultats ont une signification locale. En outre, ils ne représentent pas des valeurs rigoureuses, compte tenu des difficultés d'expérimentation. Mais ils fournissent un ordre de grandeur des conséquences de la végétation forestière sur le bilan d'écoulement annuel.

Il est certain que la forêt réduit l'écoulement annuel, au moins à l'échelle des aménagements humains. Toutefois, les valeurs proposées varient dans une fourchette très large. Cela tient à ce que l'évapotranspiration d'un couvert forestier dépend d'un grand nombre de paramètres. C'est leur combinaison qui conditionne l'écoulement annuel, ce qui complique la transposition des résultats (Falloir et al., 1993). Il est pourtant possible de dégager des tendances générales. Il est clair que plus le déficit hydrique est grand, les réserves en eau du sol abondantes, les précipitations fines et fréquentes, et plus la végétation forestière diminue l'écoulement annuel. Ainsi, la forêt n'a pas tous les effets bénéfiques qu'on lui croit. Ses conséquences sur les ressources en eau peuvent apparaître comme négatives dans les régions où les ressources en eau sont limitées du fait des concurrences entre usages différents.

BIBLIOGRAPHIE

– Agence Financière de Bassin Seine Normandie, *Influence de la forêt et du déboisement sur le débit des cours d'eau*, Paris, ADEBEM, 1979, 56 p.
– AUSSENAC G., « Aperçu du rôle de la forêt sur l'économie de l'eau », *Revue forestière française*, 22(6), 1970, pp. 603-618.
– BALDOCCHI D.D., MATT D.R., Mc MILLEN R.T., HUTCHISON B.A., « Evaporation from an Oak-Hickory forest », *Advances in Evaporation*, Proceedings of the national conference of Chicago, 1985, pp. 414-440.
– BERGER A., *Le Climat de la Terre*, Bruxelles, de Boeck Université, 1992, 499 p.

– BLYTH E.M., DOLMAN A.J., NOILHAN J., « The effect of Forest on Mesoscale Rainfall : An Example from Hapeix-Mobilhy », *Journal of Applied Meteorology*, 33, 1994, pp. 445-454.
– BOCHKOV A.P., « The elements of water balance in the forest and on the field. The forest and the river runoff », Assemblée générale de Hannoversch-Münden, 1, *Association internationale des Sciences hydrologiques publ.*, n° 48, 1959, pp. 174-181.
– BOCHKOV A.P., « Influence des forêts sur le débit des cours d'eau », *Nature et Ressources*, 6(1), 1970, pp. 11-13.
– BOSCH J.M., HEWLETT J.D., « A review of catchment experiments to determine the effect of vegetation on water yield and evapotranspiration », *Journal of Hydrology*, 55, 1982, pp. 3-23.
– BRAQUE R., *La forêt et ses problèmes dans le sud du Bassin Parisien*, Thèse de Doctorat d'État, Université Paris VIII, 1982, 1774 p.
– BRUIJNZEEL L.A., « Hydrology of moist tropical forests and effects of conversion : a state of knowledge review », UNESCO, I.H.P.A. Publication of the Humid Tropics Programme, 1990, 224 p.
– CALDER I.R., *Evaporation in the Uplands*, John Willey, Chichester, 1990, 148 p.
– CALDER I.R., « Water-Resource and Land-Use issues », *SWIM Paper 3- System-Wide Initiative on Water Management.* 1998, pp. 1-24.
– CHASSAGNEUX P., CHOISNEL E., « Modélisation de l'évaporation d'un couvert forestier. (I) : Principes physiques et description du modèle », *Annales des Sciences forestières*, 43, pp. 505-520. (II) : « Calibrage et résultats du modèle », *Annales des Sciences forestières*, 44, 1987, pp. 171-188.
– CHENG J.D., HSIA J.S., LU H.S., LIU U.C., KOH C.C., « Stremflow characteristics of two small steep and forested watersheds in high elevation areas of Central Taiwan », *Forest Hydrology and Watershed Management*, *Association internationale des Sciences hydrologiques*, n° 167, 1987, pp. 499-508.
– COSANDEY C., « Recherches sur le bilan hydrologique d'un bassin versant forestier », in *La forêt dans le monde, Colloque International CENECA*, Paris,1978, 5 p.
– COSANDEY C., *Recherches sur les bilans de l'eau dans l'ouest du Massif Armoricain*, Thèse de Doctorat d'État, Université de Paris-Sorbonne, 1985, 511 p.
– COSANDEY C., « Conséquences de la forêt sur le bilan d'écoulement annuel », *Bulletin de la Société Géographique de Liège*, 37, 1999/2, 1999, pp. 63-73.
– COSANDEY C., ROBINSON M., *Hydrologie Continentale*, Paris, Armand Colin, 360 p.

– DIDON LESCOT J.F., *Forêt et développement durable au Mont Lozère*, Thèse, Université d'Orléans, 1996, 161 p.
– Forest Commission, *Forests and water guidelines*, 3th edition, London, The Stationery Office, 1993, 32 p.
– FRITSCH J.M., *Les effets du défrichement de la forêt amazonienne et de la mise en culture sur l'hydrologie de petits bassins versants*, ORSTOM, Collection Études et Thèses, Paris, 1992, 391 p.
– FRITSCHEN L.J., SIMPSON R.J., « Evaporation from forest ; measurement and modelling », *Procedings of the national conference of Chicago*, dec. 16-17, 1985, pp. 393-404.
– GARCZINSKY F., « Influence du taux de boisement sur le régime hydrologique dans trois régions des USA », *The influence of man on the hydrological regime*. Congrès d'Elsinki, UNESCO, Association internationale des Sciences hydrologiques, Exemplaire dactylographié, 1980, 14 p.
– GASH J.H.C., NOBRE C.A., ROBERTS J.M., VICTORIA R.L. (eds), *Amazonian Deforestation and Climate*. John Wiley, Chichester, 1996, 611 p.
– GREENWOOD E.A.N, KLEIN L., BERESFORD J.D., WATSON G.D., « Differences in annual evapotranspiration between grazed pasture and eucalyptus species in plantation on the saline farm catchment », *Journal of Hydrology*, 78, 1985, pp. 261-278.
– GRIOLET C., HALLER M., « Recherche de l'influence d'une coupe à blanc étoc sur l'écoulement et la qualité des eaux », *Hydrogeology*, 4, 1985, pp. 243-250.
– HALLDIN S., LINDROTH A., « Water use by Willow in Southern Sweden », in *Estimation of areal evapotranspiration*. Association internationale des Sciences hydrologiques, n° 177, 1989, pp. 257-262.
– HARDING R.J., « Water use studies of decidious woodland in southern England », Présentation orale au Colloque d'Edinburg de l'E.G.S., section HS5, 1992.
– HUDSON J.A., GILMAN K., ROBINSON M. and al, *Land use and water issues in the Uplands : The Plynlimon study*, Institute of Hydrology, Wallingford, 1999.
– HUMBERT J., NAJJAR G., *Influence de la forêt sur le cycle de l'eau en domaine tempéré. Une analyse de la littérature francophone*. CEREG, ULP, Strasbourg, 1992, 85 p.
– KOTODA K., « Estimation of river basin evapotranspiration from consideration of topography and land use conditions », in *Estimation of the areal evapotranspiration*, Association internationale des Sciences hydrologiques, n° 177, 1989, pp. 271-281.
– KRESTOVSKY O.I., FEDOROV S.F., « Study of water balance element of forest and field watersheds », *Proceedings of the Reading symposium on World Water Balance*, 1970.

– LAMBERT R., *Géographie du cycle de l'eau*, Toulouse, Presses universitaires du Mirail, 1996, 439 p.
– LAVABRE J. SEMPERE TORRES D., CERNESSON F., « Étude du comportement hydrologique d'un petit bassin versant méditerranéen après la destruction de l'écosystème forestier par un incendie. Premières analyses », *Hydrologie continentale*, 6(2), 1991, pp 121-132.
– MAS'UD A.F., *Land use and physical hydrology of selected mesoscale catschments in Wales*, PhD Thesis, University College North Wales, Bangor. Thèse non publiée, citée par M. Newson, 1992.
– MBUYU N., PETIT F., « Comportement hydrologique de deux bassins versants se différenciant par leur couvert végétal et leur épaisseur de tourbe », *Bulletin de la Société belge d'Études géographiques*, 59(2), 1990, pp. 261-274.
– MORTON F.I., « What are the limits of forest evaporation ? », *Journal of Hydrology*, 74, 1984, pp. 373-398.
– NEWSON M., *Land, Water and development*, London and New York, Routledge, 1992, 350 p.
– NISBET T., *The impact of forests and sylvicultural pratices upon the extreme flows of river* ("Forex"). Contribution n° 5 au second rapport annuel du projet Fair1-CT95-0235 de la CEE. Wallingford, Rapport provisoire, non paginé, 1998.
– OBERLIN G., « Essais de synthèse en vue de l'action : l'influence humaine à travers les pratiques actuelles et futures de gestion des eaux dans leurs versants et dans leurs réseaux », *Colloque Hydrosystème*, Paris, 1996, pp. 67-104.
– PEARCE A.J., O'LOUGHLIN C.L., JACKSON R.J., ZHANG X.B., « Reforestation : on-site effect on hydrology and erosion, eastern Raukumara Range, New-Zeeland », *Forest Hydrology and watershed management*, Association internationale des Sciences hydrologiques, n° 167, Wallingford, 1987, pp. 489-498.
– PETIT F., KALOMBO K., « L'interception des pluies par différents types de couverts forestiers », *Bulletin de la Société géographique de Liège*, 20, 1984, pp. 99-127.
– POLCHER I., Interview, *Le Monde*, 30 janvier 2001.
– PONCET A., *Interactions forêt et climats*, Mélanges offerts à Ch. P. Peguy, Gap, 1981, pp. 445-462.
– RAKHMANOV V., *Role of forest in water conservation*, Goslesbumizdat, Moscow, 1962. Traduit et édité par A. Gourevitch et L. M. Hughes, *Israel program for Scientific Translations* Ltd, Jérusalem, 1966.
– REYNOLDS B., HORNUNG M., HUGUES S., « Chemistry of streams draining grassland and forest catchments at Plynlimon, Mid-Wales », *Journal des Sciences hydrologiques*, 34(6), 1989, pp. 667-686.

– ROBINSON M.,. Synthèse du premier rapport annuel du projet Fair1-CT95-0235 de la CEE : The impact of forests and sylvicultural pratices upon the extreme flows of river (« Forex »). Wallingford, non paginé, 1997.
– ROBINSON M. , SCHUCH M., GANNON B., « A comparison of the hydrology of moorlands under natural conditions, agricultural use and forestry », *Journal des Sciences hydrologiques*, 36(6), 1991, pp. 565 - 577.
– SCHULZE R.E., GEORGE W.J., « Dynamic, process-based user-oriented model of forest effect on water yield », *Hydrological Processes*, 1, 1987, pp. 293-307.
– SHUTTLEWORTH W.J., « Evaporation from Amazonian rain forest », *Philosophical Trans. of the Royal Society*, London, Ser. B, 233, 1988, pp. 321-346.
– THOMPSON K., « Forest an Climate Change in America : Some Early Views », *Climatic Changes*, vol. 3, n° 1, 1980, pp. 47-64.
– VED I.P., « Sols et écologie des régions forestières de l'URSS ». Traduc. du Lab. Intergéo. *Tzvsestiga Zkademii Nauk S.S.S.R., serija geographiceskaja*, 2, 1978, pp. 79-84.
– VENN A.W.L., DOLMAN A.J., « Water dynamic of forest : one-dimensional modelling », *Progress in Physical Geog.*, 13(4), 1989, pp. 472-506.
– VERRY E.S., *The effect of Aspen harvest and growth on water yield in Minesota.* Forest hydrology and watershed management, IAHS, n° 167, 1987, pp. 553-562.
– WALLACE J.S., OLIVER H.R., « Vegetation and hydroclimate », in M.G. Anderson & T.P. Burt (eds), *Process studies in hillslope hydrology*, John Wiley, Chichester, 1990.

L'impact de la sécheresse sur les massifs pré-forestiers, Algérie occidentale, XXe siècle

Noury BENABADJI, Mohamed BOUAZZA**

Le climat est un facteur essentiel en raison de son influence sur les formations végétales en général et les formations pré-forestières en particulier. Après l'étude générale de Seltzer sur le climat de l'Algérie (1946) et la carte de la pluviométrie de Chaumont et Paquin (1971), d'autres travaux ont visé l'Oranie : Alcaraz (1969, 1982), Aimé (1991), Le-Houerou (1969), Sauvage (1963) et plus récemment Dahmani (1997), Daget (1977), Benabadji (1991), Bouazza (1991), Benabadji et Bouazza (2000), pour ne citer que ceux-là. La plupart ont étudié les variations spatiales du climat régional et intègrent le climat algérien au climat méditerranéen. Les pluies sont centrées sur les saisons froides. La sécheresse estivale longue ou très longue persiste de 2 à 7 ou 8 mois par an (Quezel, 2000).

La sécheresse résulte ainsi d'une baisse accidentelle de la pluviométrie dont les conséquences peuvent être catastrophiques sur les écosystèmes naturels, anthropiques et socio-économiques (Diouf *et al*, 2000). Le développement des activités socio-économiques en région méditerranéenne en général et dans l'Algérie occidentale a induit des changements profonds dans les processus d'évolution des écosystèmes naturels. A l'heure actuelle, l'importance du climat et des impacts humains, inégale selon les zones méditerranéennes considérées, entraîne des situations fondamentalement différentes.

Dans le nord du bassin méditerranéen, surtout dans sa partie occidentale, soumise à une intense déprise durable, l'extension des matorrals est spectaculaire, qu'il s'agisse des broussailles ou d'enrésinements annonçant des groupements végétaux préforestiers, les incendies modifient cette évolution en fonction de leur intensité et de leur fréquence sans toutefois inhiber le processus de matorralisation et la forte remontée biologique constatée.

* Professeurs, Université de Tlemcen.

Par contre, dans les pays au sud de la Méditerranée et particulièrement au Maghreb, la situation est différente. L'explosion démographique conjuguée à des modifications climatiques, à une surutilisation des terrains de parcours, qu'il s'agisse de matorrals ou de systèmes forestiers, cause la régression végétale tant dans la structure des couverts que dans son architecture : on aboutit à des formes plus simples (arbres-herbacées, steppe, pelouses à annuelles, sol nu).

Afin d'observer l'effet de la sécheresse sur les massifs pré-forestiers, nous montrerons : la bioclimatologie avec les données climatiques générales, les précipitations, les écarts thermiques, les diagrammes ombrothermiques et le quotient pluviothermique d'Emberger ; la dynamique régressive de la végétation regroupant les matorrals non forestiers et les pelouses.

I – BIOCLIMATOLOGIE

Données climatiques générales

La région littorale du Maghreb, soumise aux oscillations saisonnières du front polaire, est balayée d'ouest en est par les dépressions nées au milieu de l'Atlantique-Nord. Ces dépressions sont accompagnées de fronts qui, plus ou moins actifs, provoquent la plupart des précipitations. Il faut souligner cependant l'influence prépondérante des coulées froides d'air polaire qui s'établissent en altitude et résultent d'accidents géographiques lointains (Montagnes Rocheuses, Groenland, continent européen) (Figure n° 1, Tableau n° 1).

Bien que située sur la bordure septentrionale de la circulation tropicale, la région est soumise en majeure partie aux influences polaires : c'est la circulation tempérée qui dirige le temps en Algérie (Halimi, 1980). Parmi les trois types de temps cycloniques hivernaux, responsables de la plupart des perturbations pluvieuses, les dépressions centrées sur le nord-est de la Méditerranée occidentale ont une influence négative sur les précipitations en Oranie, car leur action se traduit par une sécheresse à l'Ouest. Le type de temps provient de dépressions qui se forment au large de l'Atlantique et se propagent en direction nord-ouest à sud-est vers l'Afrique du Nord. Quand elles arrivent en Méditerranée, ces basses pressions deviennent instables en raison des eaux plus chaudes de la Méditerranée. Les courants de sud-ouest persistent trois jours de suite, et marquent surtout mars et avril. Ce type de temps provient de l'établissement entre l'Espagne et le Nord-Ouest Atlantique d'une barrière anticyclonique. Elle dévie les perturbations polaires vers le nord-est.

Cette sécheresse de l'Oranie par rapport au reste du Maghreb est imputée traditionnellement par sa position qu'abrite l'Atlas marocain : le Rif et les massifs de la Chaîne Bétique.

Sur le plan régional, on rencontre trois grandes zones climatiques. Du nord au sud, suivant les grands accidents orographiques : une zone littorale, une zone sublittorale encadrée par deux Atlas, et l'Atlas tabulaire (Alcaraz, 1982).

Obtenir une série complète de données climatiques (ancienne 1913-1938 et nouvelle 1970-2000) sur un échantillon de stations représentant les conditions régionales fut délicat. Les données météorologiques présentées correspondent aux stations suivantes :

Tableau n° 1 : Situation géographique des stations météorologiques

Stations	Latitude Nord	Longitude Ouest	Altitude (m)	Types de Climats
Hafir	34°47'	1°26'	1270	Semi-continental
Tlemcen	34°57'	1°17'	592	Semi-continental
Beni-Saf	35°18	1°21'	40	Littoral
Ghazaouet	35°06'	1°52'	20	Littoral
Oran	35°68'	0°70'	60	Littoral
Maghnia	34°52'	1°47'	426	Continental
Sebdou	34°38'	1°20'	720	Continental
Sidi Djilali	34°27'	1°34'	1280	Continental

Figure n° 1 : Carte de situation géographique
et localisation des stations météorologiques

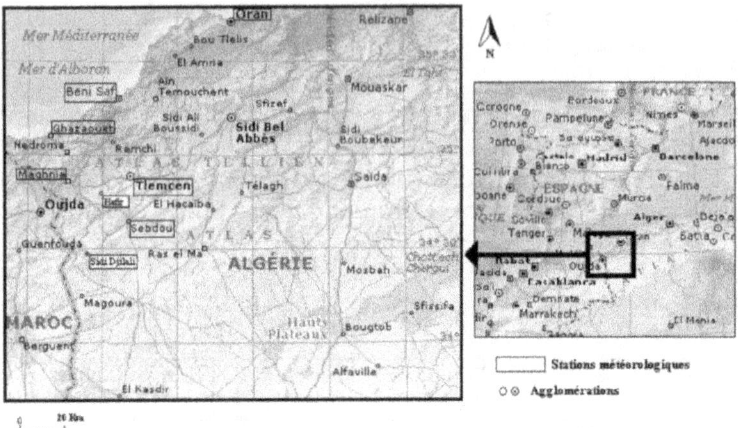

Précipitations

Les précipitations sont très irrégulières, souvent réduites à quelques journées de la saison pluvieuse, alors que quatre à six mois, voire sept, sont pratiquement secs. Les maxima qui sont fréquemment représentés par des chutes torrentielles interviennent en quelques heures : 101 mm en 1974 en mars et 52 mm en 1972 en mai ont été enregistrées à Hafir (Monts de Tlemcen).

Partout, l'irrégularité pluviométrique annuelle est importante et signifie des précipitations très concentrées pendant la saison pluvieuse et un été xérothère, dont la durée s'allonge, en particulier sur les piémonts de Sebdou de Sidi-Djilali et sur les hautes plaines steppiques (Sud-Ouest). Le choix de la station d'observation de Sidi Djilali (Figure n° 2) importe, car elle évoque la majorité des formations pré-forestières. Les pluies oscillent en général entre 580 mm en 1973 et 270 mm en 1983. L'examen des variations inter-annuelles des précipitations comporte trois phases : une phase descendante de 1973 à 1978, les pluies chutent linéairement d'année en année. Elles sont passées de 580 mm à 130 mm ; une phase ascendante où les précipitations augmentent (130 mm en 1978 à 400 mm en 1981) ; une phase descendante, marquée par la baisse des pluies de 1981à 1982 (400 mm à 200 mm). De 1982 à 1983, on enregistre une nouvelle hausse de 250 mm.

Figure n° 2 : Variations inter annuelles des précipitations

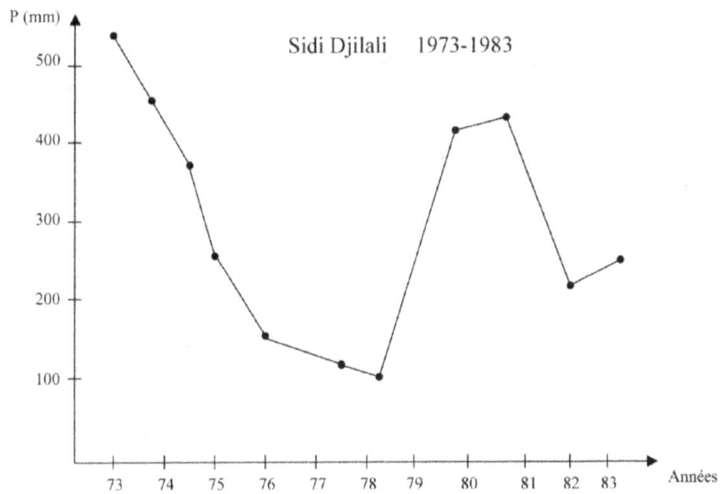

L'examen de cette variabilité inter annuelle souligne une période de sécheresse entre 1973 et 1978 et une période relativement humide de 1979 à 1983.

Écarts thermiques

Les températures sont assez élevées en saison sèche, les maxima thermiques[1] varient entre 27°C (Oran) et 33.88°C (Sebdou) de 1913 à 1938. Elles oscillent entre 29.25°C (Sidi Djilali) et 36.41°C (Maghnia) de 1970 à 2000.

Par ailleurs les températures minimales de la région[2] varient entre 0.1°C (Sidi Djilali) et 9.01°C (Béni-Saf) de 1913 à 1938. Elles accusent une variation entre 0.3°C (Sidi Djilali) et 9.34°C (Oran) de 1970 à 2000. Pour l'ensemble des stations, les valeurs des températures maximales et minimales augmentent pour les deux périodes de références.

Diagrammes ombrothermiques

Les diagrammes ombrothermiques de Bagnouls et Gaussen (1953) révèlent l'évolution des valeurs des températures (T) et des pré-

1. M : moyenne des températures du mois le plus chaud
2. m : moyenne des températures du mois le plus froid

cipitations (P) tout au long de l'année. L'intersection des courbes thermiques détermine la durée de la sécheresse annuelle. De ce fait, la mesure de cette période est nécessaire. Les mêmes définissent un mois sec par une moyenne des précipitations inférieure ou égale au double de la moyenne des températures sur les tracés considérés (P = 2 T).

L'examen des courbes ombrothermiques des différentes stations, Hafir, Sebdou, Tlemcen et Ghazaouet indique que toutes les stations d'observation se caractérisent par des saisons sèches de 4 à 7 mois par an. La saison sèche dure 4 mois de 1913 à 1938, (mai à septembre à Hafir) et 5 mois (mai à octobre à Sebdou, Tlemcen et Ghazaouet). La sècheresse de la période 1970-2000 s'étale comme suit dans les stations de référence : Hafir de mai à octobre (5 mois), Sebdou de mai à décembre (7 mois), Tlemcen de mai à octobre (5 mois), Ghazaouet de mars à octobre (7 mois). La comparaison des diagrammes ombrothermiques établie pour chaque période (ancienne et nouvelle) indique que la plage entre deux courbes est toujours plus importante actuellement (Benabadji et Bouazza, 2000). Ainsi, on constate l'accentuation de la sécheresse (Figure n° 3a et 3b).

Figure n° 3a : Diagrammes ombrothermiques (Hafir et Sebdou)

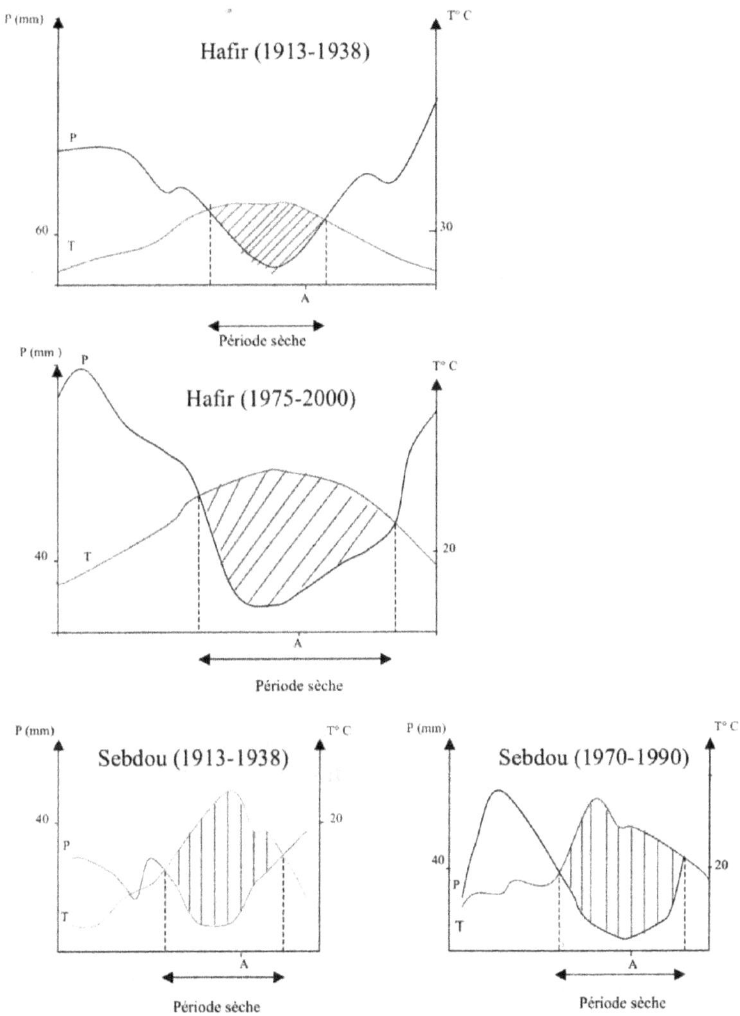

Figure n° 3b : Diagrammes ombrothermiques
(Tlemcen et Ghazaouet)

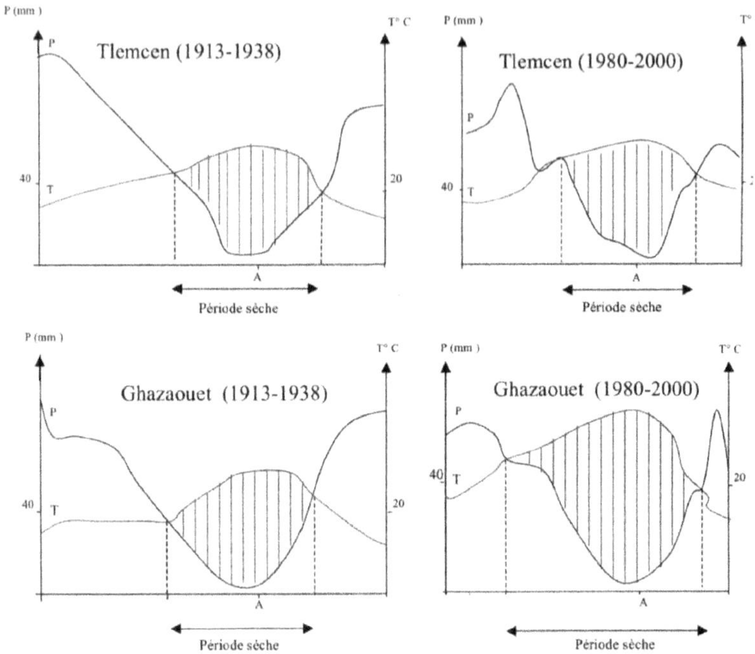

Le quotient pluviothermique et les étages bioclimatiques d'Emberger

Emberger (1930, 1955) distinguait des sous-classes dans le bioclimat méditerranéen. Il se fondait sur l'humidité globale du climat et sa rigueur hivernale exprimée par le quotient pluviothermique (Q_2).

$$Q_2 = \frac{2000\,P}{M^2 - m^2}$$

« P » en millimètres désigne les précipitations, « M » la moyenne des températures maximales du mois le plus chaud (° Kelvin) et « m » la moyenne des températures minimales du mois le plus froid (° Kelvin). Chaque station est placée sur un graphe à deux axes perpendiculaires : en abscisse, les valeurs de « m » en degré Celsius ; en ordonnée les valeurs de Q_2. L'analyse de la situation bioclimatique indique une variation entre périodes de référence (Figure n° 4).

Figure n° 4 : Climagramme pluviothermique d'Emberger

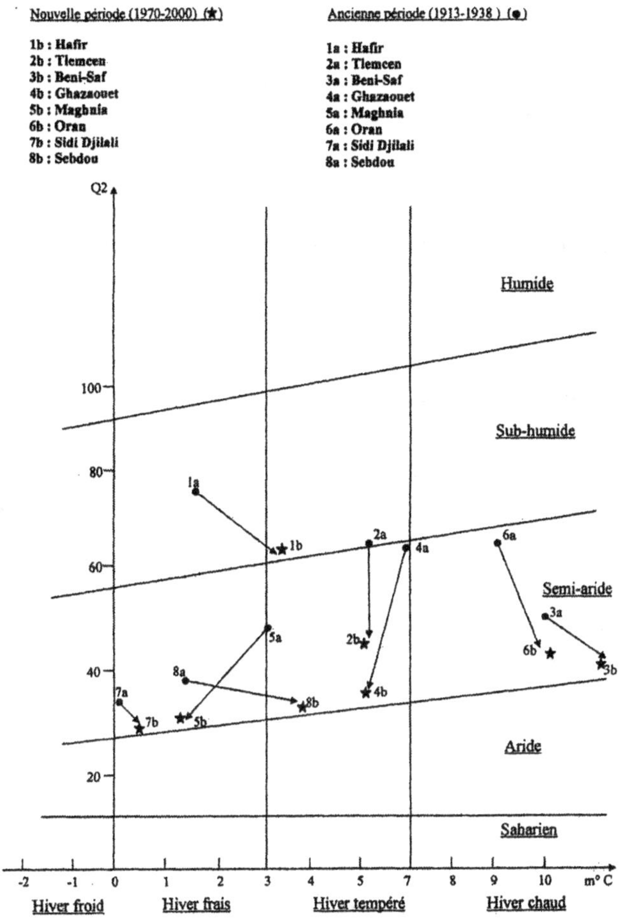

L'observation des données météorologiques anciennes (1913-1938) et récentes (1970-2000) n'écarte pas l'hypothèse de changements climatiques. En Oranie, les bilans ont montré des variations significatives, réalisés sur des pas différents : Aimé (1991) : 1934-1946 et 1947-1976 ; Benabadji et Bouazza (2000) : 1913-1938 et 1970-2000.

En se rapportant sur le climagramme pluviothermique de ces différentes stations (Hafir, Béni-Saf, Tlemcen, Maghnia, Oran), on note un déplacement significatif des stations vers la droite, montrant une légère élévation des températures moyennes minimales (m) de 1 à 2.5°C. La plupart des stations décrochent verticalement d'un sous-étage à un autre et parfois d'un étage à un autre, excepté pour les deux stations de Sebdou et Sidi Djilali, malgré leur chute relative de la valeur du Q_2, mais elle reste toujours sous étage bioclimatique semi-aride inférieur. Le Q_2 d'Emberger replace l'aire vers un bioclimat semi-aride inférieur. Il serait intéressant de suivre ces modifications climatiques dans le temps afin de savoir si le phénomène est transitoire ou non.

II – DYNAMIQUE RÉGRESSIVE DE LA VÉGÉTATION

Les paysages pré-forestiers en Algérie occidentale (Oranie) sont en voie de régression. L'équilibre de l'aire en question, l'Algérie occidentale, est lié à l'action conjuguée des aléas climatiques et des facteurs anthropiques. L'intérêt que l'on doit porter à ces formations végétales pré-forestières reste confirmé par leur mauvais état général. En effet, la déforestation et la dématorralisation concernent l'ensemble des zones climatiques observées sur les monts de Hafir, des Traras (Ghazaouet et Béni-Saf), Murdjadjo (Oran), qu'elles soient semi-arides ou sub-humides (Figure n° 1).

Deux exemples illustrent cette régression : au niveau du Djebel Mékaidou (sud de Sebdou), il y a une trentaine d'années on observait un taillis de chêne vert riche en espèces ligneuses (une vingtaine d'espèces d'arbustes et de lianes). L'inventaire floristique de 2004 dévoile la disparition du chêne vert et la quasi élimination des arbustes (3 espèces recensées seulement) et le développement d'une steppe à *Stipa tenacissima* (alfa) où dominent les espèces végétales annuelles. En 1997, Dahmani fait état d'un taillis de chêne vert montrant une couverture du sol par les chênes supérieure à 80 % mais ne présentant en sous-bois que de rares associés à de très nombreuses espèces herbacées, et notamment des annuelles nitrophiles dont la présence est liée au troupeau.

Matorrals non forestiers

Sur les revers sud des Monts de Tlemcen (Sebdou et Sidi Djilali), a été individualisé un groupement végétal particulier à *Genista atlantica* et *Helianthemum racemosum*. Il s'agit d'un ensemble thermophile développé sous Pin d'Alep (*Pinus halepensis*) et Chêne vert (*Quercus ilex*), avec ou sans chêne Kermès (*Quercus coccifera*) et Thuya de Berbérie (*Tetraclinis artuculata*). Il se présente sous l'aspect de peuplements ouverts pénétrés par le romarin (*Romarinus officinalis*), la globulaire (*Globularia alypum*), l'alfa (*Stipa tenacissima*), qui se substitue au diss (*Ampelodesma mauritanicum*). Cette association végétale présente deux formes : forêt claire à Pin d'Alep, pauvre en espèces ; matorral à romarin, globulaire et alfa.

En comparant les inventaires floristiques réalisés en 1980 et 2004, on voit que ce type de végétation s'est enrichi en thérophytes et montre une dégradation et une aridification plus poussée.

Il existe également sur les Monts de Tlemcen (Traras et Sidi Djilali) un autre type de matorrals appartenant à la même unité syntaxonomique : l'association à *Helianthemum pilosum* et *Thymus ciliatus*. Il s'agit de formations ligneuses basses avec alfa, diss, romarin, thym, asphodèle. Elles occupent les intervalles entre les taillis et les matorrals à chêne vert et diss, avec ou sans alfa. Elles occupent parfois l'ampelodesmaie (formation herbeuse à diss) ou la chamaéropaie (formation ouverte à palmier nain). Cette formation à alfa et romarin réunit notamment outre ces espèces, *Hedysarum aculeolatum, Asperula hirsuta, Helianthemum rubellum*….Il s'agit d'un groupement dérivant de la dégradation des groupements à chêne vert, pin d'Alep, romarin, globulaire et alfa. À son niveau, les espèces du matorral se raréfient et sont remplacées par des thérophytes plus ou moins nitrophiles. Quelques rares vestiges forestiers persistent néanmoins (chêne vert, filaire), mais représentés par de très rares individus.

Pelouses

Dans les conditions actuelles, ces divers types de peuplements évoluent inexorablement vers des structures que dominent largement les espèces herbacées. Parmi les formations correspondant aux stades de dégradation extrême, on mentionne : les ermes à *Ampelodesma mauritanicum, Asphodelus microcarpus* et *Urginea maritima*, présentant quelquefois des rejets de chêne vert et de quelques espèces de matorrals ; les pelouses à *Filago pyramidata* et *Plantago lagopus*, les pelouses à *Bromus rubens*, etc…

Barbero (1990) signale les variations enregistrées pour certains paramètres climatiques. L'amplification de la sécheresse estivale à la charnière subboréal-subatlantique a contribué à une aridification saisonnière qui, au moins pour les zones méditerranéennes littorales et juxtalittorales, influence la restructuration du matériel biologique des écosystèmes forestiers en modifiant les processus de concurrence interspécifique et en favorisant la constitution de forêts mélangées. C'est les cas aujourd'hui des vieux peuplements. Dans l'écosystème, l'arrivée des espèces herbacées n'est pas compatible avec le maintien de quelques espèces sclérophylles et le développement d'espèces laurifoliées mésothermes que les usages répétés des écosystèmes forestiers avaient limitées jusqu'à présent. Cette tendance dynamique de la végétation serait la conséquence de modifications climatiques saisonnières progressives plus aridifiantes se poursuivant de nos jours.

L'aridification saisonnière explique pour une large part la très grande diversité architecturale des peuplements forestiers potentiels où cohabitent sclérophylles, caducifoliés et laurifoliés. Les modifications de structure et de composition floristique traduisent l'existence de conditions écologiques généralement considérées comme caractéristiques des forêts anciennes et peu perturbées (Hermy *et al*, 1999), et pour lesquelles il est encore difficile d'établir la part respective des phénomènes de déprise et de régression, voire de disparition des activités humaines, ou de ceux liés au réchauffement climatique déjà perceptible (Hoff et Rambal, 2000 ; Cheddadi *et al*, 2001). La maturation des préforêts ou des forêts sclérophylles engendre de nouveaux assemblages biotiques plus évolués sur le plan trophique, avec une biodiversité différente des groupes taxonomiques et fonctionnels (Quezel et Médail, 2003).

Aujourd'hui, on ne rencontre aucune évolution progressive de la végétation. Partout, la régression du couvert végétal est manifeste. Cependant, comme nous l'avons souligné, des traces de forêts de chênes vert existent dans les matorrals et même dans certaines pelouses. La pression humaine ne permet pas de reconstituer les groupements forestiers ou pré-forestiers auxquels elles appartenaient. Il semble également que les conditions climatiques actuelles empêchent cette reconstitution.

Forêt ----► Préforêt ----► Matorral ----► Dématorralisation ----►
Pelouses à espèces vivaces ----► Pelouses à espèces annuelles ----►
Terre nue

Ce schéma présente divers aspects et variantes suivant les parties de la région méditerranéenne concernées. Au Maghreb en général et en Algérie occidentale notamment, à partir des matorrals, on peut le résumer comme suit. A la matorralisation liée à la dégradation des structures forestières et préforestières, succède vite une dématorralisation avec disparition des ligneux autres que les résineux et apparition d'espèces annonçant la steppisation. Celle-ci est caractérisée sur les massifs montagneux par le développement de *Stipa tenacissima* de *Artemisia herba-alba*, et parfois, plus au sud, de *Noaea mucronata* et *Lygeum spartum*, suivant le type de sol.

Les thérophytes présentent le taux le plus élevé avec un pourcentage de 48,67 % et sont généralement dominantes en raison du surpâturage fréquent. Cela témoigne la forte action anthropozoogène. Cette catégorie d'espèces fait preuve aussi de sa résistance aux périodes sèches à fortes températures. Au Maroc, le taux de thérophytes augmentait avec l'aridité et la chaleur de ces climats (Sauvage, 1961). Cependant, malgré l'importance de thérophytes, les chamaephytes gardent une place importante dans les formations végétales. Ils sont les plus fréquents dans les matorrals et mieux adaptés à l'aridité.

Pour la région étudiée, la répartition des types biologiques se présente suivant l'ordre : TH>CH>HE>PH>GE[3].

L'ensemble des formations étudiées présente une dominance des thérophytes. Cette thérophytisation trouve son origine dans le phénomène d'aridité croissante. Les rigueurs climatiques (conditions défavorables) favorisent le développement des espèces à cycle de vie court, généralement moins exigeant quant aux besoins hydriques et trophiques. La sécheresse et le prélèvement intense des espèces palatables engendrent une dynamique régressive, et par la suite, les espèces adoptent diverses stratégies d'adaptation. Les Chamaephytes (arbustes) ont une place importante dans les formations végétales. Elles deviennent de plus en plus fréquentes dans les paysages actuels de la région.

On assiste à la banalisation des écosystèmes préforestiers, avec l'installation des structures riches floristiquement, mais ne ressemblant pas aux ensembles structuraux initiaux. En Algérie occidentale, avec plusieurs milliers d'hectares de ces espaces pré-forestiers, c'est déjà le cas : Hafir, Béni-Saf, Oran, Maghnia, Sidi-Djilali, sont aujourd'hui matorralisés, voire thérophitisés. Ces forêts « fossilisées », encore comptabilisées dans les statistiques forestières, masquent en partie l'accélération de la régression des écosystèmes forestiers sur toute l'Afrique du Nord (Quezel, 2000). Les processus de désertisation dépendent des variations et plus particulièrement de la péjoration des facteurs climatiques, des précipitations surtout. La conséquence la plus

3. TH: Thérophytes, CH: Chamaephytes; HE: Hémicryptophytes; PH: Phanérophytes; GE: Géophytes.

claire est l'extension des zones à végétation désertique sur les marges saharo-méditerranéennes.

Les données climatologiques que fournissent les séries d'observations (1913-1938 et 1970-2000) ont montré des variations significatives. En général, les trois dernières décades ont été moins arrosées en Oranie, avec des déficits de l'ordre de 200 millimètres pour plusieurs stations (Tlemcen, Hafir, Ghazaouet) ou de plus de 150 millimètres pour les autres. Sur le plan thermique, les résultats sont moins significatifs : les valeurs de m se sont légèrement élevées de 1°C. Ces valeurs ont connu une augmentation importante dans les régions continentales steppiques à El-Aricha, Mecheria (Benabadji et Bouazza, 2000). Cette péjoration climatique est évidente dans la région, mais il est impossible, du moins pour l'instant, de préciser s'il s'agit d'un phénomène épisodique ou de longue durée, c'est-à-dire significatif en terme météorologique.

Que se passera-t-il dans les prochaines décennies ? Le nombre des phanérophytes, des hémicryptophytes et des géophytes régresse avec l'aridité et l'ouverture du milieu, tandis que ceux des thérophytes et des chamaephytes progressent (Kadi Hanifi, 2003). Il est évident que ces régions de l'Algérie occidentale restent sensibles (bioclimat semi-aride inférieur). L'impact de la sécheresse sur les formations végétales se traduit par la désertification des massifs pré-forestiers (monts des Traras, monts de Tlemcen, Murdjadjo, Piémonts de Sebdou et Sidi Djilali). On remarque l'extension des situations désertiques dans des zones bioclimatiques limites, en fonction des modifications thermiques et hydriques.

BIBLIOGRAPHIE

– AIME S., *Étude écologique de la transition entre les bioclimats sub-humides, semi aride et aride dans l'étage thermo-méditerranéen du Tell oranais (Algérie nord-occidentale),* Thèse de doctorat es-science, Université Aix-Marseille III, 1991, 190 p. + annexes.

– ALCARAZ C., *Étude géobotanique du Pin d'Alep dans le Tell oranais,* Thèse de 3ème cycle, Université de Montpellier, 1969, 183p. + annexes.

– ALCARAZ C., *La végétation de l'Ouest algérien,* Thèse de doctorat, Université de Perpignan, 1982, 415 p. + annnexes.

– BAGNOULS F., GAUSSEN H., « Saison et indice xérothermique », Document cartographique production végétale, Service général II, 1, art. VIII, Toulouse, 1953, 47 p. + 1 carte.

– BARBERO M., « Méditerranée : bioclimatologie, sclérophyllie, sylvigénèse », *Écologie méditerranéenne*, 1990, 16, pp. 1-12.
– BENABADJI N., *Étude phyto-écologique de la steppe à Artemisia herba-alba Asso. au sud de Sebdou (Oranie- Algérie)*, Thèse de doctorat, Université Aix-Marseille III, 1991, 119 p. + annexes.
– BENABADJI N., BOUAZZA M., « Contribution à une étude bio-climatique de la steppe à Artemisia herba-alba Asso. dans l'Oranie (Algérie occidentale) », *Revue Sècheresse*, 11 (2), 2000, pp. 117-23.
– BENABADJI N., BOUAZZA M., « Quelques modifications climatiques intervenues dans le sud-ouest de l'Oranie (Algérie occidentale) », *Revue énergie renouvelable*, Alger, 3, 2000, pp. 117-125.
– BOUAZZA M., *Étude phyto-écologique de la steppe à Stipa tenacissima L. au sud de Sebdou (Oranie-Algérie)*, Thèse de doctorat, Université Aix-Marseille III, 1991, 108 p. + Annexes.
– CHAUMONT M., PAQUIN C., Carte pluviométrique de l'Algérie au 1/500 000, Alger, Société Histoire Afrique Nord, 1971, 4 feuilles.
– CHEDDADI R., GUIOT J., JOLLY D., « The mediterranean vegetation : what if the atmospheric CO_2 increased », Landscappe Ecol., 2001, 16, pp. 667-675.
– DAHMANI M., *Le chêne vert en Algérie. Syntaxonomie, phytosociologie et dynamique des peuplements*, Thèse de doctorat es-science, Université d'Alger, 1997, 153 p. + Annexes.
– DAGET Ph., « Le bioclimat méditerranéen, caractères généraux, méthodes de caractérisation », *Vegetatio*, 1977, 34, 1, pp. 1-20.
– DIOUF M., NONGUIERMA A., AMANI A., ROYER A., SOME B., « Lutte contre la sécheresse au Sahel : résultats, acquis et perspectives au Centre régional Agrhymet », *Revue sècheresse*, 2000, 11(4), pp. 257-266.
– EMBERGER L., « La végétation de la région méditerranéenne. Essai de classification des groupements végétaux », *Revue génétique botanique*, 1930, 42, pp. 641-642, pp. 705-721.
– EMBERGER L., « Une classification biogéographique des climats », Travaux Laboratoire botanique géologie zoologie, Faculté des Sciences, service botanique, Montpellier, 1955, 7, pp. 3-43.
– HALIMI A., *L'Atlas blidéen, Climats et étages végétaux*, Alger, OPU, 1980, 523 p.
– HERMY M., HONNAY O., FIRBANK L., GRASHOF-BOKDAM C., LAWESSON J.E., « An ecological comparaison between ancient and other forest plant species of Europe, and the implications for forest conservation », *Biologie conservation*, 1999, 91, pp. 9-22.
– HOFF C., RAMBAL S., « Les écosystèmes forestiers méditerranéens face aux changements climatiques », in *Impacts potentiels du changement climatique en France au XXIe siècle*, Mission interministérielle de l'effet de

serre et Ministère de l'aménagement du territoire et de l'environnement, Paris, 2000, pp. 88-98.
– KADI-HANIFI H., « Diversité biologique et phytogéographique des formations à Stipa tenacissima L. de l'Algérie », *Revue sècheresse*, 2003, 14 (3), pp. 169-179.
– LE-HOUEROU H.N., « La végétation de la Tunisie steppique », *Annales Institut national recherche agronomique Tunisie*, 1969, 42, 5, 624 p.
– QUEZEL P., *Réflexions sur l'évolution de la flore et de la végétation au Maghreb méditerranéen*, Paris, Ibis. Press, 2000, 117 p.
– QUEZEL P., MEDAIL F., « Que faut-il entendre par « forêts méditerranéennes », *Revue Forêt méditerranéenne*, tome XXIV, 1, 2003, pp. 11-30.
– SAUVAGE Ch., « Recherches géobotaniques sur les suberaies marocaines », Travaux Institut scientifique chérifien botanique, 1961, 21, 462 p.
– SAUVAGE C., « Étages bioclimatiques. Atlas du Maroc », Notices, applications, physiologie, météorologie, 1963, 6, 31 p.
– SELTZER P., *Le climat de l'Algérie*, Alger, Carbonel, 1946, 219 p.

L'émergence du rôle protecteur des forêts face à la torrentialité et aux inondations pyrénéennes (XVIe-XIXe siècles)

*Jean-Marc ANTOINE**

Le rôle protecteur des forêts dans la réduction des écoulements de crue et de la torrentialité est tardif dans les Pyrénées comparativement aux Alpes par exemple, qu'il s'agisse des discours ou des pratiques d'aménagement. Il s'agit ici de démonter les ressorts de ce « retard ».

Impliquer la forêt dans la réduction du ruissellement et des érosions de surface suppose une connaissance du cycle de l'eau, de ses étapes et des processus qu'il met en jeu. Or cette connaissance n'est pas très ancienne. Aujourd'hui encore, bien qu'elle semble aller de soi, elle donne lieu à des interprétations pour le moins surprenantes dans certains discours.

I – LES INTERPRÉTATIONS PRÉ-SCIENTIFIQUES DES INONDATIONS

Les « discours » en cause n'ont pas de portée universelle, tant ils divergent selon les acteurs sociaux. Leurs cultures, leurs motivations sont variables : du « politique » (consuls) sollicitant des réductions d'impôts au nom de sa communauté à l'intendant et l'ingénieur du roi garants des intérêts et de l'administration du territoire, en passant par le clerc qui tente de démontrer l'omnipotence divine, les journalistes avant la lettre, auteurs d' « histoires prodigieuses » et de « canards », ou encore les « sçavans » de l'Ancien Régime, le sens et les causes des inondations diffèrent sensiblement.

Parmi les causes invoquées pour expliquer les inondations, celles liées à l'intervention divine apparaissent au premier rang jusqu'au XVIIe siècle. Parmi d'autres accidents plus ou moins funestes, les inondations seraient des signes envoyés par Dieu. Il manifeste ainsi son

* Maître de conférences, Université de Toulouse-le-Mirail.

courroux devant les manquements des hommes à la morale et aux principes chrétiens[1]. Ainsi les jurats de la vallée d'Ossau (Pyrénées-Atlantiques) se réunissent à Bielhe le 26 novembre 1629 pour décider les mesures à prendre pour « apaiser la colère de Dieu »[2]. Rien d'étonnant donc à ce que le remède soit de la même essence – divine – que le mal. Maints exemples attestent de cette propension du Tout Puissant ou de ses auxiliaires à stopper les inondations, comme à Toulouse en avril 1523[3], ou à Saint-Savin (Hautes-Pyrénées) en juillet 1678[4]. Parfois, c'est du côté des forces maléfiques du Malin ou en tout cas dans le registre du surnaturel et du merveilleux, qu'on cherche des éléments d'explication[5].

---

1. « Le 3 juillet [1750], vers les trois heures du soir, il a fait un orage des plus épouvantables. Tout le monde croit que Dieu était irrité de la profanation qu'on fit de mettre une grande guirlande de pois verts la nuit précédente en la croix de Poudépé », *Mémorial de la Barousse* cité par F. Marsan, « Météorologie ancienne du Midi pyrénéen », *Bulletin de la Société Ramond*, I, 1898, pp. 194-207. L'exemple le plus connu est l'écroulement du Mont Granier en 1248 après que le seigneur du lieu ait chassé des moines...

2. Cité par J. Lacoste, « Souvenirs des temps calamiteux en Ossau », *Revue Historique et Archéologique du Béarn et du Pays Basque*, t. 1, 1910.

3. « Le saint sacrement n'eut pas plus tôt paru sur ce pont [de la Daurade] que le débordement s'apaisa, la rivière était rentrée dans son lit sans en plus sortir, bien qu'il ne cessat de pleuvoir pendant trente jours » (F. Lafaille, *Annales de la Ville de Toulouse*, Toulouse, 1687-1701, 2 vol.).

4. « La rivière du Gave [de Pau] accru de telle sorte qu'elle menaçait de perdre toute la vallée de Lavedan ; mais à peine eut-on apporté les sacrées reliques [de Saint-Savin] jusques sur les bords d'icelle, que ses eaux commencèrent à se retirer, à vue d'œil, dans leur lit ordinaire » (Cité par F. Marsan, « Météorologie ancienne du Midi pyrénéen », *Revue des Pyrénées*, VII, 3, 1895, pp. 296-317).

5. « Je voudrais demander la cause d'un cas rare advenu en un certain lac qui est en nos monts Pyrénées, dedans lequel si quelqu'un jette une pierre, il ne faudra de voir bientôt, après avoir ouï un étrange bouillonnement dedans les creux de cet abîme, des vapeurs et fumées et puis des nuages épais, et après l'espace de quelque demi-heure, c'est merveille de tonnerres et éclairs, et de la pluie qui s'émeut de cette émotion faite en l'eau » (F. de Belleforest, *Histoires prodigieuses extraites de plusieurs fameux auteurs*, Paris, Jean de Bordeaux, 1578, 3 tomes).

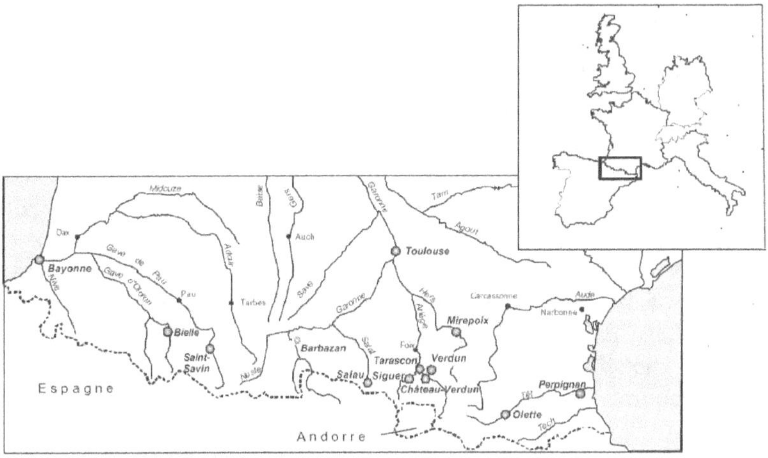

Figure n° 1 : Localités pyrénéennes citées

Si les explications théologiques ou relevant du surnaturel et du prodige constituent une sorte de bruit de fond, une fois l'émotion passée d'autres causes sont avancées. Elles le sont parfois d'ailleurs par les mêmes auteurs, que la contradiction ne semble pas troubler. Les tremblements de terre sont ainsi régulièrement mis en cause comme à propos des inondations de 1678 et 1755 dans les Pyrénées centrales et ariégeoises[6].

On est cependant encore loin d'établir la relation entre pluie et débit des cours d'eau car, pendant longtemps et sur la base de théories remontant à l'Antiquité, le cycle de l'eau n'est pas perçu comme essentiellement aérien. L'eau des cours d'eau venait bien des mers et des océans, mais on envisageait un cheminement souterrain jusqu'aux sources. Cette citation du paléographe Larcher au XVIIIe siècle à propos du lac de Barbazan (Pyrénées garonnaises) ne dit pas autre chose : « On y voit un grand lac dont on ne trouve point le fond. On assure qu'il y avait dans cet endroit un village qui fut abîmé parce que les habitants

6. « Rappelons aussi, pour le dix-septième siècle, un célèbre tremblement de terre dans les Pyrénées, celui de 1678, qui occasionna le grossissement de la Garonne et de l'Adour [...] L'année 1755 fut marquée, dans les annales du pays, par un autre tremblement de terre dont les effets furent désastreux dans l'Ariège et dans toute la chaîne des Pyrénées. Plusieurs ruisseaux changèrent de lit, des rivières furent débordées par les eaux » (Abbé Lafuste, *Renseignements historiques tirés des archives paroissiales de Bélesta*, cité par H.L. Duclos, *Histoire des Ariégeois*, Paris, Didier et Cie, 1881-1887, 7 vol.).

n'estoient point charitables. L'eau n'augmente ni ne diminue, le terrain est mouvant alentour. On dit que dans une grande inondation des eaux de la Garonne, celle du lac rejeta plusieurs poissons de mer. On n'ose pas y pêcher ; mais ceux qui se sont hasardés à le faire ont pris des anguilles monstrueuses et peu d'autres gros poissons »[7].

Il était donc inconcevable d'imaginer les inondations comme résultant d'abats d'eau importants, et cela d'autant moins en plaine où les cours d'eau connaissent des crues produites dans les parties amont des bassins versants. Conformément à la connaissance que l'on a du cycle de l'eau, les eaux souterraines restent le facteur le plus souvent mis en cause dans les débordements, comme pour la Garonne à Toulouse en 1483 et 1536[8].

Le schéma explicatif le plus élaboré est celui des poches d'eau ou des lacs souterrains qui crèvent et viennent grossir les rivières jusqu'à leur débordement. Dans les Pyrénées, on doit la première interprétation de ce type à un avocat montalbanais en 1679 à propos des inondations désastreuses de l'été et de l'automne 1678 dans les Pyrénées centrales et ariégeoises[9].

Une variante met toujours en cause des lacs dans le déclenchement des inondations, mais des lacs de surface cette fois. Ce fut le cas pour l'inondation de l'Hers Vif qui détruisit Mirepoix (Ariège) en 1289, à la suite de la rupture du lac de Puivert situé 30 km à l'amont[10], ou

7. Cité par J. Lestrade, « Notes historiques sur Barbazan », *Revue de Comminges*, LVI, 2-3, 1943, pp. 104-117.

8. En 1483 « La Garonne crut fort non de l'eau des pluies, mais de celles qui sortaient des veines de la terre » et « Le 5 décembre 1536, il advint une chose étrange et inouie : c'est que sans pluie aucune ni raison apparente la Garonne crut tant qu'elle pensa inonder toute la ville, rompit la chaussée du moulin du Bazacle et gâta force bled. On croit que cette eau venait des veines de la terre qui s'étaient ouvertes car la rivière croissait à vue d'œil » (F. Lafaille, *op. cit.*).

9. « Ils conviennent tous [les habitants du pays] qu'il plut véritablement, mais que la pluye ne fut ni assez grande, ni assez de durée pour grossir les rivières dans cet excès ni pour fondre les neiges des montagnes [...] Car si le ciel n'a point fourny cette prodigieuse quantité d'eau, ni par les pluyes ny par les neiges fondües, elle n'a pû necessairement venir que des entrailles de la Terre... » (« Relation d'un prodigieux débordement de quelques rivières de Gascogne, avec la recherche de la cause de cette inondation », *Journal des sçavans*, 22 mai 1679 in CIMA URA-366 CNRS, 1991).

10. F. Taillefer, « Aux origines de Pamiers et de Mirepoix : un accident fluvial », *Bulletin de la Société Ariégeoise des Sciences, Lettres et Arts*, 1980, pp. 35-52.

encore pour celles du Bastan dans les Pyrénées bigourdanes consécutives aux vidanges du lac d'Escoubous[11].

Pourtant, on trouve aussi des explications plus rationnelles à nos yeux et conformes au cycle de l'eau tel qu'il est connu. Ainsi, les échevins de Bayonne (Pyrénées-Atlantiques) à propos de l'inondation de la Nive en 1611[12] identifient les causes météorologiques et rappellent le gradient pluviométrique induit par les pentes pyrénéennes. Cet exemple est assez rare dans les Pyrénées, car ce n'est véritablement qu'à partir du XVIIIe siècle que les notions de bassin hydrographique et de cycle de l'eau dans sa dimension atmosphérique sont maîtrisées.

II – LE DISCOURS SUR LE RÔLE DE LA FORÊT

En France, il faut attendre le XVIIe siècle pour voir l'essor de l'hydrologie scientifique. Comme l'expose J. Tixeront[13], d'Aristote qui pensait que la pluie seule ne pouvait expliquer le débit des fleuves, à B. Palissy dans ses *Discours admirables de la nature des eaux et des fontaines tant naturelles qu'artificielles* en 1580, l'hydrologie n'a pas fait de progrès. B. Palissy, à la suite des avancées sur la mécanique et l'hydraulique des italiens Galilée et Torricelli, fut l'un des premiers à rejeter l'origine marine des sources. A sa suite, le père J. François dans ses ouvrages sur la *Science des eaux* (1653) et *L'art des fontaines* (1665), donne une très bonne analyse du cycle de l'eau en démontrant le rôle majeur des précipitations dans l'écoulement fluvial. Mais ce sont véritablement P. Perrault en 1674 (*De l'origine des fontaines*, Paris) et E. Mariotte en 1686 (*Traité du mouvement des eaux et des fluides*, Paris) qui engagent l'hydrologie française dans la voie quantitative, en effectuant les premiers bilans

11. S. Briffaud, B. Desailly, « La poche d'eau. L'interprétation des crues et inondations dans les Pyrénées (XVIIe-XXe siècles) », *Sources, travaux historiques*, n° 33, 1993, pp. 39-49.

12. « Ce qui est advenu par les grandes et extraordinaires pluies que le vent de nord-ouest a porté contre les monts Pyrénées, qui ont coulé dans la rivière du Nive et causé en elle un tel débordement que, après avoir rempli toutes les terres basses qui sont jusqu'à l'étendue de quatre lieues au dessus de ladite ville, aient raclé la terre qui avait été labourée pour l'ensemencement des blés, rendant ladite rivière doublement forte par la grande quantité de ladite terre qu'elle emportait... » (*Procès-verbal sur l'inondation et ruine survenue aux ponts et chaines de Bayonne (5 novembre 1611)* publié par P. Yturbide, « A propos de l'inondation de Bayonne en 1611 », *Revue Historique et Archéologique du Béarn et du Pays Basque*, tome 1, 1910, pp. 331-336).

13. J. Tixeront, « L'hydrologie en France au XVIIe siècle », in *Trois siècles d'hydrologie scientifique*, Tricentenaire de l'hydrologie scientifique, Paris, Unesco, WMO, OMM, IAHS, 1974, pp. 24-35.

hydrologiques établis à partir des surfaces des bassins versants, des précipitations, de l'écoulement fluvial et du déficit. Dès lors, l'effet modérateur du couvert forestier sur le ruissellement, et donc sur les crues, peut être envisagé.

Pourtant, c'est dès 1492 qu'en Provence la relation entre défrichement des bois et inondation et érosion superficielle est faite par les commissaires de la Chambre des Comptes d'Aix à l'occasion de la catastrophe de Bayons (Haute-Durance) ; dès 1606 que les États de Provence demandent au Roi d'interdire les déboisements et les défrichements « seule cause des ravages et inondations des eaux qui emporte la graisse et le meilleur de la terre »[14]. Dans les Pyrénées, on a bien un arrêt du Parlement de Toulouse en 1533 réglementant l'usage des bois commingeois et les fermant au bétail, mais c'est pour assurer l'approvisionnement de Toulouse en bois[15]. Il faut attendre 1690 pour qu'on mette en relation en Ariège couverture forestière et risques naturels, à l'occasion du Dénombrement des bois situés dans le Pays de Foix : les bois d'Ordenabèze et de Labécède sont mis en réserve pour protéger le hameau de Centraus à Siguer (Vicdessos) des avalanches et la ville de Tarascon des inondations[16].

D'ailleurs, et contrairement au cas alpin, le discours sur l'incurie des pasteurs cultivateurs montagnards et les vices de l'économie pastorale, associé au rôle du couvert forestier sur le ruissellement et l'érosion, ne se développe dans les Pyrénées qu'au XVIIIe siècle[17]. Ainsi, dans la baronnie de Château-Verdun (Pyrénées Ariégeoises), les consuls s'inquiètent des dégradations commises dans les bois réservés en 1742, car ils les rapprochent de la torrentialité observée l'année suivante, et enfin de façon plus explicite en 1776[18]. De façon plus scientifique, le

14. Th. Sclafert, *Cultures en Haute-Provence. Déboisements et pâturages au Moyen-Âge*, Paris, SEVPEN, 1959, 268 p

15. Arch. com. de la ville de Toulouse, série DD 103.

16. A Tarascon « il y a un bois appelé Labécède sur le penchant d'une montagne de contenance d'environ quarante arpents d'essence de chêne de la grosseur de la jambe, lequel les habitants conservent avec soin à cause qu'étant fort près de leur ville, cela les garantit des torrents dont une partie de la ville fut emportée il y a environ soixante ans » (Arch. Dép. de l'Ariège, série 1 C 234, Eaux et Forêts, *Dénombrement des bois situés dans le Pays de Foix*).

17. S. Briffaud, *Naissance d'un paysage. La montagne pyrénéenne à la croisée des regards, XVIe-XIXe siècles*, Tarbes, AGM, Toulouse, CIMA, Université de Toulouse-Le Mirail, 1994, 621 p.

18. Délibération du 18/02/1742 : les consuls « ne pensent pas venir à bout de la confiscation du bois réservé appelé les Amourgailladous et le Tentré, qu'il serait nécessaire vu l'utilité d'icelui de pourvoir à l'abus qui se commet journellement par la

premier à véhiculer ce discours dans les Pyrénées est le naturaliste L. Ramond de Carbonnières en 1794[19]. Il avait été précédé par les ingénieurs (Ponts et Chaussées et Génie Militaire), notamment en Roussillon[20]. Mais c'est véritablement après la Révolution, et les « abus commis dans les bois », que ce discours prend son poids et son influence.

Il va être repris par la plupart des acteurs : les scientifiques, les administrateurs des départements dans les *Statistiques des départements* éditées au début du XIXe siècle[21], et, à la suite de J.A. Fabre en 1797 et A. Surell en 1841 dans les Alpes[22], les ingénieurs des corps techniques des Ponts et Chaussées et des Eaux et Forêts, tel le forestier E.F. Dralet[23]. Malgré quelques voix discordantes[24], ce discours se développe au XIXe siècle, et impose le reboisement comme la panacée face aux inondations, à travers les lois de 1860, 1864 et 1882 sur le reboisement et la restauration des montagnes. A la fin du XIXe siècle, ce discours fait pratiquement l'unanimité, des forestiers aux scientifiques[25].

---

dégradation qu'on y fait... » ; délibération du 3/11/1743 : le 1er consul « est obligé d'avertir l'assemblée que ces bois [du Tentré et de Coume Querasse] ont été détruits d'une manière qui exige un prompt remède pour laisser à la communauté l'unique ressource qu'elle a contre les événements qui pourraient arriver » ; délibération du 2/09/1776 : le 1er consul remarque « depuis plusieurs années que les particuliers défrichent dans les quartiers ce qui provoque des ravines si considérables que les meilleures possessions se trouvent ou entièrement emportées ou couvertes d'une si grande quantité de grosses pierres qu'il est impossible aux particuliers de les remettre en culture... au point que les ravines ont grossi et se sont multipliées et que plusieurs villages sont en danger évident d'être enlevés...» (Arch. dép. de l'Ariège, 276 E supp. BB1, Délibérations consulaires de la baronnie de Château-Verdun).

19. *De l'économie pastorale dans les Hautes-Pyrénées, de ses vices et des moyens d'y porter remède*, 1794, publié par J.F. Le Nail dans le *Bulletin de la Société Ramond*, 2e semestre, 1981, pp. 1-13.

20. B. Desailly in CIMA URA-366 CNRS, *Le torrent et le fleuve : risques, catastrophes et aménagement dans les Pyrénées et leur piémont. Fin XVIIe–XXe siècles*, rapport d'ATP PIREN-CNRS, 1991, 315 p

21. Par exemple J.B. Mercadier, An IX et P. Dardenne, 1805 pour l'Ariège ou encore P. Laboulinière, 1807 pour les Hautes-Pyrénées.

22. J.A. Fabre, *Essai sur la théorie des torrents et des rivières*, Paris, Bidault, 1797 et A. Surell, *Étude sur les torrents des Hautes-Alpes*, Paris, Carilian Goeury et Dalmont, 1841, 284 p.

23. *Description des Pyrénées*, Paris, Arthus Bertrand, 1813, 2 volumes.

24. Notamment dans les milieux savants. Cf *Mémoire sur les funestes effets attribués à la destruction des forêts* in B. de Palassou, *Nouveaux mémoires pour servir à l'histoire naturelle des Pyrénées et des pays adjacents*, Pau, Vignancour, 1823, 192 p.

25. « Les forêts agissent bénéfiquement sur la topographie (glissements), le régime des eaux (inondation), les avalanches, le climat (vent, perturbation des courants), les

Il n'y a guère, mais la restriction est de taille, que les populations montagnardes[26] et parfois leurs représentants politiques qui n'adhèrent pas à ce discours. Ce qui explique en partie son adoption tardive dans les Pyrénées et les décalages existant entre discours et action en termes d'aménagement.

III – LES RAISONS DU DÉCALAGE

En effet, plus qu'ailleurs sans doute, le décalage est considérable entre les projets de périmètres de Restauration des Terrains en Montagne et les surfaces réellement reboisées dans les Pyrénées. Entre 1860 et 1909, moins de 15 000 hectares ont été reboisés dans les six départements pyrénéens, dont plus de 70 % sur des terrains domaniaux. La totalité des dépenses engagées équivaut par exemple au tiers des crédits utilisés dans les Basses-Alpes et à peine à la moitié de ceux des Hautes-Alpes...[27]. L'échec est patent et s'inscrit dans la logique de la Réformation des forêts conduite dans la seconde partie du XVIIe siècle par L. de Froidour, ou encore de la faiblesse des mises en défens opérées sous l'Ancien Régime par les communautés montagnardes pyrénéennes pour prévenir la torrentialité ou les avalanches.

Trois raisons expliquent le retard pyrénéen. La première est politico-économique. Elle explique la mauvaise diffusion des progrès quant à la connaissance du cycle de l'eau et de ses relations avec le couvert forestier. Les pays pyrénéens furent rattachés tardivement à la couronne et donc à l'administration royale du territoire : le Roussillon et les Pyrénées catalanes n'intègrent par exemple le royaume qu'en 1659.

---

communications, l'agriculture, les populations, l'hygiène, et les sols forestiers ont une influence néfaste sur les bactéries pathogènes » (M. Guenot, *Des effets du déboisement dans les Pyrénées*, Bordeaux, Gounouilhou, 1896, 23 p.) ; « Partout où les bois ont été conservés, les agglomérations humaines ont joui de la sécurité la plus parfaite ; partout où les bois ont été détruits, les avalanches ont broyé les lieux d'habitation, semant sur leur passage la mort et la désolation » (M. Trutat, « Les Pyrénées sous la neige. Les avalanches dans les Pyrénées Centrales », *Bulletin de la Société de Géographie de Toulouse*, n° 1-2, 1895, pp. 118-125).

26. Parfois avec une certaine malice comme dans l'enquête d'utilité publique de 23-25/11/1875 sur le projet de périmètre RTM de Verdun (Pyrénées Ariégeoises), où 58 dépositions sur 59 sont hostiles au projet au prétexte « que ce sont les arbres qui ont occasionné la catastrophe du 24 juin et que le reboisement serait préjudiciable à la généralité des habitants dont la principale industrie consiste dans l'élève du bétail » (Arch. Dép. de l'Ariège, série 7 P 18 – Dossiers individuels de reboisement – Verdun (1876-1913)).

27. J.P. Métailié in CIMA URA-366 CNRS, *op. cit.*

En outre, pays d'États, les pays pyrénéens restèrent jusqu'à la Révolution très autonomes, la royauté intervenant peu dans leurs affaires. La politique officielle en matière d'aménagement fut difficile à mettre en œuvre dans ces confins territoriaux, où par ailleurs les ingénieurs locaux ne léguèrent pas leur nom à la postérité. Ajoutons que, même rattachées au royaume, les Pyrénées ne présentaient qu'un intérêt stratégique et militaire : les seules réalisations d'envergures du pouvoir central sont ainsi la défense contre les crues de Perpignan parallèlement à l'établissement de la ligne de fortifications dans la vallée de la Têt après le Traité des Pyrénées et le rattachement du Roussillon à la France en 1659.

La deuxième raison est écologique. Si on appréhende très vite, dès les XVe-XVIe siècles, les effets du déboisement et des défrichements dans les Alpes du sud, c'est qu'ils sont évidents et se déroulent sous les yeux de tout un chacun. Montagnes océaniques, hormis à l'extrémité orientale, les versants pyrénéens ont réagi tardivement en terme de torrentialité et d'érosion à leur mise en valeur. Dans les textes, les problèmes de torrentialité ne préoccupent qu'à partir de la seconde moitié du XVIIIe siècle, et surtout du XIXe siècle où sévit une véritable crise torrentielle. Il n'est donc pas surprenant que la question du reboisement et le développement des discours sur le déboisement qui lui sont inféodés soient tardifs. Ajoutons enfin que, contrairement aux Alpes du sud, les manifestations catastrophiques et spectaculaires de l'érosion sont ponctuelles dans les Pyrénées (flancs du Canigou dans les Pyrénées-Orientales, Vicdessos en Ariège, Haute-Pique en Haute-Garonne...).

La troisième raison enfin est socio-économique. Les forestiers de terrain, tel A. Calvet, ont vite compris qu'on ne pouvait transposer dans les Pyrénées le modèle sylvo-pastoral des Alpes du nord[28] et que la gestion des forêts et des espaces domaniaux ne pouvait faire abstraction du mode d'exploitation pastoral et usager de la forêt pyrénéenne. Entre autres, il répondait à des conditions écologiques particulières comme la raideur des pentes et les difficultés de communication qui compliquaient l'économie sylvicole. Louis de Froidour avait fait le même constat en Ariège en 1669 à l'occasion de la Grande Réformation des forêts, lui qui intercéda auprès des instances royales pour adapter localement l'ordonnance de 1669 et maintenir les communautés montagnardes dans des droits d'usage ancestraux (charbonnage et

28. J.P. Métailié, « Auguste Calvet : le fondateur du sylvopastoralisme dans les Pyrénées (1866-1879) », in Berdoulay V. (dir.), *Les Pyrénées, lieux d'interaction des savoirs (XIXe–début XXe siècles)*, Paris, Éditions du CTHS, 1995, pp. 160-174.

pâturage notamment)[29]. Enfin le dernier facteur tient à l'opposition des populations pyrénéennes à tout reboisement des espaces pastoraux ou de cantonnement des droits d'usage sur les forêts, et d'autant plus dans le contexte de pression démographique qui caractérise le XIXe siècle. Cette opposition, donnant lieu à des situations parfois cocasses[30], parfois beaucoup plus répréhensibles[31], eut raison des desseins de l'administration forestière en matière de reboisements.

Au final, le retard pyrénéen à propos du rôle de la forêt sur le ruissellement, sur les crues et la torrentialité, tant au niveau du discours que de l'action en terme d'aménagement des versants et de reboisement, n'apparaît plus comme tel, mais comme une réponse à des conditions politiques, économiques et sociales spécifiques. Il est moins anachronique qu'il n'y paraissait en première lecture, et montre une fois encore l'effet déformant du modèle alpin sur le miroir pyrénéen[32] et les effets pervers d'une mise en perspective des Pyrénées à partir des Alpes. Concernant les discours proprement dits, si l'origine des crues et le rôle de la forêt sur leur réduction dans certaines conditions d'intensité de précipitations sont admis et démontrés, on constate aujourd'hui encore la persistance d'anciens schémas perceptifs et explicatifs. Ainsi, après les terribles inondations d'octobre 1937 dans le Haut-Salat (Pyrénées ariégeoises), on voit resurgir dans *La Dépêche du Midi* la théorie des poches d'eau souterraines[33]. Encore de nos jours, l'homme de la rue

---

29. J.M. Antoine, *La catastrophe oubliée. Les avatars de l'inondation, du risque et de l'aménagement dans la vallée de l'Ariège (Pyrénées françaises, fin XVIIe-XXe siècles)*, Thèse de doctorat de géographie, Université de Toulouse-Le Mirail, 1992, 495 p.

30. Ainsi est organisé à Olette (Pyrénées-Orientales) en 1905 un « Congrès contre le reboisement » en présence des maires et des conseillers des communes concernées par le projet de périmètre RTM de la Têt inférieure (B. Desailly in CIMA, 1993).

31. Tels le meurtre de gardes forestiers à l'occasion de la *Guerre des Demoiselles* en Ariège déclenchée par la mise en application du Code Forestier en 1827 ou encore dans une brochure parue en 1849 cette maxime du candidat ariégeois aux élections Latour-de-Saint-Ybars : « *dans l'Ariège, le meurtre d'un garde ne déshonore pas* » (Arch. dép. de l'Ariège, série P, Eaux et Forêts, Rapport du conservateur au conseil général (1817-1918)).

32. J.P. Métailié, 1995, *op. cit.*

33. « Nous avions émis les 5, 6 et 7 octobre, les 27 et 28 octobre, que les averses seules ne justifiaient pas la crue formidable du Cougnets, affluent du Salat à Salau. Surtout la vitesse de la crue, inconnue jusqu'ici puisque 1875 n'est rien à côté, ceci toujours pour la région de Couflens-Salau. Nous avions envisagé l'hypothèse d'un lac souterrain ou de nombreuses poches d'eau se vidant par amorçage de siphon, ce qui n'est pas tellement rare » (*La Dépêche du Midi*, édition Ariège, 29 octobre 1937).

comme les médias n'hésitent pas à mettre très fréquemment en cause la gestion des barrages par EDF lors des inondations contemporaines.

SOURCES

– ANONYME, « Relation d'un prodigieux débordement de quelques rivières de Gascogne, avec la recherche de la cause de cette inondation », *Journal des sçavans*, 22 mai 1679, pp. 133-140.
– DARDENNE P., *Essai sur la statistique du département de l'Ariège*. Publié en 1990 par Ph. Bourneton dans *L'Ariège au temps de Napoléon*, Saint-Girons, Le Boulbi, 1805, 406 p.
– DE BELLEFOREST F., *Histoires prodigieuses extraites de plusieurs fameux auteurs*, Paris, Jean de Bordeaux, 1578, 3 tomes.
– DE PALASSOU B., « Mémoire sur les funestes effets attribués à la destruction des forêts » in *Nouveaux mémoires pour servir à l'histoire naturelle des Pyrénées et des pays adjacents*, Pau, Vignancour, 1823, 192 p.
– DRALET E.F., *Description des Pyrénées*, Paris, Arthus Bertrand, 1813, 2 volumes.
– DUCLOS H.L., *Histoire des Ariégeois*, Paris, Didier et Cie, 1881-1887, 7 volumes.
– GUENOT M., *Des effets du déboisement dans les Pyrénées*, Bordeaux, Gounouilhou, 1896, 23 p.
– LABOULINIÈRE P., *Annuaire statistique du département des Hautes-Pyrénées*, Tarbes, Lavigne, 1807, 447 p.
– LACOSTE J., « Souvenirs des temps calamiteux en Ossau », *Revue Historique et Archéologique du Béarn et du Pays Basque*, tome 1, 1910.
– LAFAILLE F., *Annales de la Ville de Toulouse*, Toulouse, 1687-1701, 2 volumes.
– LESTRADE J., « Notes historiques sur Barbazan », *Revue de Comminges*, LVI, 2-3, 1943, pp. 104-117.
– MARSAN F., « Météorologie ancienne du Midi pyrénéen », *Revue des Pyrénées*, VII, 3, 1895, pp. 296-317.
– MARSAN F., « Météorologie ancienne du Midi pyrénéen », *Bulletin de la Société Ramond*, I, 1898, pp. 194-207
– MERCADIER J.B., *Ébauche d'une description abrégée du département de l'Ariège*, Foix, Pommiès, An IX, 70 p.
– RAMOND DE CARBONNIERES L., *De l'économie pastorale dans les Hautes-Pyrénées, de ses vices et des moyens d'y porter remède*, 1794. Publié par J.F. Le Nail dans le *Bulletin de la Société Ramond*, 2ème semestre, 1981, pp. 1-13.

– TAILLEFER F., « Aux origines de Pamiers et de Mirepoix : un accident fluvial », *Bulletin de la Société Ariégeoise des Sciences, Lettres et Arts*, 1980, pp. 35-52.
– TRUTAT M., « Les Pyrénées sous la neige. Les avalanches dans les Pyrénées Centrales », *Bulletin de la Société de Géographie de Toulouse*, n° 1-2, 1895, pp. 118-125.
– YTURBIDE P., « A propos de l'inondation de Bayonne en 1611 », *Revue Historique et Archéologique du Béarn et du Pays Basque*, tome 1, 1910, pp. 331-336.

BIBLIOGRAPHIE

– ANTOINE J.-M., *La catastrophe oubliée. Les avatars de l'inondation, du risque et de l'aménagement dans la vallée de l'Ariège (Pyrénées françaises, fin XVIIe-XXe siècles)*, Thèse de doctorat de géographie, Université de Toulouse-Le Mirail, 1992, 495 p.
– ANTOINE J.-M., « Catastrophes torrentielles et géographicité des sources historiques. Le cas de la baronnie de Château-Verdun (Pyrénées Ariégeoises) au XVIIIe siècle », *Sources, travaux historiques*, n° 33, 1993, pp. 51-68.
– BRIFFAUD S., *Naissance d'un paysage. La montagne pyrénéenne à la croisée des regards, XVIe-XIXe siècles*, Tarbes, AGM, Toulouse, CIMA, Université de Toulouse-Le Mirail, 1994, 621 p.
– BRIFFAUD S., DESAILLY B., « La poche d'eau. L'interprétation des crues et inondations dans les Pyrénées (XVIIe-XXe siècles) », *Sources, travaux historiques*, n° 33, 1993, pp. 39-49.
– CIMA URA 366 CNRS, *Le torrent et le fleuve : risques, catastrophes et aménagement dans les Pyrénées et leur piémont, fin XVIIe–XXe siècles*, rapport d'ATP PIREN-CNRS, 1991, 315 p.
– DESAILLY B., « La perception savante des catastrophes naturelles dans les Pyrénées-Orientales à la fin du XIXe siècle », in BERDOULAY V. (dir.), *Les Pyrénées, lieux d'interaction des savoirs (XIXe–début XXe siècles)*, Paris, Éditions du CTHS, 1995, pp. 203-208.
– METAILIE J.P., « Le modèle alpin et le miroir pyrénéen », in BRIFFAUD S. (dir.), *Pyrénées. Un paysage à la croisée des regards, XVIIIe–XXe siècles*, Toulouse, ASCODE, 1989, pp. 33-34.
– METAILIE J.P., « Auguste Calvet : le fondateur du sylvopastoralisme dans les Pyrénées (1866-1879) », in BERDOULAY V. (dir.), *Les Pyrénées, lieux d'interaction des savoirs (XIXe–début XXe siècles)*, Paris, Éditions du CTHS, 1995, pp. 160-174.

– SCLAFERT Th., *Cultures en Haute-Provence. Déboisements et pâturages au Moyen-Age*, Paris, SEVPEN, 1959, 268 p.
– TIXERONT J., « L'hydrologie en France au XVIIe siècle », in *Trois siècles d'hydrologie scientifique*, Tricentenaire de l'hydrologie scientifique, Paris, Unesco, WMO, OMM, IAHS, 1974, pp. 24-35.

Des plantations pour régulariser les eaux : Champagne, XVIIIe-XXe siècle

*Jérôme BURIDANT**

La Champagne crayeuse enregistre les plus importantes mutations paysagères depuis trois siècles. A l'époque moderne, elle est décrite comme un pays désertique, notamment par les voyageurs qui la traversent avec peine et déplaisir[1]. La couverture boisée se réduit à quelques fonds de vallée. Le regard s'étend vers l'infini sur des plaines et des bas plateaux battus par le vent. Les cultures se limitent à de maigres champs de seigle, les sols crayeux, pauvres et poreux (rendzines et sols rendziniformes), se refusant à porter du froment. Le reste des finages est occupé par les savarts, qui sont des formations steppiques, sortes de landes calcicoles plus ou moins dégradées par le surpâturage ovin. En raison de la pauvreté édaphique, l'élevage extensif des moutons constitue la seule ressource complémentaire importante pour les communautés locales. Cela maintient dans les campagnes une activité proto-industrielle qui alimente en matière première la première fabrique lainière du royaume : Reims, Troyes, Sedan. A l'époque, la Champagne crayeuse n'est pas une terre de prospérité mais un pays de misère, aride et déserté. Comme le précise l'*Encyclopédie* à l'article « Champagne », la partie qui s'étend de Sézanne à Vitry est appelée « la *Champagne pouilleuse*. En effet, elle est très pauvre, et ne produit guère que de l'avoine, du seigle et du sarrasin »[2]. Mais les XVIIIe-XIXe siècles

---

* Maître de conférences, Université de Reims Champagne-Ardenne.

1. Par exemple Michel de Montaigne (1580), François Vinchant (1609), François Ogier (1643), François Baudot (1646), Pierre-Louis Jacobs d'Hailly (1695), Arthur Young (1789).

2. *Encyclopédie ou dictionnaire raisonné des sciences, des arts et des métiers*, 1751-1772, art. « Champagne ». L'expression « Champagne pouilleuse » semble naître à l'époque moderne, après les ravages des guerres du XVIIe siècle. Avant cette date, la Champagne est souvent présentée comme une terre de prospérité, mais sans doute plutôt du fait des activités qui s'y développent sur les marges, plus prospères (voir R. Dion, « Le 'bon' et 'beau' pays nommé la Champagne pouilleuse », *L'information géographique*, n° 5,

sont à l'origine de changements radicaux. Après les premiers essais de pin sylvestre autour de Châlons en Champagne, dans la première moitié du XVIIIe siècle, les boisements s'étendent en tache d'huile vers le sud, entre Châlons et Troyes. Les années 1830-1840 marquent une accélération du rythme de plantation, le pin noir d'Autriche remplaçant le pin sylvestre qui fournit des produits médiocres et chlorose sur sols calcaires. Lors du dénombrement de 1773, le taux de boisement ne dépassait pas 1,2 % de la surface totale, contre 15 % en savarts. Dans l'enquête agricole de 1929, les bois occupent 20 % du territoire, 45 % en incluant les bois et les friches des camps militaires de Mailly, Suippe, Mourmelon et Sissonne. Le maximum historique est atteint en 1950, avec un taux de boisement de 22 %[3]. Ces taux sont des données moyennées qui cachent bien des disparités spatiales. Au cœur de la Champagne crayeuse, entre Châlons et Troyes, les cartes anciennes montrent des densités qui dépassent la moitié du finage sur maintes communes. A l'échelle des siècles, ce boisement est éphémère. Pour de multiples raisons, ces terres ont été reprises par l'agriculture. En un demi siècle, le taux de boisement a chuté pour atteindre 6,5 % de la superficie totale[4].

Un tel mouvement de plantation et de déboisement n'a pas été de soi. Il a généré au fil des siècles des prises de position, des mémoires et des discours qui visaient à le défendre ou à le condamner. Si le boisement est initialement justifié par la pénurie ligneuse et l'idée de procurer une ressource nationale et éventuellement d'employer les pauvres, les discours s'enrichissent vite des arguments environnementaux, notamment en intégrant les boisements à la régularisation des eaux, de surface, de ruissellement, mais aussi atmosphériques.

I – LE POIDS DES ARGUMENTS

L'influence du contexte scientifique et technique

Cette réflexion sur le rôle des boisements champenois trouve sa source dans un mouvement scientifique et technique plus général. Dès la fin du XVIIIe siècle, cela suscite la prise de conscience quant à l'influence de la forêt sur la régularisation des eaux. En France, cette réflexion est surtout initiée par les ingénieurs des ponts-et-chaussées. Dotés d'une formation technique de haut niveau (l'École des ponts-et-

novembre-décembre 1962, rééd. dans R. Dion, *Le paysage et la vigne : essais de géographie historique*, Paris, Payot, 1990, pp. 175-187).

3. J. Renard, *Recherches sur les influences du déboisement en Champagne crayeuse : premiers éléments d'étude*, s.l., Ministère de l'Agriculture,1966, dactyl., pp. 15-28.

4. Inventaire forestier national.

chaussées, créée en 1747), compétents dans l'aménagement de tout cours d'eau flottable et navigable, et donc préoccupés par leurs divagations et leurs colères, ils sont mieux à même que les forestiers, davantage juristes que techniciens, pour analyser le rôle du déboisement, notamment dans la torrentialité montagnarde. Le *Mémoire sur les rivières et torrents du département des Basses-Alpes* de l'ingénieur Martin (1795), l'*Essai sur la théorie des torrents et des rivières contenant les moyens les plus simples d'en empêcher les ravages* de l'ingénieur J.A. Fabre, en poste dans le Var (1797), l'*Harmonie hydro-végétale et météorologique* (1802) et la *Régénération de la nature végétale* (1818) de l'ingénieur F.A. Rauch, et plus encore l'*Étude sur les torrents des Hautes-Alpes* d'Alexandre Surell (1841) marquent les étapes de la prise de conscience. Elle débouche sur la politique de Restauration des Terrains de Montagne (R.T.M.) et la loi de 1860[5]. Un mouvement similaire apparaît dans les autres pays de montagne d'Europe : Italie, Suisse, Allemagne. Comme le prouvent les comptes-rendus des sociétés d'agriculture locales, ces travaux sont connus. Les contemporains du début du XIXe siècle baignent dans une ambiance qui fait de la forêt la mère nourricière des civilisations, le correcteur miraculeux des erreurs de l'homme et le merveilleux régulateur des forces de la nature. Bien que la Champagne soit une région de plaine et de bas plateaux, concernée par d'autres problématiques que les vallées montagnardes, elle n'en est pas moins gagnée par le modèle alpin.

Sa diffusion est d'autant plus facile que ces idées convergent avec les intérêts locaux. Aléas récurrents, considérées comme une fatalité de la nature, les crues sont regardées différemment à la fin du XVIIIe siècle. Dans la région, la crue la plus dramatique reste celle de février 1784 : une crue de débâcle après trois mois de gel intense, crue soudaine et violente qui ravage la généralité de Champagne, détruisant 42 ponts et sinistrant plus de 260 paroisses[6]. L'épisode est suivi d'autres débordements qui touchent autant les villes champenoises que la capitale en aval. Cela inquiète à juste titre les autorités. Après la crue de février 1799, vient celle de janvier 1802, comparable à Paris à celle de 1740 (le jardin des Tuileries est envahi par les eaux), celle de 1804 ou celle de mars 1807, qui atteint sur la Seine les niveaux de 1784. Moins spectaculaire, l'aridité demeure une préoccupation locale. En raison de la faible altitude et d'une continentalité plus affirmée que dans le reste du

5. A. Corvol, *L'homme au bois : histoire des relations de l'homme et de la forêt, XVIIe-XXe siècle*, Paris, Fayard, 1987, pp. 271-410 ; J. Buridant, « De la découverte à l'action : les forestiers face à la montagne », *Annales des Ponts et Chaussées*, n° 103, juillet-septembre 2002, pp. 14-22.

6. A. Marchand, *Les inondations de février 1784 dans la généralité de Châlons*, Université de Reims Champagne-Ardenne, maîtrise d'histoire, 1994, dactyl.

Bassin parisien, le niveau des précipitations est faible, généralement entre 550 et 650 mm par an. La sécheresse d'été, assez sensible, exclut le hêtre du cortège floristique, les plantes affirmant toutes un caractère médio-européen. Les contraintes géologiques pèsent aussi sur les disponibilités en eau. La porosité de la craie sénonienne limite le nombre de sources, la nappe phréatique restant très profonde. A la veille de la Révolution, le cinquième des paroisses de la généralité de Châlons est sans eau. Ce sont le plus souvent de minuscules communautés qui stockent l'eau du ciel dans des citernes. Chaque jour, il faut faire plusieurs kilomètres pour puiser le précieux liquide dans les rivières les plus proches. Longtemps acceptée, la contrainte devient scandaleuse. Les préoccupations locales, diverses, confortent le discours environnemental alpin. La régularisation des eaux constitue l'argument de fonds pour boiser la Champagne.

La panacée : les boisements de conifères

Le *Mémoire sur les moyens de mettre en culture les terres incultes de la Champagne*, publié par Boncerf en 1790, est le premier texte traitant du sujet[7]. Administrateur de la municipalité de Paris, Boncerf est membre de la Société royale d'agriculture et rédige ce mémoire en réponse à un concours organisé par l'Académie d'agriculture de Châlons-en-Champagne. Il remporte le premier prix. Selon lui, le boisement résoudra la stérilité de la Champagne crayeuse :

> « L'influence des bois sur le climat, sur la fécondité d'un pays & le bonheur de ses habitans est si grande, qu'on ne peut rien proposer de plus utile pour une province qui en manque, que de trouver les moyens d'en faire croistre [...].
> Un pays totalement découvert est en proie à tous les vents, il n'est défendu du froid rigoureux par aucun abri ; les hâles dévorans le dessèchent ; les vents en enlèvent jusqu'à la moindre humidité ; les végétaux privés de fraîcheur périssent bientôt [...] ; il n'y a plus de communication entre le ciel & cette terre stérile, il lui refuse ses influences, ses pluies, ses rosées, & lui prodigue ses rigueurs, ses froids & ses feux. Des plantations foibles et solitaires ne suffisent pas pour rétablir le commerce entre le ciel & un sol dépouillé de son action électrique, elles mourront comme les dernières qui les précédèrent autrefois ; le cultivateur découragé fuira ces plaines à qui le ciel refuse ses secours, & l'homme ne tentera plus de les orner de sa préférence & de les embellir de ses

7. P.F. Boncerf, *Mémoire sur les moyens de mettre en culture les terres incultes, arides & stériles de la Champagne, en y employant quelqu'espèce que ce soit de végétaux, arbres, arbrisseaux ou arbustes, analogues au sol des différentes contrées de cette province*, Paris, Gorsas, 1790.

travaux ; il les fuira, & avec lui tous les animaux qui vivent des productions qu'il a fait naître, ou des végétaux agrestes [...].
Le caractère de stérilité des vastes contrées de la Champagne est l'aridité, c'est ce vice qu'il faudroit corriger ; il est non seulement l'effet de la nature du sol, mais encore de la rareté & du peu d'abondance (j'aurois dit la *paucité*) des pluies, parce que les nuages passent rapidement sans s'ouvrir au-dessus d'un sol avec lequel ils n'ont aucune affinité, & où il n'y a plus de conducteurs électriques, pour déterminer la commotion des nuées, & leur ouverture »[8].

A partir de la Restauration, les mémoires rédigés par ou pour les Sociétés d'agriculture de Troyes ou de Châlons s'emparent du même sujet. Tous partent du constat des crues, du ruissellement, de l'appauvrissement des sols, de la sécheresse du climat et de la rigueur des vents, pour faire des plantations massives la solution miraculeuse. En 1822, les discours du président de la Société d'agriculture du département de l'Aube Dubois de Morambert, résument le mouvement :

« Comment se fait-il qu'avec une immense quantité de côteaux & qui sillonnent notre Champagne en tout sens, qu'avec d'immenses bancs de craie impénétrable qui s'oppose à l'infiltration des eaux du ciel, nous soyons à peu près complettement privés de sources ? C'est que toutes nos sommités sont découvertes, c'est que les eaux pluviales, ne trouvant rien à la surface des terres qui les arrête, s'écoulent rapidement sans pénétrer, c'est que leur chute frappe et durcit cette surface qui devient de jour en jour plus imperméable. Si les syphons végétaux, plantés sur toutes les lignes culminantes de nos collines, nous procuraient des eaux ; si ces eaux, aidant la gelée à dissoudre la surface de nos craies, nous procuraient une couche plus épaisse de terre végétale ; si leur fraîcheur entretenait, sur les pentes et dans les plaines, des lits touffus d'herbages qui sont la base la plus féconde d'*humus* ou de *terreau végétal*, que resterait-il à désirer à notre Champagne ? Ne pourrait-elle pas, par la suite, rivaliser de fécondité avec nos riches provinces [...] ?
Ah ! Si les forêt élevées et multipliées lançaient leurs milliers de syphons dans les airs, bientôt ils auraient appelé et fixé ces nuages, bientôt ils les auraient forcés à se dissoudre en pluie, et à rendre à toute la nature la vie »[9].

8. *Ibidem*, pp. 3-6.
9. Dubois de Morambert, « Proposition faite à la Société d'agriculture, sciences et arts, dans sa séance du 1er février 1822, sur le boisement des terres incultes ou peu propres à la culture, et surtout des collines et lieux élevés », *Mémoires et lettres de la Société d'agriculture, sciences et arts du départements de l'Aube*, t. I, 1822-1823, pp. 55-65 ; voir aussi M. Guy, « Sur l'influence des forêts envisagées sous le double rapport physique et moral », *Mémoires de la Société d'agriculture, sciences et arts du département de l'Aube*, n° 20,

Si l'octroi de prix annuels par les Sociétés d'agriculture, la multiplication des mémoires techniques, ont retenti sur les méthodes et la tendance générale, l'impact réel de cette propagande est difficile, voire impossible à mesurer. Contrairement à d'autres régions, en Champagne les plantations de pins sylvestres puis de pins noirs d'Autriche résultent de l'initiative privée. Plus encore que le désir de régulariser les eaux, la dynamique de plantation est accélérée par l'exode rural, sensible après 1836. Elle se renforce avec le déclin massif de l'élevage ovin dans la seconde moitié du XIXe siècle : la concurrence des laines étrangères oblige à réduire le cheptel de près de 50 %[10].

II – LA PERSISTANCE D'UN DISCOURS

Le plus remarquable est sans doute la persistance durable de ces discours, qui reviennent dans les moments où la couverture boisée semble régresser.

Une première alerte : les ravages de la chenille processionnaire du Pin (1892-1895)

La fin du XIXe siècle voit apparaître une nouvelle menace pour la forêt champenoise : le Lasiocampe du pin (*Lasiocampa pini*), bombyx plus connu sous le nom de chenille processionnaire du pin. Déjà observé sur quelques plantations dans les décennies précédentes, cet insecte prolifère de 1892 à 1894. Il profite d'une série d'années très sèches, marquées par des conditions anticycloniques durables. En peu de temps, ses ravages s'étendent au sud de la Marne et au nord de l'Aube, dans la partie médiane de la Champagne crayeuse. Il concerne de nombreuses parcelles et, parfois, bloque la circulation des trains entre Sommesous et Fère-Champenoise !

Alors que le boisement champenois semblait acquis, la menace fait craindre le dépérissement massif des plantations, donc un nouveau déboisement, d'où la résurgence de discours oubliés. Le mémoire sur la *Plantation des arbres résineux dans les terrains pauvres du département de l'Aube, ses conséquences économiques et agricoles* de Paul Berthier, instituteur à Plessis-Gâtelet, est un bon exemple. Il répond si bien aux attentes de la Société d'agriculture de l'Aube qu'il obtient la médaille de bronze au concours annuel. Selon Berthier, la « principale cause des inondations qui viennent jeter l'épouvante et la ruine dans les populations est assuré-

---

1826, pp. 277-286. Des considérations similaires sont avancées en Picardie par Alfred Decrept (*L'arbre vert en Picardie*, Amiens, Jeunet, 1877, p. 15).

10. A. Thévenot, *L'élevage des moutons en Champagne et l'art de s'enrichir dans l'agriculture*, Paris, La Maison rustique, [1908], p. 16 ; *id.*, *Les progrès de l'agriculture en Champagne depuis un siècle (1787-1890)*, Arcis-sur-Aube, Frémont, 1892, pp. 3-4.

ment le déboisement [...]. Le déboisement forcé causé depuis quelques années par les dégâts du pin [... a] ramené la tristesse et la solitude en maints endroits ». Pour éviter les inondations, une seule solution : renforcer le boisement encore dans les communes de l'Aube. Seul le bois pourrait faire de la Champagne un pays de cocagne, riche, prospère et attractif[11].

Un moment d'inquiétude : le déboisement massif des années 1960

Les mêmes resurgissent vers 1950-1960, mais le contexte est très différent. A cette date, les campagnes de la Champagne crayeuse connaissent un développement économique sans précédent, qui transforme structures agraires et paysages ruraux. Après la Seconde Guerre mondiale, la motorisation améliore travail du sol et l'exploitation des croupes rocailleuses. Les remembrements engendrent un parcellaire à maille large, sans contraintes pour le passage des engins. Surtout, l'utilisation d'engrais chimiques rend productifs des sols qui ne l'étaient pas. En 1969, les agriculteurs champenois emploient déjà 211 kg d'engrais à l'hectare, deux fois plus que la moyenne française. En quelques décennies, la Champagne crayeuse se spécialise dans les céréales, la betterave à sucre puis la luzerne. Elle devient un pays de grande culture. La faible rentabilité des boisements, alors que le prix des terres agricoles augmente, plaide en faveur du déboisement. L'arrachage est facilité par la puissance de moyens modernes comme le bulldozer. A partir de 1952, l'extension de la myxomatose conduit même une partie des chasseurs à sacrifier leurs bois. En une génération, des milliers d'hectares disparaissent[12]. Aujourd'hui subsistent des boisements relictuels, « en timbre poste », issus de propriétaires acharnés à garder leur bien. Cela fossilise le parcellaire du XIXe siècle, « en lames de parquet ».

L'histoire est un perpétuel recommencement. Le déboisement contemporain ressuscite la question de l'influence du couvert forestier sur la régulation des eaux. Et si l'on allait vers quelques catastrophes ? C'est clairement posé en 1966 par F. Huin, ingénieur général du génie rural et des eaux-et-forêts, chargé de la région :

---

11. P. Berthier, *Plantation des arbres résineux dans les terrains pauvres du département de l'Aube : ses conséquences économiques et agricoles*, ms. (Arch. dép. Aube 2 J 32) ; voir aussi A. Collard, « Les sapinières dans le département de la Marne », *Journal de l'agriculture*, septembre 1894, 4 p., et R. Dumont, *L'agriculture de la Champagne*, Charleville, Anciaux, 1897, pp. 15-16.

12. P. Henry, « Défrichage moderne en Champagne (1945-1959) », *Mémoires de la Société d'agriculture, commerce, sciences et arts du département de la Marne*, t. LXXVI, 1961, pp. 154-163.

> « Mais… à long terme, les défrichements immodérés n'auront-ils pas de conséquences fâcheuses sur la structure du sol, sur le régime des eaux, sur le climat ? En un mot, la Champagne crayeuse ne risque-t-elle pas, à plus ou moins longue échéance, d'évoluer vers la steppe ? »

Pour répondre à cette grave question, le ministère de l'Agriculture lance l'enquête *Recherche des influences du déboisement en Champagne crayeuse*, menée par l'ingénieur Jean Renard[13]. Avant d'avoir les résultats, elle vise à accroître les mesures réglementaires qui conserveront le boisement en vue de protéger sols et eaux. Ce rapport présente trois parties. La première porte sur « le phénomène forestier en Champagne crayeuse » et dresse un bilan statistique joint à une rétrospective historique sur les mouvements séculaires de boisement et de déboisement. La troisième partie porte plus particulièrement sur l'« influence des brise-vent naturels à base de pins ». Elle renvoie à l'étude de 1965 relative aux rendements céréaliers sur des parcelles soumises ou non à l'influence d'un brise-vent de conifères. Mais cela n'aboutit à aucun résultat probant, car l'année 1965 est exceptionnellement pluvieuse et froide : les brise-vent sont superflus contre l'action desséchante du soleil et du vent, et les rendements restants désespérément inférieurs à proximité des pins ! La seconde partie, surtout, porte expressément sur l'« évolution des caractéristiques climatiques de la région ». Elle repose sur l'idée que le déboisement induit une baisse des précipitations totales, surtout des précipitations estivales, et éventuellement un nombre accru d'épisodes orageux. La méthode repose sur l'analyse à long terme des données fournies par les six stations météorologiques de Champagne, comparée à la station allochtone de Charleville-Mézières. On conclut à une hiérarchie assez nette des stations, en fonction de la densité du couvert végétal : conformément aux attentes, il pleut davantage dans les secteurs les plus boisés. On met en évidence aussi des fluctuations de long terme, la période 1880-1949 enregistrant davantage de précipitations que la période 1949-1962. Ces observations poussent l'auteur à spéculer sur les influences de rythmes, liées à l'intensité du déboisement. On objectera cependant que les temps d'observation contemporains sont courts (11 ans), trop courts pour une définition correcte du climat. La baisse des précipitations, enregistrée aussi à Charleville, pourrait être attribuée à une phase temporaire de refroidissement, caractéristique des années 1950-1970, d'où la baisse des niveaux d'évaporation. Si ses conclusions scientifiques sont

13. J. Renard, *op. cit.*

contestables, l'étude demeure intéressante au plan historique. Elle reflète les préoccupations du moment. Si l'influence du déboisement sur l'évolution du climat reste actuel, on remarque néanmoins que la question des crues devient secondaire. Il est vrai qu'à cette période, le débat sur la régularisation des crues de la Seine et de ses affluents prend une toute autre dimension. C'est l'époque de la création des deux grands barrages-réservoirs : le lac de la forêt d'Orient ou réservoir Seine (2 300 ha), mis en service en 1965, et le lac du Der ou réservoir Marne (4 800 ha), mis en service en 1974, noyant les trois villages de Nuisement, Champaubert et Chantecoq.

En dépit de ces combats d'arrière garde, la question des boisements en Champagne est maintenant dépassée. Le poids du lobby agricole, les aides de la Communauté européenne, les réussites économiques de la filière agro-alimentaire, relèguent la forêt au second plan pour un temps du moins.

Les boisements champenois relèvent dans leur immense majorité, on l'a vu, des initiatives privées. Le but premier de cette entreprise était économique : mettre à profit des sols de faible valeur agricole, au moment où l'élevage ovin ne rapportait plus, produire du bois de chauffage tout en exportant des bois d'œuvre et des bois de mine vers le Nord et vers la Lorraine. En raison de la faible productivité des boisements, il est certain que la motivation cynégétique a joué, notamment au XXe siècle. Il faut se rendre à l'évidence : devant la faible ampleur de la menace, la régularisation des eaux pesait peu. Tout au plus, cette idée a pu constituer un argument conjoncturel et politique. Autant qu'on en puisse juger, il s'agit de la réappropriation d'un discours scientifique né et rodé dans les pays de montagne, un argument supplémentaire pour montrer que l'initiative individuelle peut concourir au bien commun. Ce qui est remarquable, c'est la précocité des thèses locales qui prouve l'intégration de la région aux débats nationaux.

Restauration des milieux pâturés : le reboisement en question (Montagne du Lingas, Gard)

*Tatiana MUXART**, *Claude COSANDEY***, *Bernard VALADAS****, *Armelle BILLARD*****, *Daniel BRUNSTEIN******

Au XIXe siècle, la récurrence de crues dévastatrices dans les plaines alluviales fut attribuée à l'état de dégradation des hauts bassins montagnards. Les contemporains non ruraux en accusèrent les sociétés locales des hautes terres pâturées (parcelles privées, communaux, bois pâturés malgré les interdictions). À la surexploitation du milieu par le cheptel local s'ajoutait l'accueil en estive de trop nombreux troupeaux. Aux dangers que constituaient les sols partiellement érodés des hautes terres, devenus inaptes à retenir l'eau des fortes précipitations et à tamponner les crues, on opposait les bienfaits des sols forestiers. Agissant telle une éponge, selon la métaphore utilisée, ils auraient été seuls capables de retenir l'eau des pluies. L'État finit par intervenir en promulgant les lois de Restauration des Terrains de Montagne (RTM) dans la seconde moitié du XIXe siècle. Leur application fut confiée aux corps des ingénieurs d'État.

Ce fut le cas des hautes terres cévenoles méridionales proches du Mont Aigoual (Gard, Lozère), dont la Montagne du Lingas. Présentées comme dégradées, voire « ruinées », ces pâturages d'altitude furent reboisés à la fin du XIXe siècle. Seuls quelques grands domaines pastoraux réussirent à y échapper et continuèrent à accueillir la transhumance ovine. Un siècle plus tard, lors de la mise en place de l'Observatoire Causses-Cévennes (1981-1986) par le Programme Interdisciplinaire de Recherche sur l'ENvironnement (PIREN), nous

* Ancienne Directrice de recherche, CNRS.
** Directrice de recherche, CNRS.
*** Professeur, Université de Limoges.
**** Ancienne Directrice de recherche, CNRS.
***** Ingénieur d'étude, CNRS.

avons étudié l'évolution passée et le fonctionnement actuel du paysage du Lingas, à travers ceux du vallon de l'Airette, représentatif des terres restées pastorales. Les résultats sont rappelés succinctement. Vingt ans plus tard, nous avons voulu réactualiser ces travaux en analysant les transformations du milieu biophysique depuis 1948. Ces modifications sont présentées. Mises en perspective dans une évolution pluri séculaire, elles ont été confrontées avec les variations pluviométriques, l'occurrence des crues torrentielles et les changements des modes d'usage.

I – ÉVOLUTION PAYSAGÈRE DU LINGAS ET DU SITE REPRÉSENTATIF

Caractères physiques de la Montagne du Lingas

Décrits précédemment (Muxart et al., 1990), ne sont rappelés ici que les traits qui expliquent sa vulnérabilité à l'érosion.

Couvrant 100 km^2 au sud-ouest du Mont Aigoual et culminant à 1 445 m d'altitude, les hautes terres granitiques du Lingas sont drainées par la Dourbie, affluent du Tarn. Le granite est fortement altéré. La couverture d'arènes peut atteindre plusieurs mètres d'épaisseur, ce qui rend le milieu très fragile à l'érosion en cas de ruissellement sur sol nu.

Le climat est par ailleurs très contraignant. Outre les alternances gel-dégel de la saison froide qui déstructurent les agrégats des sols nus, la pluviométrie annuelle est élevée et caractérisée par des abats d'eau impressionnants. Ils surviennent lorsque les masses d'air chaud en provenance du sud se chargent d'humidité au-dessus de la Méditerranée, s'élèvent et se condensent sur les premiers contreforts du Massif Central. Ces pluies, dites cévenoles, se produisent souvent en automne et correspondent aux totaux pluviométriques pluri-journaliers les plus forts de France. Elles conditionnent l'apparition du ruissellement, l'érosion des versants et la formation de crues destructrices.

Modes passés d'occupation et d'utilisation du milieu

Depuis l'Antiquité, les hautes terres du Lingas ont été utilisées comme territoire d'estive des troupeaux d'ovins, acheminés par des drailles depuis les basses vallées cévenoles et la plaine du Languedoc. Elles ont été occupées et déboisées au Moyen Âge. L'ouverture maximale du milieu est atteinte entre la fin du XVIIIe et le début du XIXe siècle, à l'apogée des densités rurales. L'utilisation des terres était à la fois agricole, avec les céréales de montagne et les cultures légumières près des hameaux, et pastorale avec les troupeaux locaux et transhumants, surtout dans les grands domaines de la partie orientale, la plus élevée (Muxart et al, 1990).

Cet usage du milieu fut perturbé pendant la Guerre des Camisards, à la charnière des XVIIe et XVIIIe siècles. À l'opposé, les pressions exercées sur le milieu au début du XIXe siècle et les conditions climatiques induites par la fin du Petit âge glaciaire entraînèrent une dégradation généralisée. Les lois RTM furent appliquées à la fin du XIXe siècle et permirent la soumission des bois communaux au régime forestier, l'expropriation des propriétaires des parcelles les plus dégradées, le rachat des terres aux candidats à l'exode rural et le reboisement massif du territoire domanial (Poupardin et al, 1988 et 1990). L'emprise de l'État sur une partie des hautes terres se prolongea par la création du Parc National des Cévennes (PNC) en 1970.

Évolution historique du paysage de l'Airette

Le vallon de l'Airette (17,43 hectares, 1 200 à 1 293 m d'altitude (Figure n° 1) est un alvéole granitique constituant le bassin amont d'un petit affluent de la Dourbie. Situé dans la partie orientale du Lingas, il est inclus dans une parcelle pâturée plus grande appartenant au grand domaine pastoral du Boultou (258 hectares, réduits récemment à 128 hectares). Dans les années 1980, le paysage était très dégradé à l'instar de la plupart des parcelles pâturées des grands domaines.

Les versants du vallon sont entaillés par les nombreuses et profondes ravines vives, toujours fonctionnelles, qui découpent l'épais manteau d'arènes. En dehors de ces ravines, le décapage des versants a été généralisé, comme l'atteste l'occupation du milieu par une lande à callune et genêt pileux, plantes pionnières adaptées à des sols appauvris. Plusieurs variétés d'herbacées occupent les autres emplacements : canche et fétuque rouge sur les autres interfluves et fétuque spadicée et nard, auxquels s'ajoutent des joncs dans le fond du vallon. Celui-ci, très empâté, comporte des gradins plans emboîtés et inclinés vers un secteur central plus marécageux. Le dépôt est constitué de particules terrigènes ou sableuses, arrachées aux versants, intercalées avec des produits organiques mal décomposés.

Deux datations au C^{14} (570 et 600 ± 200 ans BP, soit entre 1150 et 1550 AD) ont été effectuées sur le matériel organique (restes de hêtres) extrait à la base de ce dépôt, à 2,45 m de profondeur. Confrontées aux données historiques, elles situent le déboisement du vallon durant l'optimum climatique du Moyen Âge, XIIe ou XIIIe siècle (Muxart et al., 1986). L'épaisseur considérable des matériaux érodés en moins de neuf siècles souligne la vulnérabilité du milieu. La coupe livre à la base des pollens forestiers (hêtre), remplacés par des pollens de graminées et de callune, puis, plus tardivement, par de faibles quantités de pollens de céréales (seigle). Ces derniers indiquent la présence de cultures soit à proximité du vallon, soit épisodiquement (longues jachères) sur ses replats.

Figure n° 1 : Cartographie de l'état de dégradation du vallon de l'Airette en 1970

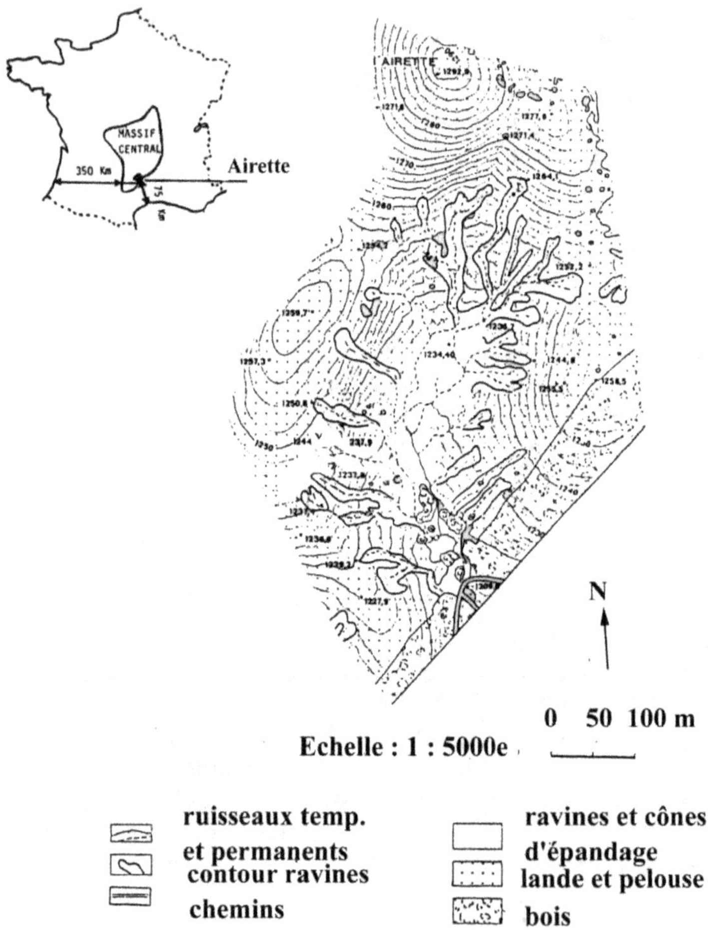

II – ÉVOLUTION CONTEMPORAINE DU PAYSAGE DU VALLON DE L'AIRETTE

Cartographique diachronique de l'état du milieu

Nous avons prolongé l'étude de l'évolution récente de la dégradation du vallon de l'Airette, entamée dans les années 1980, en analysant les photos aériennes prises par l'IGN en 1948, 1970, 1981, 1986, 1994 et 2001. Après agrandissement à l'échelle 1/5000e, les secteurs caractérisés par des sols nus ont été cartographiés aux six dates. Ils correspondent aux arrachements superficiels ou aux flancs des ravines développés sur les versants ou aux cônes d'épandage, plus ou moins coalescents, issus de ces dernières à leur débouché dans le fond du vallon. Les variations pluriannuelles des superficies dénudées (Tableau n° 1) ont été calculées à l'aide d'un système d'information géographique (SIG). La cicatrisation du milieu en cinquante-trois ans est spectaculaire, car l'on passe de plus de 25 % de la superficie du vallon dans un état très dégradé (1948) à un peu plus de 4 % au début du XXIe siècle (2001).

Tableau n° 1 : Évolution de la surface des secteurs dénudés
Vallon de l'Airette, 1948-2001

Année	Superficie de sols nus (S) (en ha)	Superficie du vallon (17,43 ha)
1948	4,47	25,6 %
1970	3,97	22,8 %
1981	2,97	17,0 %
1986	2,44	14,0 %
1994	1,06	6,1 %
2001	0,73	4,2 %

Plusieurs facteurs interviennent dans la restauration du milieu. Ils peuvent agir individuellement ou en synergie. Parmi les plus probables, on peut retenir :
– une fluctuation de la pluviométrie, en particulier une diminution de la fréquence et/ou de l'importance des pluies dites cévenoles. On l'a apprécié par l'analyse des données d'une station météorologique proche du Lingas et l'examen de l'enregistrement des fortes crues de la Dourbie ;
– un changement des modes d'usage des pâtures et/ou de la valeur de la charge pastorale. Une analyse du système pastoral du Boultou a été effectuée.

Variabilité de la pluviométrie au XXe siècle

Les données pluviométriques de la station météorologique de l'Observatoire du Mont Aigoual (1 567 m) ont été fournies par Météo-France. La station est située à 6 km au nord-est de l'Airette (1210-1293 m) et possède des enregistrements depuis 1896.

Une première analyse de la variabilité des précipitations entre 1896 et 2004 (sauf 1915 et 1939 dont les données sont incomplètes) montre une grande irrégularité des valeurs (e.g. 1 168,9 mm en 1946 *vs* 4 014,1 mm en 1913) (Figure n° 2). Par ailleurs, il apparaît une alternance, de l'ordre de la dizaine d'années, de phases humides et plus sèches avec un rythme moins régulier à partir des années 1940 et une tendance à une diminution de la valeur de la moyenne des précipitations annuelles des épisodes humides (Tableau n° 2). Toutefois, les pluviométries les plus fortes (> 3 500 mm/an) se rencontrent aussi bien au début (4 014,4 mm en 1913 et 3 524,3 mm en 1917) qu'à la fin du XXe siècle (3 521,2 mm en 1996). Le calcul de la moyenne des précipitations annuelles au pas de temps des prises de vue aériennes montre l'occurrence de deux phases plus humides (1948-1980 et 1994-2000) encadrant une période plus sèche (1981-1993).

Tableau n° 2 : Moyennes des précipitations annuelles lors des phases humides et plus sèches à l'Observatoire du Mont Aigoual (1896-2004) et durant les périodes comprises entre deux prises de vue aériennes successives du vallon de l'Airette par l'IGN (1948-2000)

Période	Nombre d'années	Moyenne des précipitations (mm/an)
1896-1906	11	2050,1
1907-1920	14	2913,6
1921-1930	10	2033,9
1931-1943	13	2614,0
1944-1950	7	1369,5
1951-1988	38	2219,3
1989-1993	5	1571,7
1994-2004	11	2059,4
1948-1969	22	2170,7
1970-1980	11	2238,0
1981-1985	5	1860,3
1986-1993	8	1808,2
1994-2000	7	2104,3

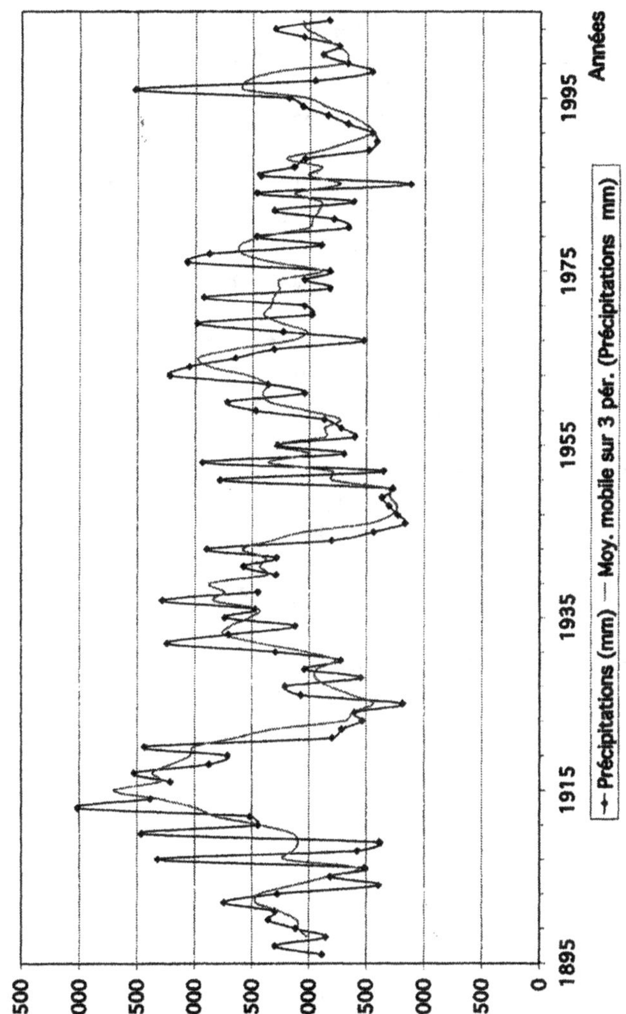

Figure n° 2 : Variations des précipitations annuelles enregistrées à l'Observatoire du Mont Aigoual (1567 m) entre 1896 et 2004 (sauf 1915 et 1939)

Les précipitations mensuelles (Pm) représentent un meilleur facteur discriminant des pluies cévenoles. Nous disposions des données du Mont Aigoual de 1921 à 2004. Le Tableau n° 3 indique la fréquence et la répartition annuelle des mois très pluvieux. La majorité écrasante des mois avec Pm > 500 mm et la totalité de ceux avec Pm > 600 mm se produisent en phases humides : 1931-1943, 1951-1988, 1994-2004. De 1948 à 2001, les seuls mois très pluvieux (500<Pm≤599 mm) en phase plus sèche ont lieu en 1989 et 1991. La probabilité d'occurrence des pluies cévenoles, induisant un ruissellement de surface, des phénomènes érosifs sur les versants et de fortes crues, semble plus grande en phases humides.

L'analyse systématique des totaux pluviométriques journaliers ou pluri-journaliers, indicateurs encore plus pertinents d'identification des abats d'eau extrêmes, n'a pu être réalisée, faute de données suffisantes. Les exemples suivants donnent une idée des valeurs atteintes. Ainsi, durant la période postérieure à 1948, il est tombé du 6 au 8 novembre 1982, 545,1 mm d'eau à l'Espérou et 486 mm à la Borie du Pont, villages situés à 2 km, au nord et à l'ouest du vallon de l'Airette. Un record de 607,7 mm en 24 heures a été mesuré le 31 octobre 1963 à l'Observatoire de l'Aigoual. Quant aux intensités enregistrées à cette station, elles peuvent atteindre 130 mm/h pendant 6 minutes, ce qui est considérable, tandis que l'intensité horaire maximale de fréquence décennale dépasse 50 mm. Les précipitations horaires maximales au pas de temps mensuel (Phmaxm) sont connues depuis janvier 1993. Depuis cette date, les événements suivants ont été mesurés : 22 pour 15<Phmaxm<24 mm, 11 pour 25<Phmaxm<34,2 mm, 2 pour 35<Phmaxm< 44 mm et 2 pour Phmaxm respectivement égal à 45 mm (5/10/1995) et 51,4 mm (9/09/2002).

Tableau n° 3 : Fréquence et répartition selon les mois de l'année des précipitations mensuelles supérieures à 500 mm (1921-2004) à l'Observatoire du Mont Aigoual

Totaux mensuels (mm)	Nombre de mois	Mois d'occurrence (*)	Années d'occurrence (**)
De 500 à 599	22	jan. (2), fév.(1), mars (3), avr. (1), sep. (1), oct. (6), nov. (6), déc. (2)	1929, **31**, ***32***, *33*, **34**, **36**, **38**, **41**, **42**, **51**, **60**, **61**, **69**, **70**, **72**, **76**, **88**, 89, 91, **95**, **97**, **01**
De 600 à 699	9	mai (1), sep. (1), oct. (3), nov. (4)	**1935**, **38**, **43**, **51**, **53**, **62**, **65**, **82**, **86**
De 700 à 799	10	jan. (1), sep. (2), oct. (5), nov. (2)	***1933***, **55**, **60**, **63**, **65**, **76**, **77**, **84**, **87**, **03**
De 800 à 899	1	oct. (1)	***1937***
De 900 à 999	4	fév. (1), oct. (1), déc. (2)	***1932***, **53**, **64**, **79**
1075	1	jan. (1)	***1996***

(*) Les chiffres entre parenthèses suivant un mois indiquent le nombre de fois où les totaux mensuels de la colonne de gauche ont été atteints entre 1921 et 2004.
(**) Les chiffres soulignés représentent une année dont deux mois présentent des totaux mensuels > 400 mm (car un total > 500 mm a pu être atteint en 30 jours consécutifs pris sur deux mois) et les chiffres en italiques, une année totalisant trois mois > 400 mm. Enfin les chiffres en gras indiquent les années incluses dans les phases humides.

L'analyse des différentes données montre que la période 1948-2001 a connu des abats d'eau susceptibles de provoquer ruissellement et érosion des sols en nombre supérieur à ceux de la période 1921-1947. En particulier, parmi les 6 mois ayant connu les précipitations les plus fortes (≥ 800 mm), 4 se situent depuis 1948.

L'analyse des crues torrentielles de la Dourbie

Dans un milieu analogue à celui du Lingas, C. Cosandey (2000) a analysé les conditions de formation de l'écoulement rapide de crue dans les hauts bassins versants granitiques du Mont Lozère (40 km au nord-est du vallon de l'Airette). Pour des totaux de pluie faibles, la nappe de fond de vallon affleure et l'écoulement de crue se produit à partir de l'eau tombée sur cette petite surface. Le débit du ruisseau est faible. Si la pluie persiste, des volumes de formations superficielles saturées en eau apparaissent en haut des versants, là où le matériau altéré est le plus mince. L'eau y ruisselle, mais s'infiltre en atteignant des arènes plus épaisses. L'alimentation de la nappe de fond de vallon par l'écoulement hypodermique se fait avec retard et le débit du cours d'eau reste modéré. Si les précipitations sont plus fortes ou durables (pluies cévenoles), un seuil est franchi et la saturation des formations superficielles de versant s'installe d'amont en aval jusqu'à la surface saturée du fond de vallon, avec un ruissellement généralisé à l'ensemble du versant. La montée de la crue est soudaine et le débit devient énorme. Ce seuil représente une valeur du stock hydrique du bassin correspondant à la saturation des réserves hydriques (eau de rétention capillaire) et hydrologiques des formations superficielles (eau gravitaire de la nappe de fond de vallon et des nappes temporaires de versant). La quantité de pluie nécessaire pour atteindre ce seuil dépend de l'état initial du stock hydrique (Cosandey et Didon, 1990). Ainsi, toutes les pluies cévenoles ne produisent pas ruissellement généralisé, érosion des versants et crue brusque et dévastatrice.

De plus, des expériences de simulation de pluie sur les versants de l'Airette ont montré que, pour de fortes pluies, la genèse et l'importance du ruissellement sur sols nus sont plus rapides et plus grandes que sur sols recouverts de lande, la formation d'une croûte de battance imperméabilisant en partie la surface de l'arène (Muxart et al, 1990). Ainsi, à même intensité de pluie, plus la superficie de sols érodés dans le vallon est grande et plus le risque de ruissellement est fort.

Les hauteurs d'eau de la Dourbie sont enregistrées à la station d'annonce des crues de la petite ville de Nant (10 km à l'aval du Lingas). Notons que la Dourbie reçoit à cet endroit de petits affluents alimentés par des sources karstiques, ce qui peut fausser l'interprétation des données en cas de pluies centrées sur les Causses. Les données, disponibles depuis 1890, ont été aimablement fournies par la DDE de Montauban. Afin de les comparer aux précipitations mensuelles à l'Aigoual, nous n'avons retenu dans le Tableau n° 4 que les valeurs postérieures à 1921.

L'écrasante majorité des 25 crues répertoriées intervient en phases humides (Tableau n° 2). Font exception à la règle 3 crues faibles (< 3m) en 1923, 1927 et 1930 et une crue plus forte (3,7 m) en 1928. Quant aux 5 crues les plus violentes (> 4 m), elles se sont produites après 1948, en phases humides (1951-1988, 1994-2004). Or, ce sont ces crues extrêmes qui ont la plus forte probabilité de résulter d'un ruissellement généralisé érodant les versants. Enfin, parmi les crues enregistrées entre 1890 et 1921 (mais les séries de données anciennes sont-elles complètes ?), seules trois d'entre elles atteignent une hauteur comprise entre 4 et 4,3 m (20/09/1890, 29/09/1900 et 06/12/1910). Quant à la crue du 12 septembre 1875, la plus forte selon la mémoire collective, elle aurait atteint 5,8 m à Nant, soit la même cote qu'en 1963. Enfin d'autres crues énormes, malheureusement non cotées, sont répertoriées en 1808, 1812, 1825, 1833, 1856, 1866 et 1868 (Alexandre et Génin, 1986).

Changements d'usage des pâtures du Boultou

Traditionnellement, le Lingas accueillait en estive des troupeaux d'ovins accompagnés de leur berger. Les effectifs occupant le domaine du Boultou au XXe siècle ont été rassemblés et analysés par Jouve (1984), Guerrini (1987), Guerrini in Muxart et al. (1990), et Patrigeon (1996). Quant aux effectifs de la transhumance bovine, ils ont été obtenus auprès de l'exploitant agricole louant les pâtures du Boultou. Les données sont rassemblées dans le Tableau n° 5.

L'analyse de l'évolution de la charge pastorale ovine (CO en bêtes/ha) peut être déduite des effectifs et de la surface pâturée. La valeur de CO a fluctué, mais reste élevée de 1902 à 1953 ($3,1 < CO < 6,1$ b/ha avec le plus souvent $CO \geq 4,8$). À partir des années 1960, cette charge baisse (2,3 à 3,9 b/ha) en liaison avec la crise que traverse l'élevage ovin. Elle est provoquée par l'effondrement du prix de la viande ovine en raison de l'importation massive du mouton néo-zélandais. S'y ajoute la difficulté croissante de trouver des bergers conduisant le troupeau sur les parcours et gérant au mieux les ressources du milieu.

Gamme des hauteurs (en m)	1,5 à 1,99	2 à 2,99	3 à 3,49	3,5 à 3,99	4 à 4,49	4,5 à 4,99	> 5
Hauteur exacte (m) ; date de la crue (*)	1,83 ; 23/09/94	*2,1 ; 10/11/23* *2,6 ; 06/11/31*	*3,0 ; 20/11/27* *3,5 ; 02/03/30* *3,0 ; 26/10/37* 3,2 ; 11/01/70 3,1 ; 17/01/72 3,4 ; 24/12/73 3,2 ; 22/10/77 3,0 ; 01/12/84	*3,7 ; 1-6/03/28* *3,8 ; 30/09/33* *3,65 ; 12/11/41* 3,7 ; 10/12/59 3,8 ; 7-8/11/62 3,7 ; 24/05/64 3,7 ; 26/10/76 3,78 ; 21/01/96 3,52 ; 03/12/03	4,4 ; 25/09/65	4,82 ; 05/11/94 4,6 ; 24/11/03	6,0 ; 01/11/63 5,0 ; 07/11/82

(*) En italiques : les hauteurs d'eau et les dates des crues de 1921 à 1947 ; en standard : les crues enregistrées entre 1948 et 2003

Tableau n° 4 : Hauteurs d'eau maximales atteintes par la Dourbie à la station d'annonce des crues de Nant entre 1921 et 2003

Tableau n° 5 : Évolution des effectifs des troupeaux transhumants et de la charge pastorale sur les terres du domaine du Boultou

Année	Ovins			Bovins		
	Effecitf (E)	Superficie S (ha)	Charge pastorale (E/S)	Effectif (E)	Superficie S (ha)	Charge pasto-rale (E/S)
1902	1000	250	4,0			
1914	1085	250	4,3			
1920	780	250	3,1			
1926	936	250	3,7			
1927	1451	250	5,8			
1928	1340	250	5,4			
1929	1208	250	4,8			
1930	1230	250	4,9			
1931	1462	250	5,8			
1932	1200	250	4,8			
1939	1532	250	6,1			
1950	1200	250	4,8			
1953	1100	250	4,4			
1960-1968	1200/ 2000	510 (*)	2,3 à 3,9			
1975	600	250	2,4			
1981	400	120	3,3			
1982	400	120	3,3			
1983	300	120	2,5			
1985-1990				Inconnu		
1990-2004				30	120	0,25

(*) Troupeaux accueillis dans les domaines du Boultou (250 ha), la Paloterie (180 ha) et l'Espérou (80 ha).

Cette crise socio-économique entraîne la régression rapide, puis l'effondrement du système pastoral traditionnel sur les hautes terres. Après une phase probable d'abandon du milieu (1985-1990), les terres du Boultou sont réoccupées. La transhumance devient bovine, sans berger et dans un espace clôturé, avec une faible charge de vaches allaitantes (0,25 b/ha). Ce nouveau système d'élevage gagne l'ensemble des hautes terres.

III – RÔLE JOUÉ PAR LES FACTEURS NATURELS ET SOCIAUX

Avant de discuter les causes de la restauration récente, il convient d'insister sur le fait que la dégradation du milieu en 1948 résulte d'un long processus, comme l'a montrée l'analyse de la coupe du fond de vallon de l'Airette (Muxart et al., 1990). Ce processus a connu des phases d'accélération et de ralentissement sous l'action combinée des variations anthropiques (charge pastorale plus ou moins élevée, cultures du seigle par intermittence) et des fluctuations climatiques.

À la fin du XVIIIe et au début du XIXe siècles, au moment du maximum démographique, la pression exercée sur les communaux, mais aussi sur les terres privées, a dû atteindre un paroxysme. L'exploitation excessive du milieu a ravivé les ravines héritées et favorisé l'apparition de nouvelles déchirures du tapis végétal. Or, le début du XIXe siècle correspond à la phase terminale du Petit âge glaciaire marqué par la récurrence des fortes crues de la Dourbie (7 crues entre 1808 et 1868, précédant la crue énorme de 1875). Sur les versants, le ruissellement généralisé induit par les pluies cévenoles a favorisé leur érosion, ainsi que les crues destructrices de la Dourbie. L'état de dégradation avancé de l'Airette en 1948 reflète donc son histoire et traduit une contribution défavorable des facteurs naturels et sociaux à son développement.

En s'intéressant à l'évolution du milieu depuis 1948, plusieurs faits peuvent être constatés en comparant les données des Tableaux n° 1, n° 3 et n° 5.

Entre 1948 et 1970, les précipitations mensuelles fortes (Pm >500 mm) sont circonscrites à la phase humide commençant en 1951. Elles caractérisent 11 des 23 années de la période, dont 4 qui ont connu Pm >700 mm (1955, 1960, 1963 et 1965) et 2 des abats d'eau Pm >900 mm (1953 et 1964). À certaines de ces pluies extrêmes correspondent des crues de la Dourbie, qui témoignent du ruissellement généralisé et de l'érosion des versants (1959, 1962, 1963, 1964, 1965, 1970). Dans cette phase, l'utilisation du domaine du Boultou se modère à cause de la crise ovine. La charge pastorale ovine (CO), qui atteignait 5,8 b/ha entre les deux guerres, diminue à 2,3-3,9 b/ha dans les années 1960. Pas encore très marquée, la cicatrisation du milieu (secteurs nus passant de 25,6 à 22,8 % de la surface du vallon) accompagne donc la diminution de cette charge.

De 1971 à 1981, la CO reste modérée (2,4 à 3,3 b/ha), tandis que 4 années sur 11 connaissent des Pm >500 mm, dont respectivement 2 et 1 des Pm > à 700 et 900 mm. Par ailleurs, 4 fortes crues de la Dourbie sont répertoriées (1972, 1973, 1976, 1977). La cicatrisation des versants continue, les secteurs dénudés étant réduits à 17 % de la superficie du vallon en 1991.

Entre 1982 et 1986, la CO passe de 3,3 à 2,3 b/ha, puis, en 1985, disparaît. Trois années de cette période connaissent des Pm >500 mm, dont une année avec Pm >700 mm. La surface dégradée régresse alors à 15 % de la surface totale.

Entre 1987 et 1994, des valeurs de Pm >500 mm sont enregistrées 4 années des 8 que comprend la période, une seule d'entre elles correspondant à Pm >700 mm, tandis que deux fortes crues de la Dourbie sont répertoriées à Nant. Les terres du Boultou sont louées en 1990 à un exploitant agricole qui les utilise comme pacages d'estive pour des vaches allaitantes. Le système d'élevage et le mode d'utilisation du milieu deviennent très différents. La charge bovine est plus faible (<0,3b/ha) et les bêtes, mises dans un espace clôturé, ne prélèvent ni le même fourrage, ni aux mêmes endroits. Ce nouveau mode de gestion des pacages, après 5 années où le milieu est abandonné, se traduit par une accélération remarquable de la cicatrisation du milieu. Les surfaces dégradées n'occupent plus que 6,1 % de la surface totale.

Entre 1995 et 2001, on constate le même mode d'utilisation pastorale et 4 années sur 7 offrent des Pm >500 mm, dont l'année 1996 où janvier fut anormalement pluvieux (1 075 mm), produisant une forte crue de la Dourbie. Malgré la violence extrême de cet abat d'eau, la cicatrisation du milieu se poursuit. Les secteurs ruinés ne concernent plus que 4,2 % du vallon.

Quant au rôle joué par les processus écologiques dans la cicatrisation du milieu, Azéma a étudié la colonisation des sols nus sur les cônes de déjection issus des ravines (Muxart et al., 1990). Patrigeon a analysé ce phénomène sur les flancs des ravines (1996) et Godron et al. l'a fait à l'échelle de la commune de Dourbies (1989). Les espèces colonisatrices des espaces nus très pauvres sont décrites par Dejean (1982) sur les pacages surexploités. Aux côtés des espèces pionnières (callune, genêt pilieux), le vallon est caractérisé, dans les années 1980, par une colonisation spontanée du pin à crochet (*Pinus uncinta*) et du pin sylvestre. Ils progressent depuis la lisière de la parcelle domaniale localisée sur l'interfluve du versant oriental du vallon. Le reboisement du XIXe siècle a été fait avec des résineux (épicéas, pins, sapins plantés souvent dans le même potet) en attendant la régénération du hêtre. La forêt actuelle est mixte (23 % de sapins, 39 % d'épicéas, 27 % de hêtres, 8 % de pins, 3 % de mélèzes, et les semenciers de pins à crochets y sont nombreux et productifs (Patrigeon, 1996). Dans les années 1980, la callunaie du versant oriental de l'Airette, proche de cette forêt, avait été colonisée par la myrtille (*Vaccinium myrtillus*) et commençait à l'être par les pins. Sur les versants ouest et nord, plus éloignés des semenciers, l'emprise des pins restait faible. Une vingtaine d'années plus tard, le paysage est largement fermé sur le flanc oriental, tandis que les versants ouest et sud commencent à être bien couverts par les pins.

Les recherches entreprises sur la cicatrisation et la restauration du vallon de l'Airette révèlent les conditions de sa cicatrisation et, comme ce site est représentatif des terres des grands domaines pastoraux, celles des sols dégradés du Lingas. Formés aux dépens d'arènes granitiques peu cohérentes, ces sols pauvres sont fragiles, car aisément érodables sous l'action de pluies cévenoles très érosives. On constate l'imbrication des facteurs sociaux et naturels, et leur poids sur les transformations du milieu biophysique. À l'échelle des dernières décennies, replacées dans une histoire millénaire, les facteurs sociaux contemporains ou hérités l'emportent sur les facteurs naturels. Ainsi, le type d'exploitation et les modes d'utilisation et de gestion régissent l'évolution vers une dégradation rapide ou, à l'opposé, vers la restauration plus lente du milieu biophysique. Dans le cas d'une utilisation traditionnelle (transhumance ovine, berger conduisant le troupeau dans les pâtures), diminuer la charge pastorale limite l'ouverture du tapis végétal et assure la restauration des secteurs dégradés. Contrairement aux affirmations des défenseurs inconditionnels du reboisement du XIXe siècle, la forêt n'est donc pas le seul moyen de remédier à l'érosion et donc au ruissellement qui l'engendre.

La crise du système d'élevage ovin, remplacé par la transhumance bovine, transforme l'usage des pâtures, l'enclosure des pacages et l'absence de berger caractérisant cette mise en valeur du milieu. Dans le cas de l'Airette, il n'est pas possible de savoir si l'accélération de la cicatrisation du milieu résulte des faibles effectifs ou des différences d'occupation de l'espace et de consommation des herbacées. Par ailleurs, cette restauration est favorisée par la colonisation des versants par le pin à crochets. Mais ce processus écologique n'est pas strictement d'ordre naturel. Certes, il résulte de la proximité de la forêt domaniale et de sa réserve en semenciers, mais il est aussi la conséquence directe d'une cascade de processus sociaux, politiques, juridiques, économiques et sociaux, ayant abouti à une action technique, à caractère écologique : le reboisement.

À travers cet exemple, on saisit l'imbrication et la complexité des enchaînements spatio-temporels des causalités naturelles et sociales. Elles engendrent l'évolution de l'anthroposystème par des mécanismes d'auto-régulation de son fonctionnement aux divers niveaux d'organisation (naturels et sociaux). Ainsi, seule une étude sur la longue durée est capable d'identifier et de comprendre la subtilité de leurs interactions. Quant au facteur naturel représenté par les conditions climatiques, entachées depuis l'ère industrielle d'une causalité anthropique, il peut être considéré comme un « opérateur opportuniste » de l'évolution du paysage pastoral. Tout secteur de sol dénudé, par un phénomènes naturel ou anthropique, sera exploité par les processus érosifs déclenchés par les alternances gel-dégel (déstructuration des agrégats) et par l'installation du ruissellement (ablation du matériau), ce dernier pouvant prendre un caractère généralisé lors des pluies cévenoles. Une fréquence accrue de l'occurrence des pluies extrêmes et/ou du nombre de cycles gel/dégel pourrait favoriser l'accélération de l'érosion. Des alternances de phases humides et plus sèches ont été mises en évidence, à partir des données pluviométriques (1896-2004) de l'Observatoire du Mont Aigoual, sans dévoiler, pour le moment, une variation de la fréquence des abats d'eau. Qu'en sera-t-il au XXIe siècle avec le risque d'augmentation des événements extrêmes prévu par les modèles simulant le réchauffement climatique ?

BIBLIOGRAPHIE

– ALEXANDRE F., GENIN A., *Étude historique des crues de la Dourbie*, Paris, Mémoire de maîtrise, Université de Paris VII, 1986, 28 p.
– COSANDEY C., DIDON J-F., « Étude des crues cévenoles : conditions d'apparition dans un petit bassin forestier sur le versant sud du Mont Lozère, France », Proceedings of the Ljubljana Symposium, *IAHS*, 1990, n° 191, pp. 103-115.
– COSANDEY C., ROBINSON M., *Hydrologie continentale*, Paris, Armand Colin, Collection U, 2000, 360 p.
– DEJAN R., Notice de la carte des unités écologiques de l'unité régionale « Mont Aigoual – Montagne du Lingas » au 1 50 000e. Florac, Publication du Parc National des Cévennes, 1982.
– GUERRINI M-C., *Les transformations d'un espace rural en zone de moyenne montagne depuis le XIXe siècle. L'exemple des communes cévenoles de Dourbies et de Saint Sauveur,* Rapport de l'Observatoire Causses-Cévennes. PIREN-CNRS-URA 142, Paris, 1987, 175 p. Annexes 79 p., cartes.
– GODRON M., POISSONET J., LAMBERT A., *Dynamique de la végétation. Commune de Dourbies,* Montpellier, Document interne de l'Observatoire Causses-Cévennes du PIREN, 1989, 60 p.
– JOUVE D., *Évolution de l'élevage et transformation d'un espace rural en régression sur les Hautes Terres cévenoles (commune de Dourbies, Gard)*, INA-Paris-

Grignon et CNRS–PIREN, Paris, Mémoire de fin d'études, 1984, 200 p.
– MUXART T., BILLARD A., COHEN J., COSANDEY C., DENÈFLE M., FLEURY A., GUERRINI M-C., « Dynamique physique récente des versants sur les hautes terres cévénoles (Espérou-Lingas) en relation avec l'occupation humaine », *Revue Géographique des Pyrénées du Sud-Ouest*, 1986, T. 57, n° 3, « L'élément et le système », pp. 375-394.
– MUXART T., COSANDEY C., BILLARD A., *L'érosion sur les hautes terres du Lingas. Un processus naturel, une production sociale*, Paris, Ed. du CNRS, Mémoires et Documents de géographie, 1990, 146 p + 1 carte.
– PATRIGEON M-P., *La cicatrisation de ravines d'érosion d'origine anthropique sur les hautes terres du Lingas.* Mémoire de maîtrise, Université de Paris VII, Option géographie physique et environnement, 1996, 175 p. + 24 annexes.
– POUPARDIN D., NOUGARÈDE O., LARRÈRE R., *La constitution du domaine privé de l'Etat sur les Hautes Terres du Lingas et de l'Aigoual*, Rungis, INRA, Rapport de l'Observatoire Causses-Cévennes du PIREN, 1988, 147 p.
– POUPARDIN D., LARRÈRE R., NOUGARÈDE O., *Les travaux de génie civil et de génie biologique effectués sur l'Aigoual, de 1860 à 1940*, Ivry, INRA, Économie et sociologie rurales, 1990, 230 p.

Des forêts reliques en milieu aride

*Roger CANS**

Notre planète est parsemée de forêts reliques léguées par l'histoire. Ainsi, la forêt de cèdres de Bécharé, au Liban, n'a subsisté que parce qu'on l'a enclose d'un mur pour lui épargner la dent des troupeaux. Car c'était un lieu de pélerinage. De même les divers « bois sacrés » qui subsistent en Afrique ont bénéficié d'un interdit religieux transmis de génération en génération. En Ethiopie centrale, aujourd'hui, les seuls lambeaux de boisement d'origine ne se maintiennent qu'à grand peine autour des « marabouts », sanctuaires chrétiens ou musulmans.

Mais il est des forêts reliques qui, indépendamment de l'histoire des hommes, se maintiennent grâce à un micro-climat humide, y compris en milieu aride. Il suffit d'un peu d'eau pour que, dans certaines conditions, un couvert forestier apparaisse dans un écosystème considéré globalement comme aride ou semi-aride. C'est un des aspects du lien constaté entre l'eau et la forêt.

Nous allons en découvrir trois exemples très différents, pris à Djibouti, en Afrique du sud et au Chili.

I – UN MASSIF MORIBOND SUR LES HAUTS DE DJIBOUTI : LA FORÊT DU DAY

Situation géographique

Le massif de la « forêt brumeuse » du Day se dresse à une quarantaine de kilomètres à l'ouest du littoral de la Mer Rouge, à la latitude Nord de 11°47 et à la longitude Est de 42°41. La forêt sèche s'étage sur un massif montagneux qui culmine à 1 783 m. Les essences principales du couvert forestier, qui passe du maquis méditerranéen à la futaie régulière, sont l'olivier sauvage (*Olea africana*), le genévrier géant (*Juniperus procera*) et une espèce spécifique appelée *Terminalia Brownii.* Ce

* Journaliste.

massif montagneux de 10 000 hectares possède un couvert forestier de 6 000 hectares, dont 4 000 hectares de futaie de genévriers.

On peut s'étonner de trouver de grands arbres au milieu d'une région désertique, mais c'est la présence de l'eau, sous forme d'une brume souvent tenace, qui permet à la végétation aérienne de se développer, voire de prospérer.

Historique

Cerné par des populations nomades ne vivant que de leurs troupeaux (Afars ou Issas), le massif du Day a, pendant des siècles, été considéré comme un lieu de « pâturage noble ». Mais peu de tribus y avaient accès, tant par tradition coutumière que par la difficulté de pénétrer des escarpements rocheux dangereux pour les bêtes.

Lorsque les premiers colons français ont débarqué à Djibouti, ou plutôt à Tadjoura, la ville ancienne, la forêt du Day toute proche était un lieu de pélerinage. L'administration française l'a d'abord érigée en « parc national » en 1939 puis y a construit en 1955 une « station climatique » pour le repos de ses militaires en garnison.

Depuis l'indépendance de Djibouti, le « pâturage noble » a repris ses droits et la forêt du Day ne cesse de se réduire, faute de régénération. Durant les troubles survenus entre 1991 et 1994, une trêve de fait s'est imposée et, en l'absence de pâturage, de jeunes pousses de genévriers avaient été observées.

Un avenir compromis

La forêt du Day, aujourd'hui, est moribonde. Certes, il reste encore une impressionnante futaie de genévriers, mais ces arbres vieillissent sur pied, sans espoir de génération si l'espace n'est pas mis en défens.

Le réchauffement global n'est pour rien dans ce dépérissement à long terme, car le micro-climat reste humide grâce aux fameuses nappes de brume qui enveloppent la montagne. Mais cette humidité favorise aussi la prolifération du redoutable « figuier étrangleur », cet arbre que l'on retrouve sur toute la ceinture tropicale et équatoriale de la Terre, depuis les temples d'Angkor, au Cambodge, jusqu'aux temples mayas, au Mexique.

Le figuier étrangleur se reproduit facilement grâce à de minuscules graines qui, transportées par les oiseaux, se développent d'abord à mi-hauteur sur le tronc des genévriers. Doué d'une étonnante vitalité, le figuier plonge alors ses racines serpentines dans le sol et dresse ensuite sa cime au-dessus du houppier de l'arbre porteur, qu'il finit par étouffer comme un boa constrictor sa proie. Dans le massif du

Day, les genévriers géants sont ainsi dévorés l'un après l'autre par ce grand prédateur.

Les graines du genévrier, elles, ont moins de chance. Même si elles réussissent à germer, elles sont très vites dévorées par la dent des troupeaux, venus nombreux pour paître l'herbe grasse qui pousse à l'ombre des grands arbres. Le « parc national », aujourd'hui, n'est plus qu'un affichage. La station climatique est devenue une coquille vide, utilisée par les bergers lors de leur transhumance. La forêt du Day, site exceptionnel où la brume abreuve les arbres, meurt lentement faute de soin.

II – UN MASSIF DE FORÊT TROPICALE HUMIDE SUR UN PLATEAU DÉNUDÉ D'AFRIQUE DU SUD : LA FORÊT D'INGELI

Situation géographique

La forêt d'Ingeli se trouve à l'ouest de la province du Kwazulu-Natal, la région d'Afrique du sud qui reçoit 60 % des précipitations du pays. Mais ces précipitations, pour l'essentiel, se concentrent sur la zone littorale de la côte Ouest, à l'autre extrémité de la région. La forêt d'Ingeli se trouve donc à la limite extrême de la zone climatique où la croissance naturelle des arbres peut donner un véritable couvert forestier (l'Afrique du sud ne compte que 2 % de son territoire doté d'un couvert forestier naturel).

C'est donc un tout petit massif forestier, implanté dans une dépression du sol au milieu d'un vaste plateau de landes sèches, qui évoque la grande prairie américaine, sans un arbre.

Historique

Ce lambeau de forêt tropicale humide, inexploitable pour la production de bois, a été partiellement déboisé au début du XXe siècle afin d'y planter des pins de Californie (*Pinus radiata*) et des séquoïas du Chili (*Fitzroya cupressoides*) appelés *alerce* en espagnol.

Ces plantations, en grande partie ravagées par des incendies, n'ont pas eu le temps d'être exploitées et ne le seront plus jamais, car on a compris l'intérêt de préserver un site exceptionnel. La forêt d'Ingeli est aujourd'hui une réserve naturelle, que l'on peut visiter à loisir à partir d'un *lodge* touristique construit à proximité.

Perspective d'avenir

A moins d'un réchauffement climatique brutal, la forêt d'Ingeli n'est plus menacée. L'exploitation du bois y a été abandonnée, et l'on pressent que les plantations artificielles qui l'entourent, livrées à leur sort, vont être peu à peu reconquises par la forêt primaire d'origine.

Celle-ci, malgré sa modeste surface (quelques dizaines d'hectares) s'est constitué un micro-climat très particulier qui permet à de grands arbres de s'épanouir, comme le Henkel's Yellow Wood (*Podocarpus kenkeli*). A parcourir cette forêt relique, complètement isolée au milieu de plateaux steppiques sans la moindre végétation arborée, on s'étonne de se retrouver dans une jungle dense, saturée d'humidité, faite d'arbres couverts de lianes et de plantes épiphytes. Le sous-bois, envahi de plantes buissonnantes et de champignons, est constellé d'énormes toiles d'araignées. Un vrai décor de tournage pour film hollywoodien.

III – UNE FORÊT HUMIDE EN PLEIN DÉSERT : FRAY JORGE, AU CHILI

Situation géographique

La forêt de Fray Jorge est une minuscule enclave verte (200 hectares) au milieu d'une zone sauvage désertique hérissée de cactus. Elle est située sur le littoral à mi-chemin entre Santiago, la capitale (climat méditerranéen), et le désert d'Atacama, au nord (climat ultra sec).

Perchée sur un promontoire marin à 600 m d'altitude, elle reçoit son eau des brumes du Pacifique, grâce au phénomène appelé *camanchaca*. L'eau qui s'évapore de l'océan (surtout l'été) s'accroche aux reliefs de la falaise côtière et dépose ses gouttes sur les feuillages des arbres, lorsqu'il y en a. De sorte que la forêt de Fray Jorge bénéficie d'une humidité de l'air qui équivaut à 1 mètre de précipitations par an. Alentour, où la brume de mer ne peut être captée par une végétation rase, les précipitations se limitent en moyenne à 150 mm par an, ce qui interdit à toute plante ligneuse de pousser. Lors de notre visite, en 1998, les précipitations s'étaient limitées à 70 mm.

Historique

En 1941, près de 10 000 hectares de cette zone littorale déserte ont été érigés en parc national, appelé Fray Jorge (Frère Georges). La maison du parc est une ancienne exploitation agricole (élevage surtout), qui tirait son eau du sous-sol par éolienne. Grâce à l'arrosage artificiel, eucalyptus et mimosas ont pu pousser autour des bâtiments de ferme. Mais les cactus ont tout recolonisé depuis l'abandon de l'exploitation.

Un avenir assuré

Cette forêt relique, qui souffre de son isolement, notamment pour la distribution des graines par les oiseaux, n'a connu aucune régénération visible depuis 50 ans. Mais elle survit vaillamment dans un milieu globalement hostile. On y dénombre une dizaine d'espèces ligneuses différentes, dont un arbre local réputé, l'*Olivillo*, que l'on retrouve dans toutes les forêts humides de la côte chilienne depuis Valdivia, au Sud.

La forêt de Fray Jorge ne risque pas de disparaître avec le réchauffement climatique, au contraire : plus l'océan Pacifique se réchauffera, plus l'évaporation sera forte et plus la *camanchaca* sera abondante. On peut même penser que les 200 hectares actuellement boisés (avec des arbres ne dépassant jamais 20 m) vont peut-être s'étendre le long de la corniche océane. Mais elle ne s'étendra jamais au-delà car, derrière la falaise offerte à l'air marin, le désert est roi.

Ces rapides incursions en milieu forestier « relique », ou « rélictuel » nous font toucher du doigt le lien crucial qui existe entre l'eau et la forêt. Dans tout milieu naturel dont les températures ne sont pas boréales ou glaciaires, les arbres ne demandent qu'à pousser s'ils disposent d'un minimum d'eau.

Cette eau peut provenir du ciel, du sol ou du sous-sol (l'arbre du Ténéré, en plein Sahara). Dans les régions désertiques ou semi-arides, il suffit d'un micro-climat humide (fond de vallée, montagne dans les nuages ou falaise marine) pour que la végétation se développe et donne naissance à une véritable forêt tropicale humide, même limitée à quelques arpents.

La forêt, quelle qu'elle soit, est intimement liée à la présence de l'eau. C'est bien sûr manifeste sous nos climats tempérés, mais c'est encore plus éclatant sous le soleil tropical ou équatorial. La forêt, où qu'elle pousse, est d'abord tributaire de l'eau disponible.

Les mangroves vietnamiennes : de la guerre américaine (1961-1975) à la réserve de biosphère

Thao TRAN, Jean-Paul AMAT***

Depuis 1975, le Viêt-Nam n'eut de cesse de dénoncer les crimes américains perpétrés au nord et principalement au sud du pays. Les actions sont restées sans réponse, assimilées à de l'invention voire à la propagande. Pourtant, des chercheurs vietnamiens, américains mais aussi français ont repris les accusations et les confirment. Ils apportent des informations nouvelles sur les bombardements des zones peuplées, des champs agricoles, des peuplements forestiers ravagés par les herbicides et de manière générale sur la flore, la faune et les hommes. Leurs études prouvent entre autres par photographies au sol et aériennes, archives et analyses de terrain, que la guerre chimique était systématique et délibérée, avec des épandages réguliers, programmés sur tout le sud du territoire. A force d'étaler les faits au grand jour et de les établir scientifiquement, la vérité finit par être admise.

Une rétrospective historique est nécessaire pour comprendre les origines, les enjeux et les issues de la Guerre du Viêt-Nam (1961-1975). Encore appelée guerre américaine, c'est le deuxième volet d'une entreprise de domination déjà soldée par l'échec français en 1954 en Indochine, dans le cadre de la décolonisation. Le retour du corps expéditionnaire, son désengagement ont laissé le champ libre aux États-Unis. Ils sont empressés de vaincre l'adversaire viêt-minh sur le terrain (Figure n° 1). Les troupes américaines ont monté de vastes opérations militaires terrestres et aériennes, mobilisant tout leur potentiel, tout leur arsenal de guerre. Faire plier l'ennemi semblait n'être qu'une question de temps, car l'armée contrôlait l'écrasante majorité du territoire. Peu à peu, la forme de la guerre allait changer.

* Docteur en géographie, Université Paris Sorbonne-Paris IV.

** Professeur, Université Paris Sorbonne-Paris IV.

Une politique nouvelle de « vietnamisation » voit le jour. Le conflit qui a pris une dimension internationale, virait à la guerre civile entre les Vietnamiens pro-américains et les Vietnamiens du sud appelés Viêt-Cong. Ces derniers revendiquaient leur appartenance politique, leurs liens avec la Chine et l'Union soviétique, l'expansion de la doctrine communiste étant le fondement même de leur combat. Avec la Guerre froide des années 1950, les États-Unis s'octroient le rôle du grand défenseur du monde libre, d'où leur participation très active et leur contrôle incessant sur cette partie de l'Asie du Sud-Est, plus précisément sur la péninsule indochinoise.

Face à la détermination ennemie, il était clair aux yeux des Américains que la guerre ne serait pas gagnée aisément. En effet, les Viêt-Cong soi-disant battus tenaient presque toutes les campagnes et pouvaient à tout moment attaquer les villes dans des conditions qui compliquaient leur défense. Les embuscades ruinaient les mythes de la supériorité américaine. Deux options s'offraient à l'État-major, soit se retirer en laissant les sud-vietnamiens conduire eux-mêmes les opérations, soit engager rapidement la guerre chimique. La situation paraissant sans issue, c'est cette solution qui fut retenue. Elle constitue une référence par ses effets, atrocités immédiates et destructions durables. Cette logique poussée à l'extrême indiquait que les Américains resteraient jusqu'à ce qu'il n'y ait plus de Vietnamiens communistes, autant dire plus de Viêt-Nam. La guerre chimique impliqua peu d'hommes. Elle exigea surtout des avions. Elle fut très meurtrière, mais sacrifia sinon pas de vies américaines ou du moins peu. Les forêts intérieures et littorales (Figure n° 2) ont constitué un champ d'expériences pour l'arme chimique.

Il est difficile de faire la guerre en faisant semblant de ne pas la faire, les États-Unis ayant toujours nié l'emploi des herbicides. Encore aujourd'hui, le sujet reste tabou, ce qui les libère de toute responsabilité. La guerre chimique, cette guerre qui ne voulait pas dire son nom, n'a pas mieux réussi que les autres formes de guerre classique. Il est donc pertinent de confronter plusieurs sources pour analyser l'épandage d'herbicides, comprendre les objectifs de la défoliation, mesurer ses conséquences dans l'espace et le temps. Quel est le poids de la documentation archivistique dans la reconstitution de la guerre chimique ? Quelle méthodologie adopter pour révéler ses données ? C'est pourquoi l'exposé comporte trois points essentiels : l'action des défoliants sur les équilibres naturels, l'analyse de la perturbation « guerre », la régénération des sites dégradés avant la mise en réserve de biosphère.

I – DE LA GUERRE CHIMIQUE À L'ACTION DES DÉFOLIANTS

La guerre résulte de la politique adoptée après la Seconde Guerre Mondiale. La diplomatie américaine reposait sur le postulat traditionnel de la puissance militaire, essentiellement sur des installations matérielles, leur capacité économique et leur aptitude de riposte. Cela définissait aussi le conflit mondial qui, jusqu'en 1945, opposa les principales nations industrielles. On déclarait que l'Union soviétique menaçait la sécurité, les intérêts américains. Pourtant, les États-Unis sous-estimaient le potentiel mobilisateur que détenait l'idéologie communiste, avec ses possibilités d'insurrections et de guérillas dans l'ensemble du Tiers-Monde. Les administrations Kennedy et Johnson, le commandement US étaient conscients que les Guerres d'Indochine et de Corée avaient échoué. Pourtant elles annonçaient le scénario de la Guerre du Viet-Nam : adapter la technique américaine à celle d'un peuple agraire. En fait, le déséquilibre des forces en présence excluait tout combat « légal ». Les Viêt-Cong adoptèrent une guerre d'usure dans la clandestinité de la jungle. Quant aux Américains, la mise en place d'une lutte anti-insurrectionnelle passa par l'utilisation intensive de bombes, de roquettes bien adaptées à des cibles mobiles. On arrosait de vastes régions d'une grande quantité d'explosifs, afin de pouvoir y déployer la puissance des armes conventionnelles.

La spécificité essentielle des deux méthodes, c'était leur caractère non sélectif. Elles frappaient la végétation, le bâti, la population. Tout le pays servait de cible, puisque la totalité de son peuple était un adversaire. Le recours aux substances CS, une sorte de gaz lacrymogène, aux herbicides renforça cette tactique de « pilonnage ». Rien ne fut accidentel. Tout était intentionnel (Figure n° 3). Les agents chimiques constituent des armes de destruction massive. Leur utilisation militaire au sud du Viêt-Nam remplissait deux fonctions : premièrement, supprimer le couvert foliaire afin de permettre la surveillance aérienne ; deuxièmement, affamer les combattants, les populations des régions contrôlées par les Viêt-Cong, en détruisant les cultures vivrières. Il était difficile de croire accidentelles les pertes de récoltes par suite des pulvérisations sur la jungle ou les régions non cultivées.

On appela « Ranch Hand » l'opération de défoliation (1961-1971). On confia la responsabilité du stockage, du transport et du chargement des herbicides à l'US Air Force. Les fûts d'herbicides ont été répartis sur quelques localités, notamment Danang et Bien Hoa. Chacun fut marqué par une bande de peinture dont la couleur identifiait chaque herbicide militaire. Ainsi, l'Agent Blanc servit à la défoliation progressive ; l'Agent Bleu, à la défoliation immédiate de manière à anéantir les herbacées des rizières. Mais l'Agent Orange fut substitué à l'ensemble des herbicides. A partir de 1965, il autorisait la défoliation générale des forêts, des taillis, de la brousse et des plantes cultivées à feuilles larges. L'action néfaste des produits chimiques qui souillaient le sol apparut de diverses façons : action directe sur les graines, les germes, les plantules ; action indirecte sur les micro-organismes. Les épandages à forte concentration des années 1967-1968, réitérés jusqu'à dix fois de suite, associaient plusieurs agents. Ils entraînèrent une destruction partielle ou totale du couvert, une intoxication des animaux et des hommes. Ce sont surtout dans les zones militaires 1 (région de Huê) et 3 (région de Saïgon) les plus peuplées, que des régions entières ont été dévastées. C'étaient des zones stratégiques pour les Viêt-Minh en général et pour les Viêt-Cong plus au sud du pays. Cela interdit toute vie des années après la guerre.

Au-delà de l'anéantissement des forêts, des forêts de mangrove et des cultures, l'Air Force avait pour ordre d'assister les forces sur le terrain dans le quadrillage des frontières et la répression des insurrections grâce à des renseignements efficaces, surveillance aérienne, contrôle des routes et des chemins ; d'assister le gouvernement du Viêt-Nam dans l'établissement d'un centre de combat, dans le développement de techniques pour lutter contre les Viêt-Cong (Photo n° 1, Photo n° 2, Photo n° 3).

Pendant longtemps, on a estimé les défoliants toxiques déversés sur dix ans à 70 000-80 000 millions de litres ; on le révise aujourd'hui à la hausse, soit 10 % de plus. La guerre terminée laissa des terres polluées, des millions d'engins explosifs, bombes et autres mines qui continuent à mutiler. Les États-Unis n'ont toujours pas reconnu ce crime écologique et humanitaire. Il n'est pas question d'indemnisation car en 1994, après la levée de l'embargo américain, le Viêt-Nam promit de ne réclamer aucune réparation et compensation. En d'autres termes, l'opération « Ranch Hand » n'a jamais existé. L'ouverture restreinte des archives militaires de l'Armée rend possible la reconstitution historique de la défoliation et permet d'apporter quelques réponses.

II – LES PERTURBATIONS ÉCOLOGIQUES NÉES DE LA GUERRE

Un Modèle Conceptuel de Données consacré aux conséquences de la guerre associe approche systémique et modélisation, ce qui rassemble et structure les connaissances. Il est conçu de manière globale, privilégiant les facteurs géographiques, historiques, démographiques et anthropiques. La guerre est considérée comme la perturbation centrale. C'est à partir de là que sont analysées les interactions entre le système militaire et les autres phénomènes.

On prolonge cette approche par la modélisation des espaces ravagés par les herbicides. Les analyses ont été réalisées à partir du logiciel ArcGis-ArcInfo 9.1, ArcInfo Workstation 9.1. Les sources comprennent les statistiques du rapport MacLeod (1965-1971) fournies par le Département de la Défense, la carte des régions militaires et des divisions administratives de 1967, la carte de la végétation en 1969, une carte des sols en 1961, enfin la carte des densités en 1970. Pour comparer les données, il faut qu'elles soient contemporaines de la défoliation. Ainsi, il est possible d'affecter à chaque province le nombre de missions, la quantité des Agents Blanc, Bleu et Orange, d'indiquer pour chaque type d'Agent sa distribution. La surface et la quantité étant connues, on les exprime par le rapport/litres/km² afin de visualiser les régions plus ou moins atteintes (Figure n° 4).

Pour les Agents Orange et Blanc, la défoliation concerne la zone militaire 3 autour de Saïgon et des principales bases américaines. Pour l'Agent Bleu, l'action a été localisée dans le nord-ouest de cette même zone mais aussi dans la zone militaire 1, le long du littoral. Ces résultats doivent être complétés par une analyse plus fine, prenant en compte les trois Agents, pour lesquels il faut évaluer les concentrations et l'Agent dominant. Dans les zones de mangrove du delta du Mékong, on a surtout répandu l'Agent Orange et cela à de très fortes doses à Cân Giò près de Saïgon, rebaptisée Hô Chi Minh-Ville.

III – DE LA RÉGÉNÉRATION DES SITES À LA MISE EN RÉSERVE DE BIOSPHÈRE

Dans la « Rung Sat Special Zone » de Cân Giò, 51 % étaient en mangrove, 23 % en eau, 8 % en cultures, 6 % en friches, 5 % en broussailles et 7 % pour les habitations. Entre 1965 et 1970, 57 % ont été aspergés d'herbicides. Pour la mangrove de Cân Giò, les fichiers « Herbs » renseignent sur les périodes 1966-1970, avec la date de la mission - jour, mois, année -, le nombre de gallons à convertir en litres et le type d'agent, Agents Orange, Blanc, Bleu.

Chaque transect de défoliation, donné par le Département de la Défense, a été numérisé et représenté selon le système de coordonnées géographiques. Il est ainsi possible de distinguer les Agents. Toutefois, l'orientation du tracé n'est pas communiquée. On ne dispose également d'aucune information sur les conditions météorologiques de l'époque, ce qui aurait permis d'affiner l'analyse. L'image satellite MSS Landsat de 1973, deux ans après la fin de la défoliation, a servi de repère pour caler les transects. Dans le paysage, les cicatrices laissées par les herbicides restent visibles. Dans les années 1966-1967, c'est l'Agent Orange qu'on déversa sur la mangrove, surtout au centre et à l'ouest, le transect le plus défolié correspondant à celui de 33 453 litres. On répandit les Agents Bleu et Blanc de manière plus disparate.

La largeur du tracé des transects reflète la quantité absolue. Sa représentation donne idée de la plus ou moins grande ampleur du transect. La plupart sont nord-sud ou sud-nord, ouest-est ou obliques, est-ouest. On entendait asperger des étendues aussi vastes que possible en les recouvrant, quitte à repasser plusieurs fois. Dans les années 1968-1970, l'Agent Orange demeure prédominant avec des transects atteignant 45 360 litres ; l'Agent Blanc fut employé massivement avec un maximum de 34 020 litres dans le transect nord-est, au centre à l'ouest de la mangrove. Les superficies intactes en 1966-1967 furent ensuite touchées. Les deux campagnes de défoliation se complétaient afin de rayer de la carte le site de Cần Giò où se réfugiaient les Viêt-Cong.

Entre 1958 et 1972, le couvert forestier fut plus atteint (33,50 % d'arbres meurtris) que l'eau des rivières (13,10 %). En scrutant les transects de défoliation et les surfaces abîmées après 1973, on voit que certaines parcelles dévastées n'avaient pas de transects qui les traversaient. Deux hypothèses sont émises : soit tous les transects concernés n'ont pas été signalés ; soit le vent a transporté les herbicides loin des zones cibles, contaminant ainsi les zones voisines. La survivance des espèces dépend de leurs caractéristiques propres. Elle est liée aussi à l'âge de la mangrove (jeunes plants, jeune mangrove, mangrove mâture, mangrove sénescente), à la « saisonnalité végétale » (floraison, fructification). Y aurait-il corrélation entre le calendrier des pulvérisations et celui de la phénologie ? Les *Rhizophora*, *Bruguiera*, *Ceriops* ont une période de fructification et de développement des propagules, comprise entre mars et août ; les *Avicennia* d'avril à décembre. Si les destructions voulaient être efficaces, l'épandage devait avoir lieu en phase d'activité végétale. La comparaison des différents calendriers pourrait être pertinente et révéler la concordance ou non des deux éléments.

En présentant les transects par année (1966, 1967, 1968, 1969, 1970) et par mois, l'observation est facilitée. Pour 1966, les mois d'hiver (novembre, décembre, janvier) font l'objet de campagnes de défoliation. Dès 1967, les sorties aériennes concernèrent surtout ces trois mois mais aussi le reste de l'année, excepté février, avril et mai. Pour 1966 et 1967, l'Agent Orange fut privilégié. En 1968, l'intensification atteignit le maximum, avec l'utilisation combinée de l'Agent Blanc et dans une très faible proportion de l'Agent Bleu. Ce fut l'année des plus fortes pulvérisations mensuelles, malgré une diminution en octobre et décembre. Enfin, 1969 et 1970 ne reçurent quasiment aucun herbicide, car tout le territoire était déjà couvert et la végétation dépérissait déjà.

Au cours des moindres épandages de 1966-1967, les pulvérisations se concentrèrent en novembre, décembre, janvier et février. Cela ne correspondait pas au rythme phénologique des palétuviers. Autrement dit, les campagnes de défoliation ne reposaient pas sur la « saisonnalité végétale » mais sur la « saisonnalité climatique ».

Les épandages ont lieu à la fin de la saison humide, car les fortes précipitations de mai à septembre réduisaient l'efficacité des produits. En temps de fort régime dans les années 1968, les pulvérisations caractérisaient toute l'année, même la saison humide, l'objectif étant d'intensifier les missions et les quantités déversées. Une partie des herbicides fut perdue par lessivage des sols et du couvert par les pluies de mousson, encore que les proportions de produits ont compensé le phénomène.

Dans les années 1973, le district de Cần Giò comportait de grandes superficies en mangrove au couvert moins dense, surtout dans les régions du Xà Tam Thôn Hiêp, du Xà An Thoi Dông et du Xà Long Hoa. Des lambeaux ont survécu en périphérie du Xà Binh Khanh, du Xà An Thoi Dông et du Xà Cần Thanh. C'étaient des régions où la mangrove était pauvre et les terres défrichées. Dans les années 1980, grâce aux reboisements, la végétation a reconquis le centre de cette zone. Dans, les régions du Xà Cần Thanh, du Xà Ly Nhon et du Xà An Thoi Dông, la régénération demeure limitée. De plus, les superficies consacrées à l'agriculture ont empiété sur les zones en mangrove toujours dégradées. Dans les années 2000, la mangrove à couvert dense a repris le dessus, surtout au centre, les marges offrant une végétation discontinue. Les trois situations expliquent le recours à la régénération artificielle. Il conviendrait d'induire une dynamique en comparant les vitesses de cicatrisation des paysages.

La réhabilitation des sites dégradés a été récompensée en 2000. On a sélectionné la mangrove de Cần Giò pour intégrer les réserves de biosphère de l'UNESCO. Entre 1998 et 2002, l'écotourisme a progressé, ce qui a amélioré les conditions socio-économiques du district. Par rapport à maintes localités, les forêts de mangrove replantées à Cần Giò sont grandes et bien protégées. Toutefois, il reste des problèmes et des contraintes. Hormis les ménages qui bénéficient de terres et de forêts, la vie des paysans et des pêcheurs locaux reste difficile et la population ne se rend pas encore compte du rôle et de la valeur des mangroves.

Trente ans après, la Guerre du Viêt-Nam hante encore les mémoires. L'épisode des herbicides a marqué par ses conséquences écologiques et sanitaires. Cependant, on constate que cette thématique, largement débattue dans les années 1970 et 1980, est délaissée. Des chercheurs américains ont eu accès aux archives, ils ont reconstitué mission par mission l'histoire de la défoliation. Cela a demandé des années et une équipe de travail pour numériser les transects de défoliation avant traitement. Le travail présenté ici éclaire certains points. Sa difficulté tient à l'accès aux archives. Aussi abondantes soient-elles, il faut beaucoup de temps pour les explorer. Les résultats escomptés indiquent que l'entreprise apportera beaucoup sur bien d'autres facettes du problème.

BIBLIOGRAPHIE

– BOUILLÉ F., « Hypergraphes et structures de données cartographiques : le système HBDS », in *Conférence internationale ICA*, Maryland, USA, 1978, p. 19-33.

– COMITÉ NATIONAL D'INVESTIGATION DES CONSÉQUENCES DE LA GUERRE CHIMIQUE AMÉRICAINE AU VIÊT-NAM, « Les herbicides et défoliants employés dans la guerre : les effets à long terme sur l'homme et la nature », in *Symposium international*, Hô Chi Minh-Ville, 13-20 janvier 1983, République Socialiste du Viêt-Nam, Hanoi, vol. 2, 1983, 256 p.

– FRATERNITÉ VIETNAM, *Guerre biochimique et bouleversements écologiques au Viêt-Nam*, Paris, Assemblée internationale pour le pansement des blessures de guerre et pour la reconstruction du Viêt-Nam, 1975, 21 p.

– LONGLEY P.A., GOODCHILD M.F., MAGUIRE D.J., RHIND D.W., *Geographic Information Systems and Science*, John Wiley and sons, 2001, 454 p.

– PIROT F., SAINT-GÉRAND T., GAUTHIER E., BANZA-NSUNGU A., « L'analyse spatiale versus algèbre de carte sous ArcGis. Des exemples en sciences de l'homme et de la société », in *Actes de la Conférence Francophone ESRI*, Issy-les-Moulineaux, 5-6 octobre 2005, 2005, 13 p.

– TRAN T., *Forêt et guerre : les héritages des campagnes de défoliation (1961-1971) dans les mangroves du Sud Viêt-Nam*, Paris, 2003, 108 p.

– TRAN T., « 30 ans de guerre, 30 ans d'après guerre dans les mangroves du Sud Viêt-Nam : comment les paysages se reconstruisent-ils après défoliation ? Une approche par Système d'Information Géographique des espaces à risques environnementaux et sanitaires », in *Actes de la Conférence Francophone ESRI*, Issy-les-Moulineaux, 6-7 octobre 2004, 2004, 12 p.

– TRAN T., *Les perturbations anthropiques contemporaines dans les mangroves du Sud Viêt-Nam. Entre nature, civilisations et histoire. Approches par modélisation et analyse spatiales*, Paris, 2006, 605 p.

– WESTING A.H., *Ecological consequences Indochina War*, SIPRI, London-Philadelphia, Taylor, Francis, 1976, 119 p.

– WESTING A.H., *Herbicides in war. The long term ecological and human consequences*, SIPRI, London-Philadelphia, Taylor, Francis, 1984, 210 p.

Figure n° 1 : Géopolitique et guerre : 1945-1975

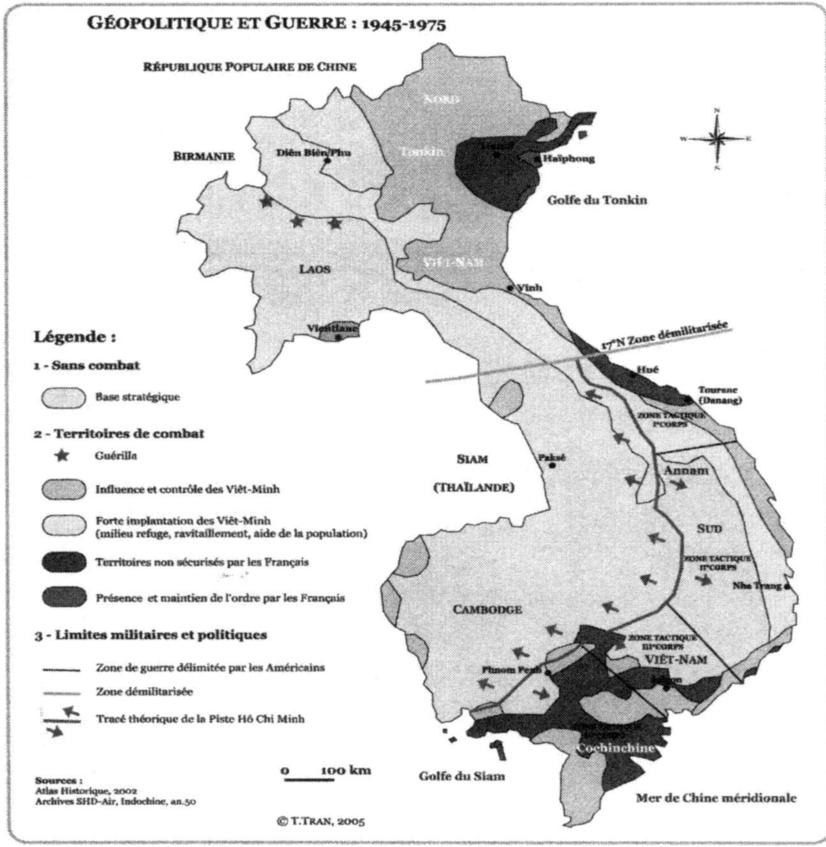

La Guerre d'Indochine	
1941	- France vaincue et occupée (Seconde Guerre Mondiale). Difficultés à se maintenir en Indochine face au Japon. - Concessions économiques et militaires. Une partie des bases navales et aériennes sous le contrôle japonais.
1945	- Contrôle militaire de l'Indochine par le Japon et désarmement des troupes françaises (9 Mars). - Capitulation japonaise et retrait quelques mois après. - Occupation de Hanoï par le Front pour l'indépendance du Viêt-Nam (Viêt-Minh). - Proclamation de l'indépendance du Viêt-Nam par Hô Chi Minh (2 Septembre). - Soutien des Alliés à la France. Volonté de retrouver ses droits souverains sur l'Indochine. Le Sud est réinvesti et tentatives de négociations avec le régime de Hanoi (fin 1945).
1946	- Échec des négociations à la Conférence de Fontainebleau. - Réoccupation militaire du Tonkin par la France.
1949	- Victoire de Mao Zedong et avènement de la République de Chine populaire. Influence forte du communisme. - Offensive des Viêt-Minh, soutenuss militairement par la Chine.
1954	- Capitulation des forces françaises face à l'armée de Giap, après une longue résistance. - Défaite à Diên Bien Phu (7 Mai). - Signature des Accords de Genève (Juillet). Fin de la domination française. Partition du pays de part et d'autre du 17ème parallèle.
La Guerre du Viêt-Nam	
1954	- Séparation durable entre la RDVN (République Démocratique du Viêt-Nam) au Nord, dirigée par Hô Chi Minh et la République du Viêt-Nam, dirigée par Bao Dai puis Ngô Dinh Diêm (1955).
1955	- Cesse-le-feu rompu. Reprise des opérations militaires entre l'armée régulière du Sud et les opposants communistes.
1960	- Communistes regroupés au sein du Front national de Libération ou Viêt-Cong, avec le soutien du Nord. - Appel à l'aide militaire des États-Unis par Ngô Dinh Diêm. - Envoi de la part des Américains de conseillers spéciaux, puis des troupes, de plus en plus nombreuses. - Dégradation de la situation militaire. - Rupture sino-soviétique. Affaiblissement du Viêt-Nam Nord.
1961	- Guerre chimique et emploi d'herbicides (1961-1971)
1968	- Corps expéditionnaire américain au total 600.000 hommes. Bases arrière en Thaïlande et aux Philippines. - Offensive Viêt-Cong du Têt (Janvier).
1970	- Régionalisation du conflit vietnamien par les Américains et les Sud Vietnamiens (Laos et Cambosge). - Un des théâtres majeurs de la Guerre Froide. -Puissance de feu et intenses bombardements américains. - Réprobation de la guerre d'une partie importante de l'opinion publique américaine et internationale.
1973	- Négociations secrètes entre les États-Unis et le gouvernement de Hanoï. - Accords de Paris (Janvier). Engagement américain à évacuer militairement le Viêt-Nam. Fin de l'intervention directe des États-Unis. - Reconnaissance de deux autorités : le Gouvernement de Saïgon et le Viêt-Cong, sous le nom de Gouvernement Révolutionnaire Provisoire, chacun contrôlant ses propres zones. - Reprise de la guerre entre les deux parties.
1975	- Aide des forces du Nord au Gouvernement Révolutionnaire Provisoire, pour une offensive finale. - Prise de Saïgon (30 Avril), rebaptisée Hô Chi Minh-Ville
1976	- Réunification du pays sous le nom de République Socialiste du Viêt-Nam (Juillet).

Figure n° 2 : Viêt-Nam : principales régions de mangrove

Figure n° 3 : Viêt-Nam du Sud : défiolation et zones de guerre 1965-1971

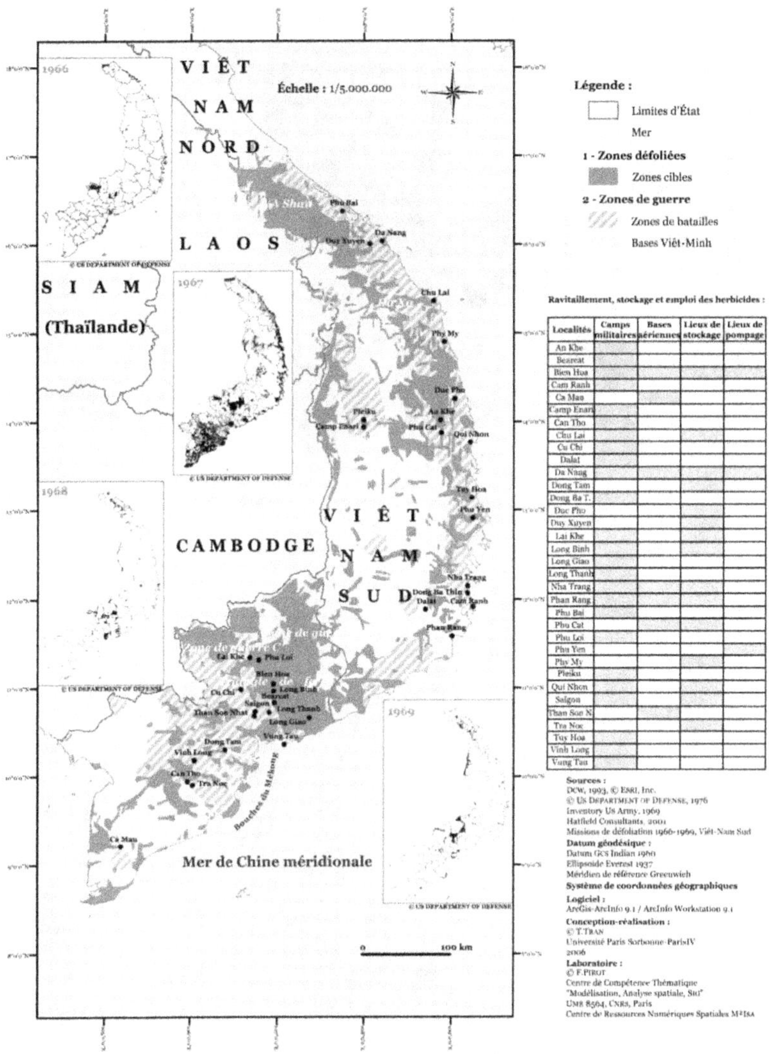

Photo n° 1 : Destructions de la mangrove de Nàm Càn par les herbicides
Photo n° 2 : Paysage de désolation après épandage dans la région de Nàm Càn
Photo n° 3 : Troncs de palétuviers le long d'une voie d'eau, des témoins de l'ancienne mangrove
Source : province de là Mau, 1969-1970 (Võ A.K.)

Figure n° 4 : Viêt-Nam du Sud : Distribution des Agents Orange, Bleu et Blanc, 1965-1971

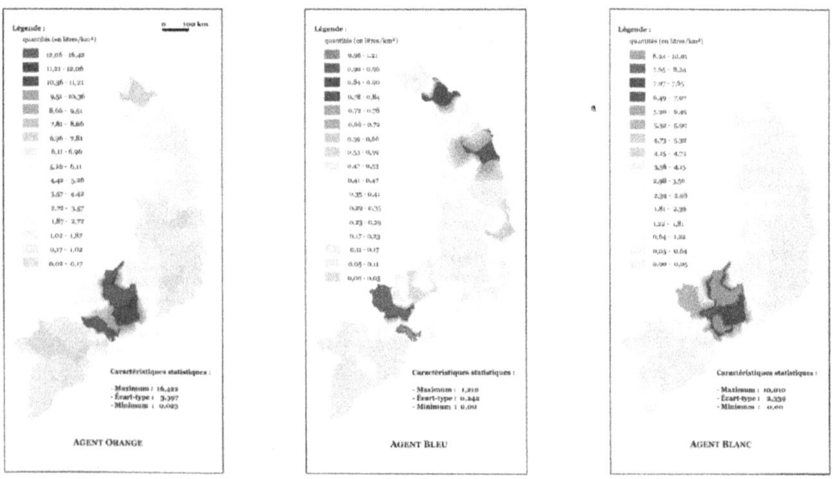

Le NYC Watershed, système d'approvisionnement en eau potable de New York : programmes incitatifs pour la protection de l'eau

Victor BRUNETTE*

Le système d'approvisionnement en eau potable de la ville de New York se distingue en matière de superficies de stockage, d'ingénierie et de technologies au service des grandes villes mondiales. En effet, c'est le plus grand bassin au monde en ce qui est l'approvisionnement et la gestion des eaux de surface. L'ensemble des bassins versants de la ville de New York qu'on appelle le New York City watershed peut fournir de l'eau potable de bonne qualité à plus de neuf millions de consommateurs urbains, soit la moitié de la population de l'État de New York.

Le NYC watershed couvre quelque 5 000 kilomètres carrés, soit huit comtés (Delaware, Dutchess, Greene, Putnam, Schoharie, Sullivan, Ulster et Westchester). Le réseau comprend deux systèmes de réservoirs. Le système d'approvisionnement Catskill/Delaware, 4 000 kilomètres carrés, comporte six réservoirs. Leurs bassins versants sont à l'ouest de l'Hudson. Le système Croton, 1 000 kilomètres carrés, comporte dix réservoirs et trois lacs sous contrôle, à l'est de l'Hudson. Les forêts productives, les fermes agricoles représentent un bon exemple d'utilisation. Il convient de le favoriser, afin de protéger le sol et l'eau des bassins versants. Le couvert forestier représente plus de 75 % de la superficie des trois grands bassins versants. 70 % est de droit privé, appartenant à des agriculteurs et à des exploitants non industriels (Non Industrial Private Forests ou NIPF). Les autorités reconnaissent qu'il faut les encourager à pratiquer les bonnes pratiques de gestion et de récolte, c'est-à-dire celles qui sont conciliables avec la

* Directeur général de l'Agence de mise en valeur des forêts privées outaouaises, Gatineau (Québec).

protection de l'eau. Bien que les objectifs des propriétaires des bassins versants privilégient le couvert forestier et la gestion des ressources boisées, certaines autorités et des citoyens perçoivent l'aménagement et la récolte ligneuse comme une menace pour la qualité de l'eau. Les propriétaires privés, qui souhaitent continuer leur métier et les activités inhérentes à l'agriculture et à la foresterie durable, doivent intégrer ces préoccupations pour gérer ce bien public qu'est l'eau des bassins versants. L'expansion urbaine, l'essor résidentiel, commercial et industriel amplifient les menaces de pollution diffuse des eaux de surface qui alimentent les réservoirs de la ville.

Depuis les années 1870, plus tard au début du XXe siècle, à cette fin New York a exproprié des villages et des fermes dans les bassins versants des rivières Hudson, Delaware, Schoharie, Mohawk et Esobus. Cela a nécessité des investissements onéreux. On a déplacé des centaines de familles, coupé des voies ferrées et des routes, fermé et condamné des usines et des factoreries qui animaient l'économie locale. On a inondé, dans bien des cas, les meilleures terres agricoles situées près des rivières. Cela a laissé des séquelles. Les premiers barrages et réservoirs ont été construits dans les années 1950 tandis que le plus récent réservoir, le Cannonsville, situé en amont de la rivière Delaware, à la limite de l'État de New York et de la Pennsylvanie, date de 1967.

Aujourd'hui, le Département de la Protection de l'Environnement (Department of Environmental Protection ou NYCDEP) de New York affecte à ses réservoirs (15 000 hectares) les francs alleux et les terrains privés (30 000 hectares) achetés ou expropriés au cours du siècle dernier. De plus, la ville détient des droits de servitude sur plus de 2 000 hectares. L'ensemble du réseau d'approvisionnement peut fournir cinq milliards de litres d'eau journalière et de bonne qualité afin de satisfaire à la demande des neuf millions de Newyorkais. Les mêmes bassins versants fournissent aussi de l'eau potable aux millions de citoyens qui habitent la vallée de l'Hudson, les villes et les campagnes des Monts Catskills, les villages de la frontière de la Pennsylvanie ainsi que les zones périurbaines qui enserrent la ville.

Dans les années 1990, les lois fédérales en matière d'environnement, lois qu'applique l'Agence fédérale de la Protection de l'Environnement (Environmental Protection Agency ou EPA), se multiplient et obligent toutes les villes, les villages et leurs municipalités à filtrer l'eau de surface avant consommation. Si cela avait dû concerner New York, la ville aurait dû construire une usine de filtration qui aurait coûté dix milliards de dollars américains (valeur 2000). Pour être opérationnel, ce système exigerait plus d'un million de dollars par jour. En 1997, afin d'échapper à la loi fédérale, New York a négocié une entente avec l'EPA. Au départ, la Filtration Avoidance Determination (FAD) portait sur cinq ans et, selon les conditions d'investissement préventif dans le watershed, permettait d'éviter le filtrage de l'eau potable. La convention fut renouvelée en 2002 et en 2005.

Pour satisfaire aux dispositions qui l'obligent à prouver aux autorités fédérales l'instauration de moyens pour contrôler la qualité de l'eau potable non filtrée, New York a développé une stratégie de prévoyance face à l'étalement urbain, à la composante résidentielle grandissante des Catskills. La ville se soucie des menaces que représente la pollution des bassins d'approvisionnement. Ces menaces résultent des activités économiques telle l'agriculture, l'exploitation forestière.

Le Département de la Protection de l'Environnement de la Ville de New York (New York City Department of Environmental Protection ou NYCDEP) doit faire respecter un sévère contrôle de la pollution diffuse des eaux de surface. Pour que ce plan soit accepté, il faut maintenir l'équilibre entre réglementation et incitation. Sinon, les villes et les villages des Catskills redouteraient l'affaiblissement du tourisme et leurs agriculteurs, leurs forestiers perdraient de l'argent. Les résidents du watershed souhaitent vivre dans un climat économique et social harmonieux.

La ville de New York subventionne également les programmes municipaux qui encouragent les bonnes pratiques environnementales. Elles visent la conservation et la purification des eaux de ruissellement dans les Catskills. On contrôle les sels et les abrasifs employés par les services de la voirie. On remplace les fosses septiques des résidences privées. On établit des systèmes d'épuration collectifs. On oblige les investisseurs à concevoir des infrastructures capables de traiter les effluents des activités touristiques et récréatives.

En tant qu'organisme finançant les programmes agricoles et forestiers, le NYCDEP œuvre avec le Watershed Agricultural Council (WAC), organisme non lucratif. Il fut créé en 1993 pour encourager la participation des agriculteurs et des propriétaires dans les bassins versants qui approvisionnent la ville en eau potable. Les membres du WAC ont insisté pour décider et gérer le programme de protection. Le partenariat permet aux agriculteurs et aux propriétaires de veiller sur leur cadre de vie et d'assurer leur avenir professionnel tout en préservant la qualité de l'eau. Le WAC négocie avec les représentants de New York. On détermine ainsi les moyens réglementaires qui empêchent la pollution diffuse des cours d'eau et les moyens incitatifs qui concilient viabilité économique et protection environnementale. Tous les jours, les gestionnaires et les employés du WAC travaillent auprès des clientèles rurales. Ils sont responsables de la planification, de la gestion et de la livraison des trois programmes : essor agricole, essor forestier et définition de servitude. Le programme agricole, le Watershed Agriculture Program (WAP) propose aux agriculteurs des avantages financiers ainsi qu'un support professionnel pour dresser des Plans complets de Gestion des Fermes (Whole Farm Planning) et, pour l'application de bonnes pratiques environnementales en agriculture, les Agricultural Beneficial Management Practices (ABMP), qui protègent les sols cultivés, les eaux de surface et la nappe phréatique.

La participation des propriétaires dépend des besoins, des profils, des métiers et de la motivation. Pour les programmes agricoles datant d'une dizaine d'années, le WAC recueille 95 % d'adhésion. Cela indique le pourcentage de propriétaires qui ont un plan de gestion (Whole Farm Plan). La participation concerne quelque 400 fermes commerciales (celles dont le revenu annuel brut dépasse les 10 000 $) dans le cadre des Watershed. Les surfaces intégrées couvrent 35 000 hectares. Cependant, sur les 400 plans, plusieurs restent à planifier et à valider. Plus de 300 plans de gestion « ferme par ferme » (Whole Farm Plans) sont déjà complétés. À l'intérieur du Watershed, quelque 500 autres fermes plus petites (hobby farms), aux revenus plus modestes, sont qualifiées pour le Small Farm Program du WAC. Les subventions sont distribuées en fonction du risque des pratiques courantes et de leur répercussion sur la qualité de l'eau des réservoirs.

Le programme agricole est géré en partenariat avec un organisme fédéral, le National Resource Conservation Service (NRCS). On embauche à cette fin des experts dans la conservation des sols et de l'eau, des ingénieurs civils, des agronomes, des architectes, et des techniciens expérimentés en agriculture et en gestion hydrique. Tous collaborent à la conception des plans d'ensemble pour les bassins versants et des plans de gestion ferme par ferme. On veille à respecter les objectifs de production des cultivateurs, des forestiers volontaires. Les avantages allégués visent notamment la construction des fosses à purin, le stockage des engrais, les calendriers de fertilisation et d'épandage, la stabilisation des cours d'étables et des parcs d'animaux, la rotation des récoltes, l'aménagement des ripisylves, l'installation de clôtures près des cours d'eau et le reboisement et la stabilisation des berges. Le financement des opérations provient en grande partie des budgets alloués par New York. Leurs bénéficiaires ont signé une entente de partenariat. Le Farm Bill fournit également de l'argent fédéral pour des programmes à coûts partagés. Les subventions de la ville sont équivalentes aux subventions fédérales. Les cultivateurs adhérant aux programmes ne pratiquent pas une agriculture subventionnée, mais bénéficient d'aides environnementales qui influent sur la qualité de l'eau. Ceux qui les encaissent construisent des infrastructures comme les fosses à fumier, les pompes, les cours et les clôtures bétonnées. En échange, ils s'engagent à les entretenir et à les conserver pendant cinq ans. Ceux qui doivent acquérir des équipements spécialisés, ce qui représente un effort supplémentaire pour satisfaire aux exigences des plans de fertilisation, peuvent également obtenir des crédits d'impôts.

Le programme forestier, le Watershed Forestry Program (WFP), intéresse plusieurs clientèles du watershed, notamment les propriétaires, les entrepreneurs forestiers et les bûcherons, les associations, les scolaires, le grand public enfin. Le programme essaie de sensibiliser les citoyens à la défense des forêts du watershed. Cela touche les aspects sanitaires et territoriaux. Que ce soit les autorités politiques, les décideurs et les leaders locaux, les propriétaires et les travailleurs forestiers, les résidents en amont du watershed (les Uplanders des Catskills), les New Yorkais en aval (les Flatlanders), tous sont sensibilisés à la cause des forêts et au rôle qu'elles jouent dans le processus de filtration des eaux pour le contrôle de l'érosion et pour la conservation des sols.

Le programme présente plusieurs volets, avec notamment des services forestiers qui trouvent aux détenteurs de bois les moyens appropriés pour la confection de plans d'aménagement forestier et la détermination des pratiques liées à la voirie forestière, aux ponts et ponceaux, au maintien des zones tampons et des zones ripares. Des propriétaires souhaitent s'adresser aux services qui établissent les plans d'aménagement forestier afin d'obtenir le remboursement des taxes foncières par l'État de New York (programme 480-a). Ces propriétaires, s'ils gèrent plus de 20 hectares, peuvent recevoir jusqu'à 75 % de leurs taxes foncières. Le plan de gestion ouvre comme ailleurs les autres volets incitatifs. La participation dépend des propriétaires, de leur volonté d'autonomie, du refus de certains de souffrir l'ingérence gouvernementale. Aujourd'hui, le WFP détient 550 plans d'aménagement forestiers complets. Une centaine de plans est en cours d'élaboration. Cela englobe plus de 40 000 hectares, soit 10 % du territoire forestier des Catskills.

Le volet qui incite aux bonnes pratiques forestières, les Forest Beneficial Management Practices (FBMP) distribue aux propriétaires, aux entrepreneurs forestiers, aux bûcherons des octrois jusqu'à 5 000 dollars par individu ou par organisme pour construire une voirie forestière selon les normes du WFP. Le volet Transport forestier du

WFP offre aux exploitants d'emprunter pour une période allant jusqu'à six mois des ponts portables adaptés aux opérations de halage et de débusquage en forêt. Ceux qui demandent des infrastructures en dur ont accès au programme d'acquisitions à frais partagés.

Un autre volet, le Watershed Forestry Economic Action Program, fait appel au financement fédéral. Le United States Forest Service (USFS), par le billet de subventions à frais partagés, stimule l'économie régionale, la soutient au moyen de stratégies qui favorisent l'industrie forestière, la formation de la main d'oeuvre et l'amélioration des infrastructures de transformation. Cela augmente la valeur ajoutée des produits primaires tirés des forêts locales et l'utilisation d'une matière première pour laquelle les marchés sont rares. Actuellement, plus de 70 des projets que propose l'industrie locale de la transformation des produits forestiers ont reçu l'aval du WAC pour un investissement partagé qui représente plus de six millions de dollars.

Le volet Recherche forestière et la mise en place des quatre Forêts Modèles dans le Watershed visent à promouvoir des décisions éclairées en matière de pratiques forestières. Cela renvoie au développement durable des ressources forestières, à la protection, à la conservation des sols et des ressources hydriques du Watershed. Le docteur René Germain (rhgermain@mailbox.syr.edu) de l'Université de l'État de New York (SUNY) à Syracuse dirige le programme de recherche forestière du WFP. Plusieurs projets de recherche sont présentement en cours sur le territoire et visent la croissance forestière, les modes de tenure, le morcellement des propriétés, la fiscalité forestière, les systèmes sylvicoles convenant aux feuillus et l'influence qu'ont les opérations forestières, les méthodes de récolte et la construction des voiries sur la qualité de l'eau du watershed. Le transfert technologique et l'éducation continue sont au coeur des préoccupations du WFP. Les Forêts Modèles du watershed servent d'abord à la recherche, mais elles sont également des sites de démonstration et d'enseignement pour les propriétaires, pour les travailleurs forestiers, pour les ingénieurs et les autres professionnels de la forêt, pour les spécialistes et pour le public ciblé. Les responsables du volet Formation et Information organisent régulièrement des sessions de formation pour les conseillers, les ingénieurs et les travailleurs forestiers du territoire.

Seuls les conseillers forestiers accrédités « Watershed Certified Foresters » accèdent aux programmes et aux subventions en rapport avec les plans d'aménagement. Seule la catégorie déclarée « Watershed Qualified Loggers » profite des programmes et des subventions prévues dans le cadre des opérations forestières subventionnées par le WFP. Afin d'éclairer le public et les clientèles cibles, et de les informer au sujet du développement forestier durable, de la foresterie active, de la biodiversité et de la protection des ressources hydriques, le WFP organise des événements à finalité éducative. Notamment, le WAC et le WFP consacrent des articles, des éditoriaux, des communiqués de presse envoyés aux médias d'information et aux journaux régionaux et citadins. On organise des visites pour le comité éditorial de la presse new yorkaise. S'y ajoutent à l'occasion les reporters, les décideurs, les gens influents, les personnalités politiques, les spécialistes. On affiche l'ambition. On la diffuse lors des expositions agricoles, des foires locales. On l'expose dans les kiosques d'information conçus pour les personnes intéressées, en particulier dans les centres de services qui jalonnent les autoroutes de l'État, les points d'entrée stratégiques. Grâce aux affiches, on informe les touristes qui visitent le watershed. Un programme d'éducation en foresterie réservé aux enseignants en sciences naturelles au niveau secondaire, le Watershed Forestry Institute for Teachers, est jumelé au programme d'éducation à la conservation, le Green Connections, proposé aux scolaires des Catskills et de l'agglomération.

Un autre programme du WAC, le programme des servitudes agricoles, le Farm Easement Program, encourage les propriétaires à maintenir leur ferme, à ne pas la transformer en résidence, à cultiver et à exploiter leurs terres. En effet, dans l'État de New York, il n'y a aucune loi de zonage agricole et forestier. Ainsi, tout propriétaire peut dénaturer le fonds possédé et lui conférer une autre vocation. Si les citoyens, les exploitants, les forestiers et les organismes environnementaux veulent limiter l'expansion industrielle, commerciale et résidentielle, ils doivent user de moyens comme les servitudes de conservation, à moins qu'ils ne lèguent ou cèdent des droits d'utilisation, soit moralement, soit moyennant rémunération.

Le Watershed Agricultural Council et la ville de New York ont acheté des droits d'utilisation aux propriétaires agricoles, soit en les obtenant (ce qui est rare de la part des agriculteurs et des propriétaires de bois), soit en les achetant au prix du marché. Ainsi, on négocie les conditions de vente et les conditions d'emploi présentes et futures des terres, le Present Use, avec les propriétaires vendeurs. Le programme des servitudes de conservation procure des avantages financiers aux agriculteurs, tout en leur permettant de continuer leurs productions. En général, les propriétaires vendeurs utilisent l'agent généré pour conforter leurs exploitations, apurer des hypothèques, acquérir des équipements ou transférer leur ferme à la génération prochaine. Les héritiers et les acquéreurs de fermes avec servitudes peuvent continuer leurs activités agricoles et forestières (Present Use) mais renoncent à tout autre usage.

Il existe plusieurs acteurs qui interviennent dans la défense de l'environnement et de l'agriculture (The Nature Conservancy, The Ford Foundation, the American Farm Trust). Ils offrent une compensation aux propriétaires agricoles et forestiers du watershed moyennant l'aliénation des servitudes de conservation sur leurs fermes et leurs forêts. Le WAC essaie d'élargir son programme de servitudes de conservation aux bois privés.

Development of Forest Management by the Tokyo Waterworks Bureau

*Keiko IZUMI**

Today, requests for the social functions of forests are growing internationally and domestically. In Japan, the Tokyo Waterworks Bureau (TWB) has owned and managed forest for almost a century to conserve its source of drinking water. This water-supply corporation, which is responsible for supplying water to the Japanese capital, has managed this riverhead forest. The author thinks this case has significance as a pioneer of forest management by water resource users. But issues such as balancing timber production and water resource conservation should be carefully examined, because forest management has differed through the years even though the forest is meant for water resource conservation. Has the TWB managed the forest only for water resource conservation? This paper intends to clarify how the forest was managed by the TWB based on the evidence of history.

I – RESEARCH SUBJECT AND METHOD

Subject of Research

The TWB supplies drinking water to the central part and suburban area of metropolitan Tokyo. At present the population served is approximately 12 million, and the average daily amount of water distributed is approximately 4 451 thousand m^3.

The TWB takes most of its water from two rivers flowing through or near by the Tokyo metropolitan area. The Tone river supplies about 77 % of the gross raw water, but Tone River facilities are operated and managed by the Japanese government, and the TWB has to share the water resources with other bodies, such as prefectural governments. Meanwhile, the Tama River supplies only about 20 % of

* Conférencier, Tsuru Université.

the gross raw water, but Tama River facilities are owned and directly managed by the TWB. This river has the Ogouchi Reservoir, which is designed to control the flow of the river and to store the water for the TWB's exclusive use, and was completed in 1957. This makes the Tama River very important to the TWB.

The TWB forest is located in the Tama River watershed, which covers 40% of the Ogouchi Reservoir's catchment basin. It lies in the Kanto region, which is the central part of Japan and extends across the western part of Metropolitan Tokyo and Yamanashi Prefecture. In the prefecture, there are some other water cooperation projects which have their forests for water resource conservation. The area of the TWB forest is about 21 600 ha. It spans approximately 30 km east to west, at elevations between 500 and 2 100 meters above sea level. Seventy percent of the forest is natural forest of beech, Japanese oak, fir, and other species, while 28 % is plantation forest consisting mainly of Japanese cedar, Japanese cypress, and larch.

The TWB bought a part of the forest in 1901 from the Japanese government, and another part from Yamanashi Prefecture in 1911.

Method

This research entailed historical empirical analysis, through the division of forest management development into three postwar periods. The analysis was carried out using TWB documents consisting mainly of decennial forest management plans (FMPs), and annual reports that record forest management performance.

The research period covered is 1946 to 2001, and is divided into three periods.

In particular, this study focuses on three points : 1) the forest type observed in forest management plans (FMPs) as a goal of management in order to harmonize timber production and water resource conservation, 2) how the forest was organized in those FMPs, i.e., working system, harvest regulation, rotation age, and so on, and 3) how the FMPs were implemented, i.e., planting, tending, harvesting, and so on.

II – POSTWAR FOREST MANAGEMENT BY THE TWB

The first period of forest management during postwar reconstruction (1946-1955)

Harmonizing timber production and water resource conservation

The task of the TWB in this period was to reconstruct the water supply system destroyed by World War Two and a series of typhoons right after the war.

In 1947 the TWB drew up its fourth FMP, which described the goal of forest management as « multi-storied mixed forest with conifers and broad-leaved trees », a forest that would harmonize timber production and water resource conservation in name only. This FMP was apparently modeled on the 1939 FMP. During the war, the national government forced most forest owners to cut many trees to alleviate the war resource shortage. As such, TWB forest management had little to start with, and the TWB did not have sufficient resources for its fourth FMP.

In its details the fourth FMP was totally different from that of 1939. At this time one mission of the TWB forest was to supply timber and fuelwood to rebuild Metropolitan Tokyo, and the TWB cut old growth timber from its forest to satisfy these demands. The TWB said that to cut old trees was necessary to rejuvenate the forest.

Forest working system

Selective cutting of natural forest was conducted in about 60 % of the TWB forest. Final plantation cutting ages are 40 years for cedar, 60 years for cypress, and 50 years for larch. These cutting ages were much shortened compared to those of the prewar period. The selective cutting system, with a 30-year rotation age and 50 % cutting ratio, evidently resulted in overcutting of natural forest.

Japanese national forest, which managed by the Japanese government and covers approximately 30 % of total forest land in Japan, were in chaotic condition in the immediate postwar years, and timber production had the highest priority.

FMP implementation

The area and seedling numbers of new planting and those of supplementary planting were gradually increased in this period. The TWB restarted planting, which had stopped during the war. Newly planted areas exceeded the planned area (6.6 ha). Total cutting volume also rose but it did not exceed the planned volume.

In 1950, 98 % of the TWB forest was designated as a national park. The TWB was asked to regulate its development and to pay more attention to landscape conservation and recreational utilization.

The second period (1956-1972) : quantitative expansion of forest management

Harmonizing timber production and water resource conservation

Postwar high economic growth dramatically changed the lifestyle of city dwellers, which induced huge tap water demand, and the TWB faced a series of droughts called « Tokyo desert » the TWB tried to solve this problem by developing new large water resources, such as the Tone River.

In this period the TWB developed two FMPs, the fifth in 1956 and the sixth in 1966.

These FMPs said, « Productivity of each stand should be utilized most efficiently, and the TWB should let the forest be valuable as timber », and it regarded the principle of forest management as being « to enhance the economic efficiency of the forest so it will contribute to the TWB water program ». Behind this was the TWB's thinking that « there is a lot of uncertainty about suitable coverage and the forest management system for water resource conservation. Scientists have not established any theories for that ». The TWB set its forest management goal to reforest « 7 000 ha of plantation forest in the future », and cancelled the former goal of « multi-storied mixed forest ».

Forest working system

Clearcutting of plantation forest expanded, while selective cutting of natural forest was reduced. This was because the selective cutting system did not look very promising at that time.

Selectively cut sites did not regenerate well. Therefore the TWB preferentially continued selective cutting in old-growth forest. In the latter half of this period, there was no alternative but for the TWB to fell timber in forest that had disadvantages in terms of both poor access and steep terrain. Frontier forest suitable for such « selective cutting » became much smaller during this period. But under these conditions, the TWB had to keep cutting natural forest selectively because in the prewar period it had important contracts with local municipalities where its forest land is located to sell the timber by selectively cutting natural forest.

The TWB chose a final cutting age that assures maximum average stand growth, and it regulated forest harvesting by the growth method or the mixed method for both growth and economic efficiency. The latter method set harvest volume during the next 15 years over the forest growth because the rapid growth of plantation forest would easily satisfy overharvesting at that point, after four or five decades. These final cutting ages and harvest regulation were modeled on those of Japanese national forests. In this period, some administrative officials and researchers criticized the sustainability principle of classical forestry that prevented effective production of timber.

FMP implementation

New planting through the postwar period was the largest in both area and number of seedlings, peaking at 242 ha in 1965. New planting sites consisted of reforesting plantation forest planted in the 1910s and expansive reforestation of clearfelled natural forest. Total tending area increased because newly planted area expanded rapidly. But the TWB could not afford enough weeding, and therefore omitted pruning to reduce tending costs. In the TWB forest, there was a paradox in that the young plantation forest that was planted required more tending, but as that increased labor costs, the TWB came up short on resources such as fees and labor.

Cutting volume was largest in the immediate postwar years. Logging in this period had two qualitative changes. One was the end of fuelwood utilization, and the other was the emerging final cutting of plantation trees.

At the outset in 1961 the TWB closed its own charcoal pit. Fuelwood volume in that year as a percentage of total timber harvesting volume and that of fuelwood in 1956 was 74 % for clear-cutting in natural forest, and 14 % for selective cutting. In 1965 those figures were down to 11 % and 2 %, respectively, showing that the fuelwood percentage had dropped significantly.

Plantation forest planted in the 1910s had grown big enough for use as lumber, so the volume of plantation final cutting was greatly enlarged from 1961. In addition to that, the plantation forest cutting volume peaked for several years after 1959 because the TWB forest was heavily damaged by a typhoon and the TWB had to remove damaged trees.

In 1955 the felling of natural forest was conducted by dividing it into a 101-ha clearcutting area and a 270-ha selective cutting area. But in 1970 the ratio of clearcutting and selective cutting was reversed and set at 75 ha and 5 ha. TWB official Mr. Shima Kazuo said, « From 1956 to 1965 it was difficult to maintain selective cutting at 25% and 25 % in felling operations for sawn timber and for fuelwood ».

Selective cutting in the TWB forest had some problems so that actual felling did not abide by the planned cutting ratio, and regeneration of natural forest did not go well.

Turning points in TWB forest management

In the latter half of this period, a nature conservation group criticized the TWB for its extensive afforestation. In response, the TWB totally stopped cutting its natural forest after the final harvest in 1972. Underlying this are three factors.

Growing nature conservation movement

Japanese national forests adopted new guidelines called « new forest management » because criticism by the nature conservation movement of large-scale felling of national forest, especially in remote areas, had been spreading all over country. In 1967, one of the most well-known and the biggest Japanese nature conservation group, the Nature Conservation Society of Japan (NACS-J), submitted an opinion brief to Metropolitan Tokyo that criticized natural forest cutting by the TWB. This opinion brief noted, « The TWB should manage its forest as a national park serving as a recreational area for Tokyo citizens. Logging in its natural forest should be banned, and most of the plantation forest should be restored to natural forest ».

Promotion of nature conservation policy by Tokyo Metropolitan government

In Tokyo, these years saw the emergence of distortion by rapid economic growth, such as droughts, a housing shortage, traffic congestion, and pollution. Such urban problems had become one of the driving forces behind political changes, leading to a term for a progressive governor in Metropolitan Tokyo from 1967 to 1979. Under this governor, the Metropolitan Tokyo government established the « Regulation for the Conservation and Restoration of Nature in Metropolitan Tokyo » in 1973. Article 8 of this regulation set aside most of the TWB forest in Tokyo for « preservation as wilderness ». Because that area was « the only remaining valuable area of pristine wilderness in Metropolitan Tokyo », « natural forest should be preserved, efforts should be made to restore plantation forest to natural forest, and development activity should be banned ».

Change of relationship between the TWB and local municipalities

In the prewar period the TWB had contracts with some local municipalities to sell the timber from the natural forest at an advantageous price because the people in those municipalities had long used the TWB forest as their commons.

But since 1967, the TWB has negotiated with those municipalities to change the contracts into fixed annual grants because the more timber logged from the TWB forest, the more those municipalities benefited financially, but the TWB found it difficult to continue cutting the natural forest due to limitation imposed by resources and conservation movement. This grant was both an alternative to municipal property tax and an expression of appreciation for local cooperation to the TWB. In 1971, the TWB and municipalities reached agreements that made it possible to stop logging natural forest.

III – THE THIRD PERIOD (1973-2001) : ESTABLISHMENT OF WATER RESOURCE CONSERVATION-ORIENTED FMPS

Harmonizing timber production and water resource conservation

The purpose of the TWB water project has shifted from quantitatively ensuring water resources to the stable supply of good and also safe water. In 1973 the TWB announced the « policy of controlling total tap water demand » (proposal). Most of the TWB's water purification plants have rapid filtration facilities, but in addition to those facilities, some plants have since 1984 started to use further water purification that includes ozonation or activated carbon filtration.

In this period the TWB developed three FMPs: the seventh FMP in 1976, the eighth FMP in 1986, and ninth FMP in 1996.

These FMPs clearly stated that the objective of TWB forest management was to maximize the water resource conservation function, and that timber production was only incidental to the process that enhances that conservation function. In 1986, the TWB set its of forest management goal to creating a forest that can fulfill social functions such as water resource conservation and sediment runoff prevention. For example, natural forest is « stable forest which is left to nature and regenerated by natural succession », while plantation forest is « multi-storied mixed forest with conifers and broadleaf trees that can be regenerated by strip cutting or selective cutting of individual trees ». These FMPs consider the TWB forest as an ecosystem and put much faith in knowledge of forest hydrology.

Forest working system

Under the working system in this period, all natural forest was to be protected forest which banned logging and was totally untouched. Since 1986, clearcutting in plantation forest has decreased, while at the same time the multi-storied forest management system was introduced.

Specifics of the multi-storied system is that at the final cutting nearly half of previous-generation trees were felled, leaving 300 to 400 stumps per ha in the forest, while in newly formed gaps second-generation seedlings were planted at the density of 2 000 seedlings per ha. Final cutting would be done every 60 years and the final cutting age of plantation trees would be 120 years.

TWB official Mr. Horikoshi Koji said that the multi-storied system was adopted because the TWB forest was seriously damaged by a typhoon in 1982. Landslides scarred many places in plantation forests that were coniferous monocultures about 20 years old. The TWB officials responsible for forest management thought that multi-storied forests maintained in the same condition constantly could prevent landslides well.

Final cutting age was set in a range from 100 to 120 years, which was much longer than in the second period. The harvest regulation was not computed because cutting volume was too small to affect timber production sustainability.

Japanese national forest authorities accepted the explanation of « new forest management », which called for continuing logging of its subalpine natural forest with the subterfuge that selective cutting replaced clearcutting. The TWB completely banned the cutting of natural forest, because natural forest and plantation forest were totally different at that point. Furthermore, national forests tended to have more social function-oriented FMPs after the 1990s, but the TWB had already joined this trend as early as the middle of 1970s.

Implementation of FMPs

New planting in terms of both area and number of seedlings gradually declined in this period. Even though annual report statistics showed underplanting, the planned area was planted. In the tending of plantation forest, a smaller area was weeded while vine cutting and clearing were conducted over a larger area, which means that plantation planted in the second period needed additional tending. FMPs of this period focused on the thinning of plantation forest, which has appeared in the statistics of annual reports since 1987.

Actually, natural forest cutting has been banned since 1973, and only plantation forest could be logged.

Influence of the TWB's FMPs in this period

The TWB's FMPs in this period had a great impact on other water-supply corporations with their own forests.

Yokohama City, located near Tokyo, is the oldest and the most famous harbor city in Japan. The Yokohama City Waterworks Bureau

(YWB) has owned and managed its forest for water resource conservation since 1916. The forest is located in Doshi Village in Yamanashi Prefecture, and covers about 2 800 ha. The YWB had developed FMPs which emphasized both timber production and water resource conservation, but it changed its policy dramatically in 1990. The ninth FMP of the YWB in 1996 said, on how to harmonize timber production and water resource conservation, « We have switched from forest management that emphasizes economic efficiency as a forestry operation to management that gives priority to water resource conservation ». The YWB set its goal of forest management as « stable forest under the natural condition where it is located ». This phrase was carried over from the TWB's eighth FMP of 1986.

Kofu City, the capital of Yamanashi Prefecture, has managed a forest for water resource conservation since 1947. The forest is located in the north part of the city and covers about 2 600 ha. This forest has been managed as city property since its acquisition, and has contributed financially to the city especially during the years of rapid economic growth. However the FMP developed by Kofu City in 1979 is very similar to the seventh FMP of the TWB.

IV – RESULT

Two points of contention are pointed out below.

First, certain results were realized by the TWB's FMPs, which depend on the TWB's experience of forest management or its identity, and is not a copy of national forest policy. FMPs in the second period modeled on those for national forests did not go well in the TWB's forest management because of technologically immature selective cutting of natural forest and also the objections of city dwellers to clearcutting. On the contrary, third-period FMPs greatly influenced other water supply cooperative arrangements as a model for water resource conservation FMPs.

Second is the age-class distribution of plantation forest. In the second period the TWB planted much new area, and later had the problem of finding the resources to tend it. As far as plantation forest goes, an age-class distribution like that of normal forest could make it possible to maintain harvesting at a certain annual level, and also require a continuous reforestation operation of a certain level. Forest managers should not forget that young plantation forests need intensive tending several years after planting.

LITERATURE CITED

– AZEKURA M. *Suigen-rin no shiki* (Four Seasons of the TWB Forest), 1986, Tokyo, Asahi Shinbun-sha, 63 p. (in Japanese).

– DUDLY, NIGEL and STOLTON, Sue, *Running Pure : The importance of forest protected areas to drinking water*, 2003, Washington D. C., World Bank/WWF, 112 p.

– FUJIWARA A., ARAKAWA S. and HAYASHI H., Shin-ban nihon gendaishi (New Japanese Modern History), Tokyo, Otsuki shoten, 1995, 416 p. (in Japanese).

– FURUIDO H., « A Forest Management Account. A Feasibility Study on Watershed Management by the Tokyo Metropolitan Government », in KURABAYASHI Y. et al. (eds)., *The Progress in Environment and Resource Accounting Approach*, Shimane, Imai Shuppan, 2003, pp. 174-186.

– HAGINO T., *Nihon-gendai-rinsei-no-sengo-katei* (Postwar Process of Japanese Modern Forestry Policy), Tokyo, Nihon-ringyo-chosakai, 1996, 780 p. (in Japanese).

– HORIKOSHI K., *Tokyo no suigen-rin* (TWB Forest), 1996, Tokyo, Keyaki shuppan, 63 pp. (in Japanese).

– IZUMI K., *Kindai suigenrin no tanjo to sono kiseki* (The Origin of Modern Water Resource Conservation Forests: An Ecological History of Forest and Cities), Tokyo, University of Tokyo Press, 2004, 278 p. (in Japanese).

– JOHNSON N., WHITE A. and PERROT-MAITRE D., *Developing markets for water services from forest*: issues *and lessons for innovators*, 2001, Washington D. C., Forest Trends, World Research Institute, and The Katoomba Group, 19 p.

– Kofu-shi, *Kofu shi shi: shi-sei se-ko igo* (History of Kofu City: After Municipalization), 1964, Yamanashi, 2004 p(in Japanese).

– Kofu-shi, *Kofu shiyu-rin keiei keikaku-sho* (FMP of Kofu City Forest) 1979, Yamanashi, 25 pp. (in Japanese).

– KUMAZAKI M., « Sharing Financial Responsibility with Water Users for Improvement of Forested Watershed », *Current State of Japanese Forestry* 2, 1982, pp. 106-111.

– NIHON shizen hogo kyokai (NACS-J), *Shizen hogo ni kansuru tinjo-sho/iken-sho shu* (Collection of petitions and opinion briefs for nature consevation), Tokyo, 1973, 110 p. (in Japanese).

– NIHON sui-do kyokai, *Nihon-suido-shi, kakuron-hen* I (The History of Waterworks in Japan, Individual Issues, vol. 1), Tokyo, Nihon-suido-kyokai, 1967, 887 p. (in Japanese).

– RIN-YA-TYO (Forest Agency), *Koku-yu-rin-ya kan-kei tu-tatu shu* (Collection of messages according to management of national forest), 1974, Tokyo, 1463 p. (in Japanese).
– RIN-YA-TYO (Forest Agency), *Koku-yu-rin-ya keiei kitei no kaisetu* (Commentary on rules and regulations of Japanese national forest management), 1991, Tokyo, Nihon rin-gyo cho-sa kai, 409 p. (in Japanese).
– SHIMA K., *Mori to damu: Nin-gen wo uruosu* (Water and dams: benefiting humans), 2002, Tokyo, Sho-gakukan square, 323 p. (in Japanese).
– TOKYO-SHI, *Tokyo-shi sui-do suigen Tama-gawa ryu-iki sin-rin cho-sa daiichi ho-koku* (The first investigation report on forests in Tama River watershed for Tokyo City's water resources) 1908, Tokyo, 120 pp. (in Japanese).
– TOKYO-SHI sui-do-kyoku shomu-ka, *Tokyo-shi sui-do suigen-rin segyo keikaku-sho* (Management plan of Tokyo City waterworks bureau forest) 1937, Tokyo, 81 p. (in Japanese).
– TOKYO-TO KOGAI-KYOKU, *Tokyo ni okeru shizen no hogo to kaihuku no kihon ho-shin* (Fundamental policy of nature conservation and its reestablishment in Tokyo), Tokyo, 1974, 22 p. (in Japanese).
– TOKYO-TO, *Suigen-rin-segyo-taiko* (The Broad Outline of Management of TWB Forest, The 4th FMP), Tokyo, 1947, no pagination (in Japanese).
– TOKYO-TO sui-do-kyoku, *Suigen-rin keiei keikaku* (TWB forest management plan, the 5th FMP), 1956, Tokyo, 118 p. (in Japanese).
– TOKYO-TO sui-do-kyoku, *Suigen-rin keiei keikaku-sho* (TWB forest management plan, the 7th FMP), 1976, Tokyo, 76 p. (in Japanese).
– TOKYO-TO sui-do-kyoku, *Suigen-rin kan-ri keikaku--the 9th* (TWB forest management plan, the 9th FMP), Tokyo, 60 p. (in Japanese).
– TOKYO-TO suido-kyoku suigen-rin jimusho, *Suigen-rin 80-nen no ayumi* (80-year history of watershed forest management by the Waterworks Bureau), Tokyo, 242 p. (in Japanese).
– TOKYO-TO suido-kyoku suigen-rin jimusho, *Suigen-rin keiei keikaku-sho (the 8th)* (TWB forest management plan, the 8th FMP), 1986, Tokyo, 71 p. (in Japanese).
– TOKYO-TO sui-do-kyoku suigen-rin jimusho, *Tokyo-to sui-do-kyoku suigen-rin keiei keikaku setsumei-sho* (TWB forest management plan, the 6th FMP), Tokyo, 1966, 145 p. (in Japanese).
– YOKOHAMA sui-do-kyoku suigen-rin jimusho, *Yokohama shiyu Doshi suigen-rin dai 9-ki keiei keikaku-sho* (The 9th FMP of YWB forest), 1996, Kanagawa, 91 p. (in Japanese).

DEUXIÈME PARTIE

L'EAU AU SERVICE DE LA FORÊT

Eau, technologie et commerce du bois dans l'Italie du Nord-Est XVIe-XIXe siècle

Mauro AGNOLETTI*

I – LA STRUTTURA TECNICA ED ORGANIZZATIVA DEL COMMERCIO DEL LEGNAME NEL XVe SECOLO

Abbiamo già discusso in altri lavori il bisogno di legname di Venezia per la sua marina[1], ma non va dimenticato che le necessità complessive di legname erano ben maggiori di quelle legate alla sola marina militare e commerciale. Per fare fronte ai suoi bisogni sino dal XIV secolo nell'alta valle del Piave i commercianti di legname avevano organizzato i trasporti e la lavorazione del legname attorno ad un centro di importanza strategica: Perarolo di Cadore[2].

In questa località la presenza di uno sbarramento fluviale per la selezione dei tronchi trasportati per fluitazione libera e il loro avvio alle segherei dei vari commercianti di legname posti a valle dello sbarramento consenti lo sviluppo dei uno dei centri per la segagione del legname più importanti d'Europa, che continuò a crescere di importanza fino vero la seconda metà del XIX secolo. Perarolo segnava anche il confine fra la « Comunità del Cadore » e la Repubblica di Venezia, anche se dal 1420 la Comunità passa sotto il suo controllo diretto della Serenissima.

* Professeur, Université de Florence.

1. M. Agnoletti, « Organisation technique de l'approvisionnement en bois par la république de Venise, XIVe-XVIIe siècle », in A. Corvol, *Forêt et Marine*, Paris, L'Harmattan, 1999, pp. 225-241.

2. G. Caniato, a cura di, *La Via del Fiume*, CIERRE, Verona, 390 p.

Figure n° 1: Structure et organisation du commerce du bois en Cadore (XIIIe-XIXe siècle). Un tel système se retrouve dans tous les territoires sous contrôle des marchands de Venise

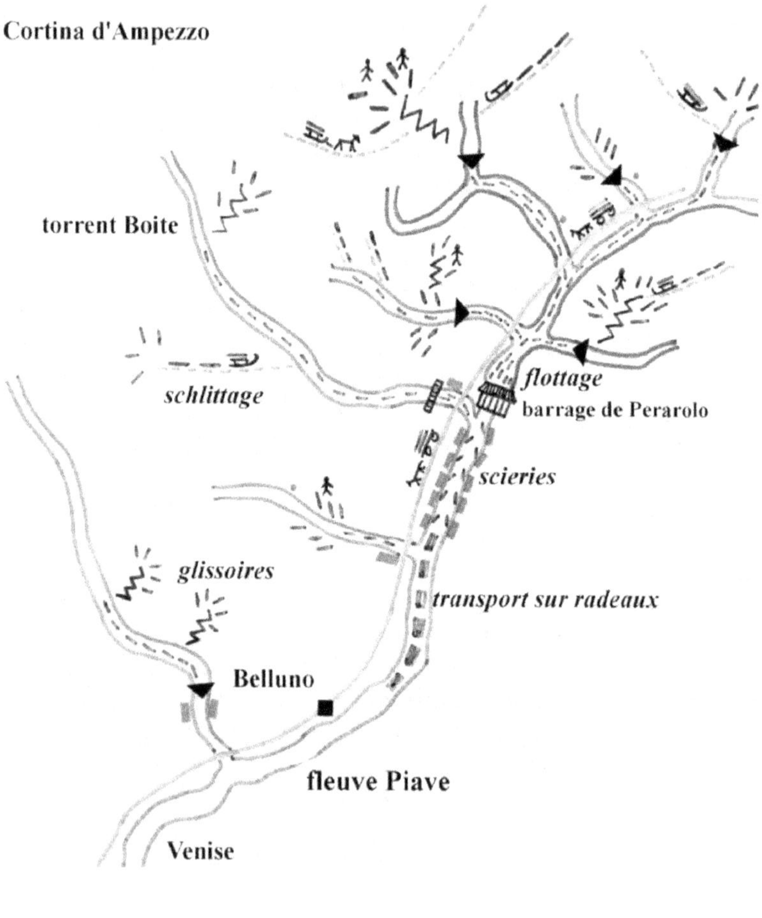

Figure n° 2 : Évolution technologique de la scierie vénitienne. A) Modèle dessiné de Leonardo. B) Scierie sur le fleuve Piave dessinée par Iseppo Paulini. C) Scierie double sur le fleuve Cismon[3]. D) Plan de la scierie multiple du Sacco, fleuve Piave. Dans cet édifice il y a six scies qu'ils travaillent en même temps. Cette scierie produisait 180 000 planches à l'an, production semblable à cette d'une scierie à vapeur autrichienne de la même période[4].

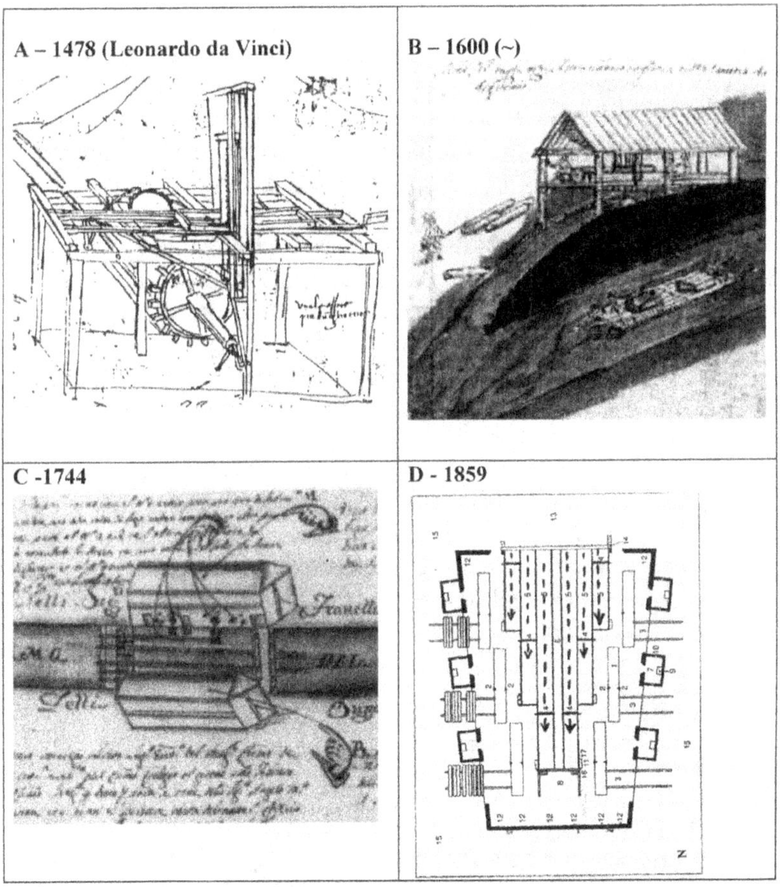

3. B. Simionato Zasio, *Taglie Bore Doppie Trequarti*, Editoria DBS, Rosai di Seren del Grappa (BL), 2000, p. 68.
4. J.W. Wessely, *Die Venetianischen Brettmuehlen,der Piavethaeler*, Vierteljahrschrift fuer Forstwesen, X Band, Heft 1, Wilhelm Braumuller, Wien, 1860.

Nel XV secolo l'importanza il legname rappresenta già l'attività più importante per molte valli Alpine, ed infatti è sintomatico il deploro espresso dal Vescovo di Trento nel 1458 peri troppi operai impiegati in questa attività nella Val di Fiemme (Trento)[5]. Tale aumento è confermato anche dalla crescita dei tagli illegali e del contrabbando che veniva sanzionato attraverso frequenti condanne riportate nei documenti d'Archivio riguardanti la provincia di Trento nel XVI secolo[6]. Le ricerche svolte negli ultimi anni hanno mostrato come il « cuore tecnologico » dell'industria del legno siano le segherie veneziane. La segheria veneziana si sviluppa in opposizione al sistema a camme delle segherie tedesche, utilizzando il sistema « biella manovella » rappresentato sia da Francesco di Giorgio Martini, sia da Leonardo da Vinci nel 1478 circa[7]. A prescindere da recenti ricostruzioni abbastanza fuorvianti del funzionamento della sega di Leonardo apparse recentemente in testi di divulgazione scientifica[8], la presenza di segherie veneziane in Cadore e la loro successiva evoluzione è documentata attraverso una serie di documenti che consentono di cogliere sia la straordinaria persistenza di questa macchina, sia il suo successivo adattamento alle diverse esigenze del commercio del legname. Come si vede in Figure n° 2, il principio di funzionamento, indicato da Leonardo subisce modifiche non sostanziali, anche se necessarie al miglioramento dell'efficienza[9], ma l'innovazione si realizza soprattutto con la progressiva realizzazione di segherie multiple, che prima raddoppiano le capacità produttive di uno stesso impianto (Figure n° 2 C) , ma poi portano a sestuplicarlo (Figure n° 2 D), mantenendo così uno standard produttivo paragonabile a quello delle segherie a vapore costruite in Austria, ma che gli stessi austriaci trovano perfettamente concorrenziale sebbene azionato con la forza dell'acqua, sostanzialmente per motivi legati alla qualità degli as-

5. In Trentino la Val di Fiemme è ancora oggi la valle più importante per il commercio del legname. M. Agnoletti, *Segherie e Foreste nel Trentino*, Museo degli Usi e Costumi delle Genti Trentine di San Michele all'Adige, Trento, 1998, p. 233.

6. Biblioteca Comunale di Trento, Archivio Consolare, n. 1543 anno 1508, n. 1780, anno 1517 e seguenti. I documenti raccolti mostrano sia richieste di esportazione che condanne.

7. Codice Atlantico, F. 1078 bar.

8. M. Taddei, E. Zonon, a cura di, *Le macchine di Leonardo*, Giunti, Prato, 2005, pp. 135-139. La ricostruzione è invero fantasiosa in alcuni aspetti e fuorviante dal punto di vista tecnologico, ma non si tratta di testo di valore scientifico.

9. M. Agnoletti, *Documenti di archeologia forestale: le segherie idrauliche della valle del Piave*, Nuncius, Annali di Storia della Scienza, Anno VI,n 2, 1991, pp. 121-143.

sortimenti che i commercianti di legnami realizzano con regolazioni della corsa del telaio e della allicciatura della lama[10].

II – LE ATTIVITÀ DEI COMMERCIANTI DI LEGNAME

La struttura del commercio del legname nelle Alpi nord orientali aveva quindi come centro di gravità Venezia, anche se quote diverse di legnami andavano verso varie zone della pianura padana, soprattutto Brescia, Milano e Verona. In questa attività dal XIII secolo in poi si osserva la progressiva crescita del ruolo dei mercanti veneziani, che si affiancano ai mercanti locali. In questa crescita si osserva una iniziale concentrazione delle attività lungo l'asta del Piave ed una successiva espansione verso altre zone, fino a valicare lo spartiacque alpino e toccare nuovi territori spingendosi fino verso il Caucaso nel XIX secolo. Essa si contraddistingue per un crescente dinamismo che contrasta la contrazione dell'economia veneziana del cinquecento, ma che in realtà segnala una inarrestabile crescita di importanza del commercio del legno e del ruolo dei mercanti, che si interromperà solo dopo la prima guerra mondiale. In questo contesto giocano un ruolo non secondario non solo l'entità e la dislocazione delle risorse legnose, ma anche i rapporti dei mercanti con le comunità e il potere politico. Nel primo caso sono esemplificativi i rapporti che si intrecciano fra questi e la comunità del Cadore. Lo sfruttamento dei boschi avveniva attraverso accordi presi direttamente con i notabili della Comunità che porta a contratti di affitto, su base ventennale, durante i quali i mercanti utilizzano i boschi impiegando manodopera locale ma curando essi stessi la realizzazione delle strutture tecniche per il trasporto, come le risine e le stue[11]. Già dal 1300 il progressivo sfruttamento dei boschi Cadorini obbliga alcuni comuni a bandire i boschi per limitare l'eccessivo sfruttamento economico, tendenza che si incrementò nei secoli successivi[12]. Nonostante questo si arrivò nella pratica ad una degenerazione del rapporto con i mercanti, i quali, grazie ai notabili che sedevano nel consiglio della comunità, ottengono di fruttare anche i boschi banditi e vietati allo sfruttamento commerciale, arrivando a utilizzare anche quelli

10. Wessely, op. citata.

11. Archivio della Magnifica Comunità di Pieve di Cadore, busta 120, c. 6. Tutti i documenti mostrano come fosse obbligatorio da parte dei commercianti richiedere l'autorizzazione, ma sia costi che gli aspetti tecnici erano a loro carico.

12. G. Venturoli, *Vizze e boschi del Cadore*, L'Alpe, XVII, n 2, Milano, 1930, p. 80. Secondo questo autore nel XVI secolo la maggior parte delle abetine erano « vizzate » cioè bandite.

assegnati alle singole famiglie. Ciò avvia una intensa speculazione commerciale che aggira le regole fissate dalla Comunità e tende ad incrementare non solo lo sfruttamento ma anche a reiterare gli affitti, sviluppando una sorta di diritto di proprietà sui boschi da parte dei mercanti.

Il confronto fra le attività di taglio e trasporto fra le diverse aree di sfruttamento, contraddistinte dai diversi bacini idrografici dei fiumi principali (Adige, Brenta, Piave) mette in luce la relativa minore importanza del Piave rispetto ad altri bacini, quale quello del Brenta. Nel 1597 si trasportano dal Cadore verso Venezia circa 150 000 pezzi di varia dimensione di legname commerciale[13]. Più o meno nello stesso periodo (1558) 309 000 pezzi vengono fluitati nel bacino del torrente Cismon, comprendente il Vanoi, il che dimostra la maggiore produzione proveniente da questa zona. Tale fenomeno non trova evidentemente spiegazione nella diversa estensione dei boschi, circa 90.000 ha nel Cadore e circa 17 000 ha in Primiero (bacini Cismon e Vanoi)[14], che indicherebbe nel Cadore il luogo di maggiore possibile produzione, ma trova spiegazione nel regime selvicolturale e nei rapporti con il potere politico locale. Per il secondo si è detto del ruolo della Comunità del Cadore, che era comunque un potere di regolazione e controllo anche se aggirabile, nel caso del bacino del Brenta e del Cismon, posto sotto il controllo della Camera arciducale dell'Alta Austria ad Innsbruck, la situazione è completamente diversa, in quanto i commercianti pagavano a i diritti di taglio direttamente ad essa, senza trattare con le comunità locali. Ciò naturalmente portava ad intensità di utilizzazione superiori, giustificate anche dal fatto che nei territori sotto il controllo austriaco si praticava il taglio a raso, mentre in quelli cadorini si praticava il taglio saltuario. Il cosiddetto « metodo cadorino » prevedeva una regolazione automatica del rapporto fra dimensioni commerciali e prezzo che di fatto indicava anche le caratteristiche del regime selvicolturale e delle utilizzazioni, assegnando un valore quasi doppio alle piante mature

13. In realtà lungo l'asta del Piave venivano fluitati legnami provenienti anche dalla Val Pusteria, ma si tratta di 5000-10 000 pezzi nel 1597. Archivio della Magnifica Comunità di Pieve di Cadore, busta 123, c.4.

14. I dati si riferiscono alla seconda metà del XX secolo, ma la possibile riduzione della superficie nel 15°-17° secolo rispetto ai dati attuali non può alterare in modo significativo il rapporto fra le due superfici.

rappresentate dalla taglia da XII once[15], rispetto alla classe inferiore da X once. Questa differente regime selvicolturale dimostra come non vi fosse in realtà una incompatibilità fra taglio saltuario e utilizzazione economica dei boschi, sempre che si volessero mantenere delle provvigioni soddisfacenti, anche se le quantità tagliate sono minori.

Figure n° 3 : Provenance des marchands présents dans la zone de Primiero entre 1669 et 1724

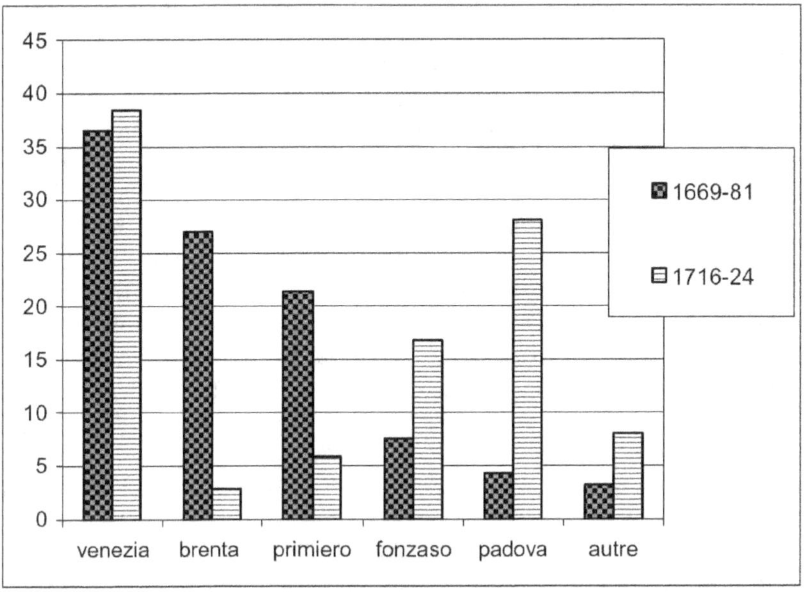

La graduale espansione dei mercanti veneti nelle zone di influenza della camera di Innsbruck si traduceva quindi in immediati vantaggi commerciali essendo consentito, dietro pagamento dei diritti di taglio, realizzare forti utilizzazioni. La possibilità dei mercanti veneti di accedere al mercato finanziario di Venezia per ottenere prestiti in grado di coprire i diritti di taglio, fino alla vendita del legname, rendeva particolarmente importante il loro ruolo per la Camera di Innsbruck. Infatti, i crescenti flussi di denaro fecero progressivamente sentire il

15. La taglia da XII once ha un diametro medio di 41,8 cm, quella da X ha un diametro di 34,6. G. Giordano, *Cubatura dei legnami*, HOEPLI, Milano, 1953, p. 70.

loro peso sugli indirizzi politici, in quanto la nobiltà asburgica non poteva più fare a meno dei flussi di denaro derivanti dal commercio del legname con Venezia. I mercanti divennero in sostanza dei sostenitori della monarchia la quale avendo bisogno di denaro si esponeva per cifre importanti con gli stessi commercianti di legname i quali poi approfittavano del loro potere per ottenere vantaggi commerciali. Nel grafico presente nella Figura n° 3 è evidente la crescente importanza dei mercanti provenienti da Venezia e da Padova nel corso degli anni che vanno fra il 1669 ed il 174, a conferma del ruolo che il commercio del legname ha assunto nell'economia veneziana. L'espansione dei commercianti veneziani nell'arco alpino continua vino alla seconda metà dell'800, in questo senso appare assai significativa la vicenda della famiglia Lazzaris, la quale aveva originariamente il suo centro per la segagione posizionato a Perarolo già dal XVIII secolo. A causa della distruzione di molte segherie per l'alluvione del 1882 e visti i cambiamenti del mercato del legname essi decisero di costruire un nuovo stabilimento a Spresiano, vicino Treviso, una località posta lungo il fiume Piave, ma soprattutto vicino alla ferrovia che li metteva in comunicazione con la rete ferroviaria Austriaca , la Sud Bahn, tramite la quale arrivavano ingenti quantità di legname sul mercato veneto, che stavano ormai facendo perdere di importanza la montagna alpina italiana come zona di produzione. Si tratta di una trasformazione strutturale del mercato del legname, che porta ad una stabile dipendenza dell'Italia dall'importazione dall'estero e che non è mutata fino ai giorni nostri, nonostante i tentativi di migliorare la produzione nazionale, duranti quasi un secolo, ma senza alcun sostanziale successo. I Lazzaris inpiantarono una grande segheria a vapore di costruzione americana, rinunciando alla sega veneziana, e quindi all'acqua sia come fonte energetica, sia per il trasporto del legname. Nonostante questo la segheria veneziana continuerà ad esser utilizzata ancora per circa un secolo, infatti, nel 1956 su un totale di 415 segherie presenti in Trentino, ormai la più importante regione italiana produttrice di legname dopo l'annessione del 1918, almeno il 20 % era ancora costituito ancora da seghe alla veneziana.

Oggi le strutture tecniche tradizionali per il trasporto e la lavorazione del legname, basate sullo sfruttamento dell'acqua, hanno perso il loro significato economico ed il loro ruolo originario nell'economia. Le testimonianze materiali ed immateriali dello loro esistenza, ancora presenti sia nel territorio forestale, sia nelle collezioni e musei etnografici e forestale presenti nell'Arco alpino, hanno assunto un ruolo diverso, che abbinato alle pratiche forestali tradizionali, costituisce un paesaggio culturale che ha un ruolo essenziale nell'attuale concetto di sostenibilità e come elemento di identità culturale. Sebbene fino ad oggi la conservazione di tali valori sia stata quasi del tutto assente nei criteri e gli indicatori per la gestione forestale sostenibile, attuati dalla Conferenza Ministeriale per la Protezione delle Foreste in Europa, con l'ultimo incontro svoltosi a Varsavia nell'Ottobre del 2006 è stata avviata una procedura per la realizzazione di linee guida per l'inclusione di tali valori nei criteri adottati in Europa. In tal modo attività forestali e elementi materiali che hanno un ruolo marginale nell'economia potranno assumere nuove funzioni, che potranno in parte rimediare all'abbandono dei boschi e alla ridotta importanza economica che il settore della produzione e prima lavorazione riveste oggi in Italia. Misure economiche per il ripristino di pratiche di gestione e utilizzazione forestale tradizionali sono state previste anche nel Piano Strategico Nazionale di Sviluppo Rurale italiano per il periodo 2007-2013.

Des forêts servies ou desservies par l'eau ? Les « pays de par deçà » bourguignons XIIe-XVe siècles

*François DUCEPPE-LAMARRE**

La voie d'eau, la forêt en France septentrionale ont été souvent traitées. Mais le couple eau et forêt reste un sujet quasi vierge. Or, les « pays de par deçà » bourguignons sont riches de ressources hydrauliques. « Populeux » dès le Moyen Âge au vu des sources narratives[1], la ressource forestière suppose une gestion scrupuleuse. Est-ce que les hommes du Moyen Âge ont tiré profit de ces ressources afin d'exploiter les milieux forestiers ? La position frontalière de la zone d'étude modifie les relations entre l'homme et le couple eau et forêt. L'étude repose sur des données indirectes du climat, à partir d'actions comme le percement de canaux. Elle embrasse la période allant du XIIe au XVe siècle. Elle concerne le sud des comtés médiévaux de la principauté bourguignonne. Les forêts y étaient-elles servies ou desservies par l'eau des sources écrites, des cartes et des plans anciens confrontés au terrain ? Cela révèle l'importance du transport par eau, puis celle de l'aménagement des voies d'eau.

I – L'ÉTAT DES SOURCES

Le corpus cumule sources de la pratique et sources narratives.

On peut les subdiviser en trois types. Tout d'abord, les documents d'archives regroupent registres ou cartulaires, tel celui de Guiman pour l'évêché d'Arras, ou ceux de l'abbaye des Cisterciens de Flines ou de l'abbaye des Augustins de Cysoing. Ensuite, les sources narratives

---

* Archéologue, Professeur agrégé.

1. M. Bur (présenté par), *Suger. La geste de Louis VI*, Paris, Acteurs de l'histoire, Imprimerie nationale, 1994, chap. XXXVII, pp. 150-153. Suger raconte le meurtre de Charles, comte de Flandre, mars-mai 1127. L'abbé de Saint-Denis en profite pour qualifier la région où se déroule l'action de « très populeuse terre de Flandre ».

émanent des entourages princiers : Suger pour Louis VI le Gros ; Jean Molinet pour la Maison des Habsbourg qui hérite des ducs de Bourgogne. C'est une histoire officielle. Pour autant, Suger souligne les faiblesses royales, au contraire de Jean Molinet. Le dernier type de source est mixte. C'est une histoire-polyptyque, celle de l'abbaye de Marchiennes, dont l'écriture confère une dimension littéraire à ses archives.

Le corpus correspond à un ensemble princier : celui des États des Habsbourg, dont la partie sud des « pays de par deçà » bourguignons formera les Pays-Bas espagnols. L'ensemble mord sur le Nord de la France et sur la Belgique[2]. Il est complété par des seigneuries laïques comme les comtés de Flandre dans les vallées de l'Aa et de la Lys et des seigneuries ecclésiastiques avec les monastères de Cysoing, Flines et Marchiennes dans la vallée de la Scarpe, l'évêché d'Arras, situé aussi dans cette même vallée. Au total, seize descriptions à partir des actes ou des extraits de narrations renseignent sur quatre vallées, six espaces forestiers et trois formations forestières linéaires.

II – L'IMPORTANCE DU TRANSPORT PAR EAU

Des raisons variées

Plusieurs logiques économiques rendent le transport par eau rentable.

Pour les Cisterciennes de Flines, il génère de « très grand profit, car s'il convenait tout amener par charroi, il y aurait tant de frais que lesdites religieuses ne pourrait le supporter »[3]. Cela tient aux droits de navigation que possède cette communauté au XVe siècle. Elle n'en paye donc pas sur leurs produits. C'est là un motif d'ordre fiscal plutôt qu'une question de flux ou de vitesse. Il en va de même pour l'abbaye de Marchiennes au début du XIIe siècle. Elle est multi-modale comme disent les géographes d'aujourd'hui. Les marchandises circulent *aut humeris, aut plaustris, aut navali*[4]. Deux modes de transport sont associés : la voie de terre et la voie d'eau. La complémentarité est fonction des marchandises, des acheteurs, des groupes socio-économiques, des

---

2. En France : comtés d'Artois, de Boulogne, de Flandre et de Hainaut, en plus de la ville de Saint-Omer ; en Belgique : comtés de Flandre et de Hainaut.

3. É. Hautcoeur, *Cartulaire de l'abbaye de Flines*, Bruxelles, Lille et Paris, Imprimerie Lefebvre-Ducrocq, 1873, acte n° DCCCCXXVIII.

4. B. Delmaire, *L'histoire-polyptyque de l'abbaye de Marchiennes (1116/1121). Étude critique et édition*, Louvain-la-Neuve, Centre belge d'histoire rurale, n° 84, 1985, fol. 121 v°.

données environnementales. La Scarpe est qualifiée de rivière à cours lent[5].

Sinon, le transport du bois par voie d'eau est récurrent d'après les sources comptables. Ainsi, en 1382, les produits des coupes du massif de Rihoult-Clairmarais, près de Saint-Omer, sont évacués par nefs[6]. En outre, les infrastructures hydrauliques existantes permettent des économies substantielles, du moins à en croire les voleurs. D'après un procès-verbal d'octobre 1458, un dénommé Robin Marlart réalise des coupes illégales dans le bois de Faux en vallée de la Scarpe. Il transporte des frênes et d'autres arbres « par navire ou autrement »[7]. Mais, appréhendé, il doit acquitter une amende de 10 livres 10 sous. L'économie n'était pas au rendez-vous...

Des bois différents

Le bois figure en bonne place parmi les marchandises qui transitent par voie d'eau. La vallée de la Scarpe constitue un axe important dès le premier quart du XIIe siècle. Elle est décrite par les abbayes bénédictine de Marchiennes et cistercienne de Flines. L'abbaye de Marchiennes possède un temporel bien pourvu en zones cultivées, humides et boisées. La forêt de Marchiennes couvre aujourd'hui 3 000 hectares, ce qui en fait un des plus vastes massifs de la Région Nord-Pas-de-Calais[8]. Son exploitation comptait pour l'abbaye qui la traitait en taillis et en futaie, peut-être aussi en têtards, afin de produire du bois de chauffage, de construction, de clôture pour les moines et leurs hôtes[9]. De fait, la communauté possédait un *portus* dans une localité voisine, de l'autre côté de la Scarpe. Alnes est bien approvisionné en bois et autres

5. Ce que rapelle D. Lohrmann, « Entre Arras et Douai : les moulins de la Scarpe au XIe siècle et les détournements de la Satis », *Revue du Nord*, 1984, tome LXVI, n° 263, pp. 1023-1050, et bien sûr B. Delmaire, *L'histoire-polyptyque de l'abbaye de Marchiennes (1116/1121). Étude critique et édition*, Louvain-la-Neuve, Centre belge d'histoire rurale, n° 84, 1985, fol. 130 v°. La lenteur tient à la faible pente et aux écluses des moulins : « ...*quia fluminis [la Scarpe] alveus molli lapsus defluens atque molendinorum sclusis obsistentibus pigrior effectus frequenti alluvione redundans...* ».

6. Arch. dép. Pas-de-Calais, A785, 1382. Le registre, petit in-folio de papier, utilise le terme de « neifs » dans plusieurs rubriques qui décrivent ce type de transport.

7. Arch. dép. Nord, 10H51, pièce 835.

8. Nous sommes loin des massifs de plaine du Bassin parisien ou des forêts de l'Est de la France.

9. F. Duceppe-Lamarre, « Les paysages de l'exploitation forestière (France septentrionale, XIe-XVIe siècles) », *Le Travail et les Hommes*, 127e Congrès CTHS, Nancy, 15-20 avril 2002, pp. 133-166.

matériaux (*de lignis et materie*) d'après l'histoire-polyptyque dont la rédaction remonte au premier quart du XIIe siècle[10].

En fait, du XIIe au XVe siècle d'après les textes, les abbayes de la vallée de la Scarpe, comme Marchiennes et Flines fournissent les villages voisins et surtout la ville de Douai. *Duacense castrum et provintialia loca in circuitu lignorum copia et domorum culminibus indesinenter adimplens* pour Marchiennes au XIIe siècle[11]. « Les laignes ou coppilles des bois appartenant à ladite église [Flines] se vidoient et venoient à vuidage par ladite rivière d'Escarp à Douay et partout ailleurs où ladite rivière avoit cours » pour Flines au XVe siècle[12]. C'est surtout le bois d'œuvre monastique qui accompagne l'essor rural et urbain ainsi que l'entretien de l'habitat entre le XIIe et le XVe siècle.

Les désordres militaires

Le transport par eau est essentiel, mais perturbé par la guerre. En 1485, c'est le retour de la paix entre Maximilien d'Autriche et les Flamands. « Aucuns [des Flamands] tendoyent à la paix, les aultres à la guerre et, de .XXXII. mestiers qui estoyent en Gand, ne furent que les .II. ou .III. qui incitoyent les aultres à la discorde. Les navieurs, qui est ung des gros membre des mestiers, ne desiroyent que la paix, car, en tempz de guerre, ne pevent riens gaignier »[13]. La guerre entrave le commerce fluvial, dont l'importance est encore une fois confirmée par les chroniques bourguignonnes.

La guerre génère aussi des relations inattendues entre l'eau et la forêt. L'historien les évoque grâce aux sources financières du bailliage d'Éperlecques[14]. Pour les coupes du bois de Beaulo en vallée de l'Aa, des hommes d'armes sont placés dans les zones d'exploitation et autour de la forêt afin de guetter les Anglais. En outre, le soir les gardes de nuit sont présents « pour doupte que les rebelles de Flandres ne venissent en petis bateaulx bouter le fu ens les moies »[15]. Voilà un usage singulier de la voie d'eau dans un contexte guerrier où l'on opte pour la politique de la terre brûlée.

10. B. Delmaire, *L'histoire-polyptyque de l'abbaye de Marchiennes (1116/1121). Étude critique et édition*, Louvain-la-Neuve, Centre belge d'histoire rurale, n° 84, 1985, fol. 134.

11. Idem., fol. 134.

12. É. Hautcoeur, *Cartulaire de l'abbaye de Flines*, Bruxelles, Lille et Paris, Imprimerie Lefebvre-Ducrocq, 1873, acte n° DCCCCXXVIII, pp. 826-829.

13. J. Molinet, *Chroniques*, tome I, chapitre CXIII, pp. 458-459.

14. Arch. dép. Pas-de-Calais, A785.

15. Deux groupes de deux gardes sont constitués pendant deux mois, afin de surveiller les tas de bois issus de la coupe et laissés en forêt, Arch. dép. Pas-de-Calais, fol. 63 v°, registre A785.

En 1485, alors que sévit la guerre entre Maximilien d'Autriche et les Flamands retranchés dans Ninève, près d'Alost[16], le comte de Nassau les attaque avec 2 000 Brabançons et 1 200 Suisses. Ceux-ci effectuent des travaux de charpenterie « car, soudainement, firent ung pont sur l'eaue, par lequel ilz passèrent engiens à pouldre, taudis, eschielles et instrumens necessaires à donner l'assault »[17]. Ici, l'eau empêche le déplacement des troupes. On compense l'inconvénient en employant les ressources forestières. Cette exploitation ponctuelle s'ajoute à l'exploitation ordinaire. Les armées prélèvent selon leurs besoins dans une forêt bien desservie par le cours d'eau.

III – AMÉNAGEMENT DES VOIES D'EAU

Les descriptions

Les ententes se concluent entre seigneurs possédant soit des forêts, soit des rivières. C'est le cas entre le seigneur de Rieulay et l'abbaye de Cysoing qui décident « de refaire et réparer une navie que nous avons ensemble en commun »[18]. Cette navie (« cours d'eau qui descend du bois de Rieulay à la Scarpe ») est un canal de décharge forestière réparé au début du XVe siècle[19]. Quand le seigneur détient le massif et le cours d'eau, cas du comte de Flandre puis du duc de Bourgogne au XIVe siècle à Nieppe, on recherche les devis des aménagements ou les dépenses dans les sources financières et non plus dans les ententes contractuelles.

La dépense du creusement des canaux de décharge forestière apparaît élevée. Ainsi, le canal de Rieulay qui rejoint la Scarpe coûte, dans la première décennie du XVe siècle, 176 livres et 5 sous. Mais cet acte, tiré du cartulaire de l'abbaye ne vise pas à décrire l'investissement seigneural. Ce n'est pas un devis. Au reste, les mesures du canal n'y figurent pas. Il conviendrait d'approfondir la question pour avoir quelque idée des investissements consentis par rapport aux revenus que dégagent ces infrastructures hydrauliques.

16. Aalst en Belgique, au nord-ouest de Liège.

17. J. Molinet, *Chroniques*, tome I, chapitre CIV, p. 444.

18. I. de Coussemaker, *Cartulaire de l'abbaye de Cysoing*, 1883, acte n° CCXLVI, 10 janvier 1406.

19. F. Duceppe-Lamarre, « Les paysages de l'exploitation forestière (France septentrionale, XIe-XVIe siècles) », *Le Travail et les Hommes*, 127e Congrès, CTHS, Nancy, 15-20 avril 2002, pp. 133-166.

Exemples : Nieppe et Saint-Omer

Le bois de Nieppe, en Flandre, illustre la relation entre eau et forêt : l'eau sert l'exploitation forestière au Moyen Âge tardif[20]. L'exploitation est décrite dès le début du XIVe siècle[21]. De plus, si l'aménagement des voies d'eau périphériques remontent au XVIe siècle, il a des antécédants deux siècles auparavant[22]. Le canal relie le massif à un affluent de la Lys. En 1329, Le tracé fait 2 550 verges (53 550 pieds). En 1390 il faut élargir les berges et approfondir le canal. La figure n° 1 montre l'état du massif dont trois cantons sont nommés selon la Lys voisine et leur topographie. Le canal reçoit les grumes du bois d'Amont et du bois d'Aval avant de rejoindre la rivière de la Bourre qui se jette dans la Lys, alors que les grumes de la partie moyenne passent directement dans la Lys. Voilà l'hypothèse d'un système sylvo-fluvial instauré par les comtes de Flandre et continué par les ducs de Bourgogne.

Il existe d'autres relations insérées dans un cadre sinon hostile du moins défensif. L'eau protège les sites occupés par les châteaux, les villages-tas ou les villes. Ces cas apparaissent grâce aux cartes et aux plans anciens, aux prospections archéologiques, qui éclairent les sources écrites. Parfois, les sites sont isolés. Des fossés sont creusés. La pluie les remplit progressivement. D'autres fois, ils sont intégrés au réseau hydraulique. Les fossés cernent le lieu d'habitat à protéger, relié par un canal à un autre canal ou à la rivière voisine. En 1489, Saint-Omer est fortifiée par les Français, malgré le soutien de certains aux Impériaux en

---

20. Idem., même auteur : « Bois et rivières : la précocité de la France septentrionale ? », *Bois et rivières*, Centre d'études champenoises (à paraître).

21. Voir les travaux de M. Sommé. « La forêt de Nieppe et son exploitation au XVe siècle », *Du pollen au cadastre*..., Actes du colloque de Lille des 10-12 octobre 1985, *Hommes et Terres du Nord*, 1986, n° 2-3, pp. 177-181 et « Règlements, délits et organisation des ventes dans la forêt de Nieppe (Nord, début XIVe–début XVe siècle) », *Histoire des campagnes au Moyen Âge. Hommage à Guy Fourquin, Revue du Nord*, 1990, tome LXXII, n° 287, pp. 511-528. En plus du récent article : « L'ordonnance de Yolande de Flandre sur la forêt de Nieppe (1393) », *Annales du comité flamand de France*, tome LXI, 2003, pp. 105-115.

22. A. Derville, « Rivières et canaux du Nord/Pas-de-Calais aux époques médiévale et moderne », *Revue du Nord*, 1990, tome LXXII, pp. 5-22 ; J.-J. Dubois, *Espaces et milieux forestiers dans le nord de la France. Étude de biogéographie historique*, thèse d'État, Université de Paris I, 1989. Plus récent, utilisant de nouvelles pièces à verser au dossier (Arch. dép. Nord, B1310 pièce 6127 et B20188, pièce 11899), F. Duceppe-Lamarre, « Les paysages de l'exploitation forestière (France septentrionale, XIe-XVIe siècles) », *Le Travail et les Hommes*, 127e Congrès, CTHS, Nancy, 15-20 avril 2002, pp. 133-166, et du même auteur : « Bois et rivières : la précocité de la France septentrionale ? », *Bois et rivières*, Centre d'études champenoises (à paraître).

souvenir des Bourguignons. Jacques de Foucquesole « fit fortiffier le quartier du Hault-Pont, qui estoit le plus propice et lieu convenable pour prendre la ville, fit haucier la muraille, faire doubles fosséz, grosses hayes d'espines à l'environ, pont-levis et nouvelle herce sur l'eaue »[23]. En pareil cas, l'hydrosystème est aménagé en vue de défendre la ville, tandis que le bois tiré de la forêt permet de construire un pont-levis. L'eau et la forêt deviennent ainsi au service de la guerre.

Figure n° 1 : Système sylvo-fluvial des comtes de Flandre à Nieppe

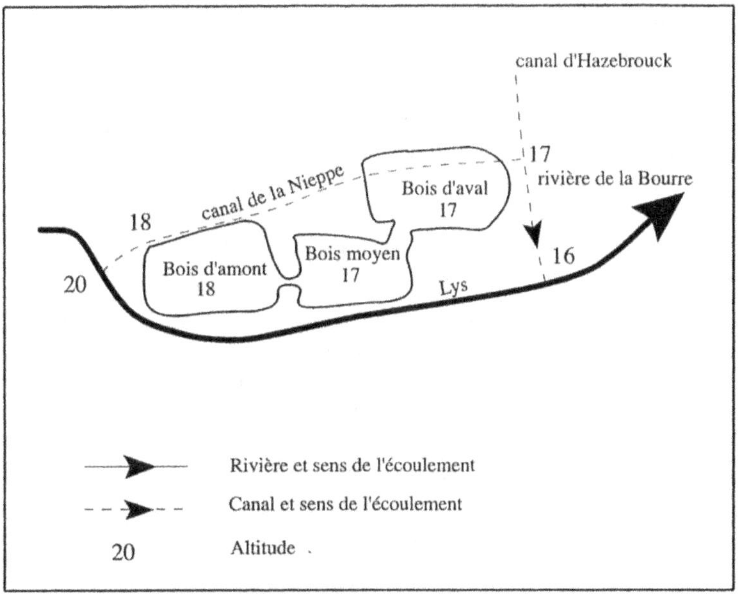

23. J. Molinet, *Chroniques*, tome II, chapitre CLXXXVIII, p. 92. Guerre des Impériaux contre les Français et les Flamands.

IV – CRÉATION ET DESTRUCTION DE PAYSAGES

Les « nouvelles ripisylves »

L'analyse de Paul Arnould sur les anciennes et les nouvelles forêts va pour les ripisylves[24]. Il existe en effet une forêt des rives qui se régénère naturellement et une autre née de main d'homme. Cette « bordure anthropique », d'après l'expression d'Aline Durand[25], correspond à une plantation linéaire d'arbres étêtés. D'une certaine manière, cette ligne de paysage opère la synthèse entre taillis et futaie, avec leurs houppiers et leurs troncs de formes particulières. Les textes l'attestent en France septentrionale à partir de la fin du XIIIe siècle au moins.

L'étude fonctionnelle des nouvelles ripisylves révèle le choix judicieux des essences ligneuses. Les textes évoquent les « halots », terme régional qui désigne les saules, quoique les aulnes soient cités. En tout état de cause, ce sont des essences qui affectionnent les milieux humides. En Artois, le cartulaire de l'abbaye Saint-Vaast d'Arras décrit un paysage monastique de la vallée de la Scarpe en 1270[26]. Les nouvelles ripisylves sont *juxta muros abbatiae supra ripam de Crinchon*, c'est-à-dire longeant les murs de l'abbaye, sur la rive du Crinchon, affluent de la Scarpe. En Flandre voisine, le cartulaire de l'abbaye de Flines atteste par un acte daté du 29 septembre 1296[27] la présence de ces formations linéaires en bordure d'un canal de vidange dans la vallée de la Scarpe. Elles remplissent des fonctions précises. Au-delà de leur esthétique, ce rôle l'emporte. Ainsi, l'acte du XVe siècle stipule qu'une plantation de saules doit maintenir les levées de terres du Neuf Fossé, qui relie l'abbaye à la Scarpe[28]. Les racines de ces ripisylves fixent les berges aménagées. Si les documents demeurent muets quant au halage que ces arbres pouvaient gêner, il ressort une relation symbiotique entre forêt et voie d'eau avec une création paysagère originale.

---

24. P. Arnould, « Forêts, nouvelles forêts, vieilles forêts », Actes du 113e Congrès national des sociétés savantes. Strasbourg, 5-9 avril 1988, dans *La Forêt*, Paris, Comité des travaux scientifiques et historiques, 1991, pp. 13-30.
25. A. Durand, *Paysages, terroir et peuplement dans les campagnes du bas Languedoc (Xe- XIIe siècle)*, thèse d'histoire, Université de Paris I, Panthéon-Sorbonne, 1991, 3 vol.
26. Arch. dép. Pas-de-Calais, H1 fol. 184.
27. É. Hautcoeur, *Cartulaire de l'abbaye de Flines*, Bruxelles, Lille et Paris, Imprimerie Lefebvre-Ducrocq, 1873, acte n° CCCXXXVIII.
28. Idem., acte n° CMXXVIII.

Les usages guerriers

Les usages génèrent des paysages où l'eau et la forêt sont mobilisées en tant que ressources. C'est le cas en 1489, quand on fortifie la ville de Saint-Omer[29]. De la sorte, Saint-Omer est close par des hauts murs, pont-levis en bois et herse de fer, entourée par un fossé en eau et d'épaisses haies arbustives épineuses. Par ailleurs, l'extraction des matières premières modifient le paysage par le biais des coupes de bois, carrières de pierres et plantations d'épines (*Crataegus monogyna* ou autres), ou, plus exactement, dessinent des paysages en creux, ceux qui naissent de l'exploitation guerrière de l'environnement médiéval.

Cette présentation n'est pas une synthèse régionale et ne vise pas l'exhaustivité. Au demeurant, à partir de quelques cas, on voit apparaître une complémentarité entre voie d'eau et exploitation forestière : la première participe à l'écoulement des produits tirés des bois. Toutefois, la relation n'est pas figée, car les hommes réalisent des aménagements afin d'améliorer l'hydrosystème. Cela engendre des paysages arborés qui, à leur tour, servent la voie d'eau. Ces rapports complexes évoluent au cours des siècles selon les demandes et les techniques.

En outre, dans les périodes de guerre, récurrentes en région frontalière, les relations entre l'eau et la forêt changent de nature. Au service de la forêt durant la paix, les voies d'eau facilitent son pillage. Ici, les forêts dépendant de l'eau, le contrôle de l'infrastructure hydraulique constitue un enjeu militaire. D'autres situations accouchent de paysages guerriers où l'on fortifie les sites. En ce cas, l'eau et la forêt sont des ressources mobilisables. Une nouvelle relation surgit, qui assure la défense des objectifs stratégiques. Ces facteurs sont à prendre en compte par la recherche historique et recoupent les thèmes, plus vastes, de la puissance publique face à l'Environnement[30].

---

29. J. Molinet, *Chroniques*, tome II, chapitre CLXXXVIII, p. 92. Guerre des Impériaux contre les Français et les Flamands.

30. À cet égard, voir la publication de l'atelier franco-allemand « Environnement et pouvoir, une démarche historique/Umwelt und Herrschaft in der Geschichte » organisé par F. Duceppe-Lamarre et J. I. Engels à l'Institut historique allemand de Paris, 12 juin 2006.

Une histoire méconnue :
le flottage en Franche-Comté au Moyen Âge

Pierre GRESSER*

Riche en forêts feuillues et résineuses, ainsi qu'en cours d'eau, la Franche-Comté utilisa ses ressources naturelles pour répondre à la demande en bois, dont on sait l'importance pendant la période médiévale. Si l'existence d'un flottage relève de l'évidence, en préciser la réalité soulève des difficultés, liées au caractère ténu des informations, et à leur grande dispersion dans les fonds d'archives. Parmi les travaux publiés, on trouve çà ou là quelques données disparates, glanées au hasard des lectures. Mais hormis l'article d'A. Gibert[1] publié en 1932, aucune étude n'a jamais concerné ce thème.

Ceci dit, le colloque de Bordeaux consacré à l'eau et la forêt a incité à entreprendre des recherches pour étoffer nos connaissances. Sans mettre fin aux interrogations sur le flottage comtois, la contribution utilise des sources inédites. Cela éclaire la pratique des bois flottés en Franche-Comté, comme ailleurs. Si la recherche des débuts du flottage constitue le point de départ de l'enquête, ses modalités forment le second volet d'un triptyque s'achevant sur les villes qui reçurent ces bois, dont l'origine géographique demeure la grande inconnue.

I – AUX ORIGINES DU FLOTTAGE

À quand remonte l'utilisation des cours d'eau pour transporter du bois en Franche-Comté ? Quand la question vient à l'esprit, force est de constater que la réponse est douteuse.

* Professeur émérite, Université de Franche-Comté.

1. A. Gibert, « Notes au sujet de l'ancien flottage du bois sur le Doubs », *Mélanges géographiques offerts à Raoul Blanchart*, 1932, Université de Grenoble, Grenoble, Allier père et fils, pp. 253-266.

Une pratique antique

Il y a une trentaine d'années, Yves Jeannin, dans un article pionnier consacré aux rapports entre l'homme et le Jura dans l'Antiquité, affirma l'existence de bois flottés à l'époque gallo-romaine. « Il est certain que les conifères du Jura ont fourni aux Gallo-Romains des bois de construction, des perches d'échaffaudage et du combustible pour les nombreux et indispensables hypocaustes. Les bois pouvaient être directement exploités par les villes ou les bourgades voisines (Izernore, Villards-d'Héria, Saint-Germain-en-Montagne) ou flottés facilement sur le Doubs, le Dessoubre, la Loue, l'Ain ou la Bienne en direction des villes du plat-pays (Mandeure, Besançon et peut-être Lyon). Dans ces localités les thermes publics, aussi bien que le chauffage domestique ou les besoins de l'artisanat et de la construction devaient, sans doute, faire appel à ces ressources lointaines pour compléter ce que fournissaient les forêts voisines. Pline nous dit explicitement que les sapins du Jura et des Vosges étaient appréciés. Mais cette exploitation se limitait à la bordure du massif forestier ou aux forêts proches des cours d'eau, seules sorties praticables. Vu les difficultés du transport, le cœur du massif ne se prêtait qu'à une utilisation sur place : fours à poix ou fourneaux à feu »[2].

Si l'acheminement de résineux par voie d'eau depuis les hauteurs jurassiennes, où les épicéas et sapins abondent, jusqu'aux localités comtoises qui en avaient besoin, peut être acquis, il faut entrer dans la période médiévale pour collecter les premières données précises.

La chronologie médiévale

Alors que notre connaissance du flottage comtois dans l'Antiquité dépend exclusivement de l'archéologie, la diffusion de l'écriture au Moyen Âge constitue un apport particulièrement précieux pour l'étude des arbres acheminés sur les rivières comtoises. Mais les premiers historiens à s'y intéresser au XIXe siècle ont daté très diversement l'apparition du procédé.

À en croire Edouard Clerc, en 1846, dans sa célèbre synthèse de l'histoire comtoise, rééditée en 1870, c'est sous le principat de Philippe le Hardi, duc et comte de Bourgogne de 1384 à 1404, que le flottage serait apparu en Franche-Comté : « Avec lui… les forêts séculaires de nos montagnes acquéraient une valeur inconnue ; pour la première fois

2. Y. Jeannin, « L'homme et le Jura dans l'antiquité », *Congrès régional des Sociétés savantes, Vesoul, Académie de Besançon*, volume 178 bis, 1972, p. 136.

les flottes de sapin en descendirent par nos rivières »[3]. Quelques années plus tard, en 1858, Auguste Castan dans sa thèse de l'École des chartes affirma qu'aux XIIe et XIIIe siècles, le chambrier de l'archevêque « percevait un impôt sur chacune des rayes de bois ou de marin qui flottaient sur le Doubs »[4]. Enfin, à la fin du siècle, Auguste Coulon, autre chartiste, fut le premier auteur à rassembler des références précieuses sur les bois flottés. Sans ignorer ses prédécesseurs, il précise : « A Baume, à l'Isle-sur-le-Doubs, à Pont-de-Roide, même à Soulce, au-dessus de Saint-Hippolyte, le flottage existe dès 1318 »[5]. Dans tous les cas il s'agit du Doubs.

Quant aux auteurs du XXe siècle, A. Gibert reprend les données livrées par Auguste Coulon et ne fournit aucun élément nouveau, Yves Jeannin limitant sa réflexion à l'Antiquité.

La perspective des textes médiévaux

Si l'historien ne disposera jamais des textes antiques qui lui permettrait de décrire le flottage en Franche-Comté à l'époque gallo-romaine, voire avant, ce n'est plus vrai pour la période médiévale, mais tardivement.

Dans l'état actuel des connaissances, la pratique des bois flottés semble maintenue au cours du haut Moyen Age (V[e]-Xe siècles). Mais la rareté des manuscrits et l'exploitation à laquelle ils furent soumis laissent peu d'espoir d'en trouver un utile pour notre propos. Au « beau Moyen Âge » cher à Georges Duby (XIe-XIIIe siècles), le développement de l'écrit apporte une multitude de textes qui sont loin d'avoir été tous dépouillés. Dès les XIIe et XIIIe siècles l'emploi des cours d'eau est avéré pour le transport des arbres. En effet, pour se limiter au Doubs, après Auguste Castan, Roland Fiétier, tout en déplorant être « dans l'ignorance la plus totale pour ce qui est de la navigation sur le Doubs », ajoute : « Pourtant, le trafic par eau n'a pas dû être totalement absent. Sinon comment expliquer la présence de multiples « port » et autres débarcadères établis (et en train de s'établir) sur les deux rives du Doubs ? Dès le XIIIe siècle il y a un port au bois en amont de la ville

3. Ed. Clerc, *Essai sur l'histoire de la Franche-Comté*, tome II, Besançon, Ch. Marion, 1870, p. 280.

4. A. Castan, « Origines de la commune de Besançon », *Mémoires de la Société d'émulation du département du Doubs*, 1858, Besançon, 1859, p. 247.

5. A. Coulon, *Étude sur les forêts de Franche-Comté du 1er au XVIIe siècle*, thèse manuscrite de l'École des chartes, 1893, p. 142.

entre la Porte taillée et celle de Rivotte, il recueille les bois qu'on expédie par flottage »[6].

Carte n° 1 : Le flottage en Franche-Comté du XIIIe au XVe siècle

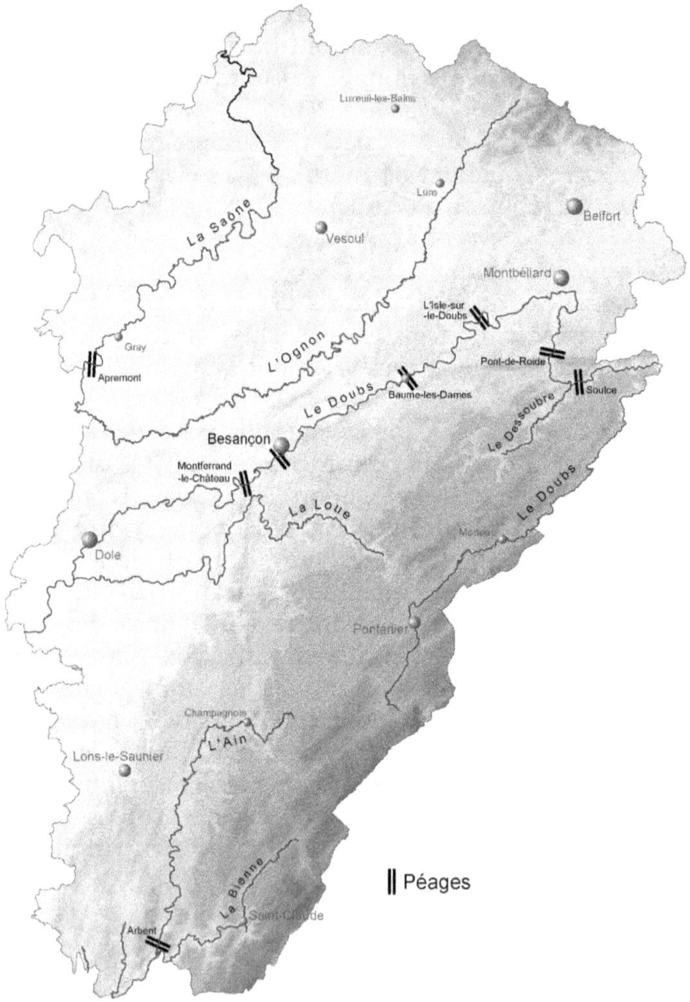

6. R. Fiétier, *La cité de Besançon de la fin du XIIe au milieu du XIVe siècle. Étude d'une société urbaine*, tome I, Lille et Paris, 1978, pp. 487 et 488.

Avec les XIVe et XVe siècles les références sont plus nombreuses. En nous appuyant sur une série d'informations, nous dépeindrons le flottage médiéval en Franche-Comté.

II – ESSAI DESCRIPTIF

À défaut d'une description précise de la manière dont les Comtois utilisaient les cours d'eau pour transporter les bois, les renseignements provenant des travaux imprimés et d'archives nouvelles livrent une première approche d'une pratique mal documentée.

Les rivières concernées

Sept cours d'eau comtois servirent au trafic des arbres. De l'est à l'ouest : le Doubs, avec deux affluents, le Dessoubre et la Loue ; l'Ain, qui reçoit la Bienne à Chancia ; l'Ognon et la Saône. Remarquons que quatre d'entre eux sont cités par plusieurs auteurs et trois par un seul auteur. C'est le cas du Dessoubre et de la Loue, de l'Ognon et de la Saône.

La liste n'est pas exhaustive, mais a le mérite d'exister et nécessiterait d'être élargie voire confortée. Par conséquent, nous ne sommes plus au XIXe siècle, où Édouard Clerc écrivait que « les flottes de sapins » descendaient « de nos montagnes », « par les rivières » sans les dénommer. Au sujet de l'Ain, Alain Kersuzan a exposé l'exploitation du bois et du flottage en Bresse et dans le Bugey à la fin du XIIIe siècle et dans la première moitié du XIVe siècle[7], et Sylvie Bepoix l'existence d'un péage à Arbent sous le principat de Jean sans Peur (1404-1419)[8]. Pour le Doubs, la thèse de Jacky Theurot[9] apporte une seule preuve du flottage pour un demi-millénaire d'histoire, en 1489, ce qui confirme la rareté des renseignements sur les bois flottés, déjà constatée. Quant à la Saône, les comptes de la trésorerie de Vesoul révèlent un péage « des rasez de bois » passant par Apremont « aval la Saône », dès 1386-1387[10].

---

7. A. Kersuzan, *Défendre la Bresse et le Bugey. Les châteaux savoyards dans la guerre contre le Dauphiné (1285-1355)*, Lyon, P.U.L., Collection d'Histoire et d'archéologie médiévales, n° 14, 2005, pp. 342-347.
8. S. Bepoix, *Le comté de Bourgogne au temps de Jean sans Peur (1404-1419) : administration et gestion d'un domaine princier*, thèse dactylographiée, Besançon, 2002, p. 150.
9. J. Theurot, Dole, *Genèse d'une capitale provinciale. Des origines à la fin du XVe siècle. Les structures et les hommes*, volume II, Dole, 1998, p. 972.
10. Arch. dép. Côte-d'Or, B 1464, f° 9 v°.

Les bois flottés

Quelles étaient les essences des bois flottés et sous quelles formes étaient-ils transportés ? D'un historien à l'autre les réponses diffèrent.

En ce qui concerne les essences il s'agit du sapin et du chêne si l'on en croit Auguste Coulon, les autres auteurs ne citant que le sapin ou les « conifères », comme Yves Jeannin, afin de ne pas oublier les épicéas. L'étude des deux péages pris en compte par le trésorier de Vesoul démontre que, si à Baume-les-Dames, sur le Doubs, des « flottes de sappin » sont attestées dès 1393-1394, en revanche nous ignorons ce qu'étaient les « rasez de bois » passant par Apremont sur la Saône et mentionnés en 1386-1387[11].

Les chênes et les sapins étaient-ils transportés à bûches perdues ou par trains ? La question est d'importance et seul Auguste Coulon affirme, sans le prouver, que « le flottage à bûches perdues ou par trains, dirigés depuis le bord ou avec des barques au moyen de perches » fut utilisé[12]. En fait, à scruter la documentation, il semble difficile de retenir l'hypothèse des bûches perdues et seuls les trains sont avérés.

La lecture des amendes des bois banaux figurant dans les comptes de la gruerie révèle à plusieurs reprises des bûches dispersées sur l'eau. Mais s'agissait-il d'un acte volontaire ? C'est ainsi que le compte de gruerie du 20 décembre 1374 au 24 juin 1376 comporte un texte intéressant, qui fait suite aux peines pécuniaires infligées à Fraisans. Il s'agit « Du bois, ais (planches), navoy (embarcation) qui furent trovez en la revière de Fressans (le Doubs) et de Cinqcent ou mois de janvier 73 (1374), quant li gruier entre novellement en l'office ». Dans l'énumération, après 1 « vaissellet de vin », on relève « 45 hais que grant que petit », 1 « grant sapey ront » dont le gruyer fit faire un « navoy », 2 autres « navoy » et « une paire de boutailles »[13]. À l'évidence, il s'agit des effets d'une crue, car le texte précise que le Doubs « aloit par dessus le pont de Besançon » : les 45 planches (hais) récupérées par le gruyer et le sapin ne correspondant pas à un flottage à bûches perdues, d'où provenaient-elles ? Quelle était leur essence ? Nous l'ignorons.

De même, dans le compte du 3 avril 1390 au 26 mars 1391, la condamnation à Gray d'Henry du Molin à 7 sous fut justifiée par le fait

11. Arch. dép. Côte-d'Or, B 1498, f° 8 (Baume-les-Dames) ; B 1464, f° 9 v° (Apremont).

12. A. Coulon, *op.cit.*, p. 141.

13. Arch. dép. Côte-d'Or, B 1443/2, f° 22 v°.

qu'il avait pris une pièce de bois « que venoit a vaulx la revière »[14]. Là, c'est le vol qui fut sanctionné. Le compte du 30 avril 1393 au 30 avril 1394 fournit un autre exemple de ce type de répression. À La Loye et Santans, Aymonin, fils à la Brecaude, de Montbarrey, dut débourser 30 sous pour avoir transporté chez lui 2 pièces de bois que les forestiers avaient « barrées et mises la main, que estoient venues aval l'aigue »[15], sans doute la Loue, qui rejoint le Doubs au sud de Dole.

En fait, les deux cas précités correspondent à du bois d'épave, qui devait revenir au seigneur. Le compte du 1er mai 1418 au 30 avril 1419 est explicite avec un jugement rendu à Dole le 12 janvier 1418. Girard, fils d'Oudol Poillot de Crissey, versa 40 sous à la gruerie, car il avait porté en son hôtel une pièce de bois « esquarrée », qui était sur le Doubs « venue d'épave » et sur laquelle avait été « mise la main du seigneur »[16]. On ne saurait être plus clair. Ultime exemple : le jugement de Passequoy de Villeneuve, lieutenant du gruyer qui, le 20 septembre 1428, infligea à Thiebaut Barbier d'Orchamps 20 sous d'amende pour avoir volé « certain bois venu d'espave, aval la riviere et estoit croisyé »[17]. Entendons par là que les arbres étaient parés de petites croix, ce qui signifie que le prince s'était approprié les bois d'épave.

Auguste Coulon, en faisant référence à un document que nous n'avons pas consulté, évoque la nécessité de construire une écluse sur le Doubs à Soulce, en 1505, pour retenir le bois nécessaire à la cuite de la muire[18]. Dans ce cas, l'hypothèse d'un flottage à bûches perdues ne saurait être exclue.

Si les renseignements présentés ne prouvent pas la pratique des bûches perdues en Franche-Comté au Moyen Âge, en revanche l'existence de trains de bois est incontestable. Pour suivre le cours du Doubs, sur lequel nous sommes mieux renseignés, signalons les mentions de : « flottes de sappin » à Baume-les-Dames, en 1393-1394, « rayes de bois ou de marin » à Besançon aux XIIe et XIIIe siècles et de 6 « raes de laons » à Montferrand-le-Château en 1356-1357[19]. Sur la Saône, il est question du péage « des rasez » à Apremont en 1386-1387 et de « rades ou radels » à Arbent, sur l'Ain, à l'époque du principat de Jean sans Peur. Cela suggère deux remarques. D'une part, un vocabu-

14. Arch. dép. Côte-d'Or, B 1489, f° 6 v°.
15. Arch. dép. Côte-d'Or, B 1497/2, f° 2.
16. Arch. dép. Côte-d'Or, B 1575/8, f° 14 v°.
17. Arch. dép. Côte-d'Or, B 1640/2, f° 10 v°.
18. A. Coulon, *op.cit.*, p. 142
19. L. Borne, *Les sires de Montferrand, Thoraise, Torpes, Corcondray, aux 13e, 14e et 15e siècles*, Besançon, Jacques et Demontrond, 1924, p. 629.

laire varié désigne les trains de bois : « flottes de sappin »; « rades », « radels », mots qui renvoient au radelage, c'est-à-dire à l'assemblage en radeaux de sapins et de chênes, mais aussi la descente de ceux-ci ; « raes », « rayes » et « rasez ». D'autre part, les arbres ne se présentaient pas tous sous la même forme. Auguste Coulon a parlé de « billes de sapin » sur le Doubs, la Bienne et l'Ain, mais aussi de « bois de quartelage, et même de grosses pièces de chêne » sur l'Ognon et la Saône. Si nous pouvons confirmer le passage de trains de troncs de sapin à Baume-les-Dames, en 1393-1394, nous n'avons aucune preuve de grosses pièces de chêne sur la Saône et son affluent l'Ognon. De même, le « bois de quartelage »[20] demeure une inconnue. En revanche, les planches dénommées « laons » sont signalées sur le Doubs, à Monferrand dès 1356-1357, à Pont-de-Roide et l'Isle-sur-le-Doubs, en 1400[21].

Les conduits et péages

Si l'existence du flottage n'est plus à démontrer, plusieurs renseignements indiquent qu'il nécessitait une autorisation seigneuriale (conduit) et ne pouvait échapper aux différents péages, sources de revenus.

C'est le dépouillement intégral des fautes jugées par la gruerie, office chargé d'administrer et de gérer les eaux et forêts comtales, qui fournit un indice exceptionnel sur les autorisations seigneuriales que demandait l'utilisation de la Saône comme moyen de transport. Tel est le motif de l'amende de 3 sous infligée par la gruyer à Apremont, le 25 avril 1388, à Perrenot Boussel, pour bois « mené aval la Saone, sens avoir conduyt »[22]. Nous aimerions avoir d'autres exemples pour savoir si ce droit concernait toutes les rivières comtoises. Faute de preuves, il est difficile de se prononcer, mais tout laisse à penser qu'il devait en être de même ailleurs. Trente ans auparavant (1359-1361), le cas de Jehannenat Boussel, jugé à Apremont pour avoir « trouvé en son amex de bois fait en la Saone pour mener à Chalon, une pièce de bois esquarrée des bois d'Apremont »[23] est significatif. D'une part, c'est parce que le coupable avait volé une pièce de bois « esquarrée » dans les bois d'Apremont qu'il fut condamné à 15 sous d'amende et non par

20. D'après G. Plaisance, *Dictionnaire des forêts*, Paris, La Maison rustique, 1975, p. 163, il s'agissait du bois destiné à être brûlé ou de grosses bûches fendues souvent en quatre.

21. L. Borne, *op.cit.*, p. 629 ; A. Coulon, *op.cit.*, p. 142.

22. Arch. dép. Côte-d'Or, B 1477, f° 12.

23. Arch. dép. Côte-d'Or, B 1403/6, f° 23.

manque de conduit. Le texte sous-tend que Jehannenat détenait une autorisation seigneuriale permettant d'acheminer l'« amex de bois » jusqu'à Chalon-sur-Saône. D'autre part, en 1359-1361 et 1388 ce sont les membres de la même famille (Boussel) dont il est question. Étaient-ils radeleurs ? Peut-être.

De même qu'il était interdit d'acheminer du bois par voie d'eau sans conduit, de même les arbres flottés étaient soumis à des prélèvements en nature ou en espèces aux différents péages.

Après Auguste Castan en 1858 à propos des droits du chambrier à Besançon, c'est Auguste Coulon en 1893 qui énumère un certain nombre de péages sur le Doubs : Soulce (vers 1505) en amont de Saint-Hippolyte, Pont-de-Roide (1318), l'Isle-sur-le-Doubs (1400), Baume-les-Dames (1460), Besançon (dès le XIIe siècle)[24]. Cela impose plusieurs remarques. Premièrement, la liste n'est pas complète et mériterait de l'être. Louis Borne mentionna en 1924 un péage en aval de Besançon, à Montferrand-le-Château : « Pour le peaige de 6 raes de laons qui passarent par le Douz dessouz Montferrant, le mardy devant Saint Etienne en aoust, et le jour de Saint Mathe, l'an 56, pour chascun rae, 2 solz, 12 solz. Pour l'amende levée deuls pour ce qu'il passerent senz paier ledit peaige, 48 solz »[25]. Deuxièmement, il faudrait reprendre la documentation relative aux lieux cités. En ce qui concerne Baume-les-Dames, le dépouillement des comptes de la trésorerie de Vesoul signale le flottage à Baume dès la fin du XIVe siècle. En effet, le registre de Pierre le Moniat de Musigny, pour l'année du 1er novembre 1393 au 1er novembre 1394, à la fin des recettes en argent de Baume-les-Dames et Clerval mentionne : « Du pessaige et droit des flottes de sappin passans par dessous le pont de Baulmes, contrevaul la rivière du Doul, et doit chacune flotte 5 sous »[26]. Malheureusement la somme globale (20 livres) ne permet pas de calculer le nombre de trains de résineux qui franchirent le péage, car elle inclut les amendes des bois de Baume-les-Dames, le tout étant amodié.

Le Doubs n'était pas la seule rivière jalonnée de péages, mais pour les autres, l'existence est difficile à prouver. Sur l'Ain, Sylvie Bepoix a relevé à propos d'Arbent (au nord d'Oyonnax), pour les années 1404-1419 le prélèvement d'une livre d'épices pour les « rades » ou « radels » qui passaient au lieu-dit : « le péage du coude ». Et l'auteur d'ajouter : « Il est aussi question de 'veliers de mer' qui payaient davan-

24. A. Coulon, *op.cit.*, p. 141 et p. 142.

25. L. Borne, *op.cit.*, p. 269.

26. Arch. dép. de la Côte-d'Or, B 1498, f° 8.

tage. Cependant, il est précisé 'sapins pour faire vales en mer'[27]. N'était-ce pas plutôt la matière première de ces voiliers de mer, les billes de conifères, que l'on taxait au péage, à l'image de Baume-les-Dames ? ». Curieusement, à propos de la Saône, seule la localité d'Apremont apparaît dans les comptes du trésorier de Vesoul. Le registre du 22 avril 1386 au 7 avril 1387 parle du péage des « rasez de bois » passant « aval » la Saône. Comme à propos de Baume-les-Dames, les revenus furent amodiés, cette fois avec ceux de la prévôté du lieu[28].

III – LA DESTINATION DES BOIS FLOTTÉS

L'étude des modalités du flottage souligne les zones d'ombre de ce transport. À celles déjà présentées s'ajoute une autre inconnue : la destination des arbres. Néanmoins, l'historien dispose de plusieurs thèses d'État, qui précisent ce que furent les localités accueillant les bois qui descendaient le Doubs et la Saône.

Besançon

Grâce à la thèse de Roland Fiétier, on peut dire que Besançon fut la ou une des destinations des bois flottés sur le Doubs, mais les données sont réduites.

À la fin du XIIIe siècle, les sources témoignent d'un port au bois, en amont de la ville, entre la Porte Taillée et celle de Rivotte. Là, arrivaient les bois flottés depuis l'amont, bloqués avant d'atteindre les écluses des moulins bisontins. Comme le suggère l'auteur, « la pratique du flottage ne suppose-t-elle pas l'absence de navigation au-delà de Besançon ? Là s'arrêtent les certitudes. Cependant, il semble qu'une activité fluviale conséquente aurait laissé quelques traces. Or il n'en est rien. Les relations de la ville sont donc, apparemment, à peu près exclusivement terrestres »[29].

La pratique du flottage réapparaît ensuite puisque, après la mention de 1290, vers 1295 le port au Maire sert à débarquer du bois. Il en fut de même en 1401[30]. Faute d'étude systématique, il est difficile d'en dire plus. Lorine Pillods, qui dressa un tableau de la ville au temps des écorcheurs (1437-1438), nota plusieurs fois l'expression « lahon de

27. S. Bepoix, *op.cit.*, p. 150.
28. Arch. dép. Côte-d'Or, B 1464, f° 9 v°.
29. R. Fiétier, *op.cit.*, p. 488.
30. R. Fiétier, *op.cit.*, p. 487.

reviere » à propos du sapin[31]. Cela dévoile un transport fluvial venant du haut Jura (le sapin n'apparaît qu'au-delà de 700-800 m à cette époque). Il faudrait une seconde thèse pour connaître ce que devint le flottage du milieu du XIVe siècle à la fin du XVe siècle, pour se limiter à la période médiévale.

Dole

Située sur le Doubs, à cinquante kilomètres en aval de Besançon, Dole a donné lieu à une monographie du XIe siècle au début du XVIe siècle. Si la rivière est fréquemment présente sous la plume de Jacky Theurot, l'absence de renseignement sur la navigation est tout aussi notable qu'à Besançon. Quant au flottage, il fait l'objet d'une seule notation pour la fin du XVe siècle.

Alors que depuis le 24 août 1480 le Parlement, installé à Dole en 1386, est transféré à Salins après la conquête du comté par Louis XI, le 31 juillet 1489 voit l'annonce de « reffaire les chambres et auditoires de l'aule de Dole pour tenir les parlemens du dit conté et que monseigneur le président avoit grande affetion de faire des biens a la dite ville ». Or une note du 11 décembre 1489 indique 9,5 francs payés aux charpentiers, maître Perrin Berdelot et Jean Feurier de Montmirey, pour avoir abattu, « escaré » et transporté 12 pieds de chênes en provenance du bois « des Clee » ainsi que 70 « lahons de sappin, de 24 pieds de long amené des montaignes par la rivière du Doubz... pour emploier à l'édiffice des auditoires du parlement du dit Dole, qui montent en somme y compris le charroy et la peinne de tirer les dits lahons hors de l'eaue, les entasser en la dite chambre, à la somme de 11 francs 3 gros monnoie »[32]. Les « lahons » ou planches de sapin parvinrent à Dole depuis les « montaignes » (haut Jura) par flottage sur le Doubs. Mais un exemple en cinq cents ans est dérisoire pour soutenir l'hypothèse du flottage.

Châlon, Mâcon et Lyon

Les arbres flottés sur le Doubs poursuivaient-ils leur course sur la Saône, en direction de Châlon et Mâcon ? Là aussi, la prudence s'impose, même si la thèse d'Henri Dubois fournit des informations précieuses.

Dans sa description du trafic du val de Saône vers 1280, l'auteur traite en quelques lignes des produits de la forêt, ce qui montre la rareté

31. L. Pillods, *Besançon au temps des Écorcheurs (1437-1438). D'après les registres de la comptabilité de Besançon*, mémoire de maîtrise, Besançon, 2005, p. 67.
32. J. Theurot, *op.cit.*, pp. 971 et 972.

des données sur le flottage. Qu'il soit permis de reproduire ici le passage concerné. « Les bois ne sont mentionnés qu'à Chalon et Mâcon, où ils passent, par la voie fluviale, sous forme de bois équarris. Le tarif chalonnais ne les cite qu'à la remontée, mais Mâcon les voit passer dans les deux sens. Chargées à Mâcon pour Villefranche ou à Villefranche pour Mâcon par « gens étrangers », les pièces de bois bénéficient à Mâcon d'un tarif de faveur. Les seules essences mentionnées sont le chêne et le sapin »[33]. Rien a priori ne permet d'affirmer la présence d'arbres comtois sur la Saône, après flottage sur le Doubs.

À l'évidence, la pratique de transporter des bois par le fleuve continua aux périodes médiévales, modernes et contemporaines. Louis Bonnamour insiste sur le déclin et la disparition au cours du XIXe siècle et au début du XXe des « radeleurs », ces mariniers sans bateau, qui construisaient et convoyaient des radeaux de bois d'œuvre, chênes et sapins mêlés. « Verdun, à la limite de la Petite et de la Grande Saône et au confluent du Doubs, était certainement le principal centre de fabrication des radeaux. En 1839, on y construisit 1 163 radeaux, chiffre qui, vers 1910, était tombé à 5 ou 6 radeaux seulement… »[34].

Quant à Lyon, ville de confluence de la Saône et du Rhône, à l'occasion de la construction d'un parking souterrain au pied de la colline de Fourvières, au parc Saint-Georges situé sous l'église du même nom, les fouilles d'urgence effectuées par une équipe de L'Institut National de Recherches Archéologiques Préventives (INRAP) ont exhumé les restes d'une quinzaine de bateaux, dont 5 ou 6 antiques, 2 médiévaux (dont une pirogue monoxyle du XIIe siècle et une barque du XIVe siècle) et au moins 2 barques du XVIIe siècle. La publication des travaux conduits par Christian Dormoy et Fabrice Laurent est en cours[35]. Cependant, on sait que 3 bateaux sont « fabriqués avec un cocktail de chêne et de sapin, les trois embarcations sont assemblées sans cheville en bois, mais grâce à un impressionnant cloutage. Du tissu assure les joints d'étanchéité »[36]. On se pose la question de la provenance des sapins qui servirent à les fabriquer. Du Jura ? Faute de réponse, contentons-nous de l'interrogation.

33. H. Dubois, *Les foires de Chalon et le commerce dans la vallée de la Saône à la fin du Moyen Âge (vers 1280- vers 1430)*, Paris, Publications de la Sorbonne, 1976, pp. 53-54.

34. L. Bonamour, *La Saône, une rivière, des hommes*, Paris, Christine Bonneton Éditeur, 1981, p. 55.

35. Nous remercions cordialement Monsieur Jean-Michel Poisson pour ces informations.

36. *Le Monde*, 1er novembre 2003, p. 26.

Les pages qui précèdent montrent la difficulté à décrire le flottage en Franche-Comté du XIIIe au XVe siècle, même si les informations donnent une idée de la manière dont les arbres furent acheminés par voie d'eau. Au nombre des questions sans réponse, il y a l'origine précise des bois flottés, leur volume, leur estimation aux différents péages, les hommes spécialisés dans ce type de transport, la destination des radeaux ou des bûches perdues. À l'évidence, le Moyen Âge n'a pas légué aux médiévistes, pour reconstituer le flottage et la navigation sur les cours d'eau comtois, une documentation comparable à celle qui concerne le Rhône, magistralement exploitée par Jean-Jacques Rossiaud[37].

37. J. Rossiaud, *Dictionnaire du Rhône médiéval. Identités et langages, savoirs et techniques des hommes du fleuve (1300-1550)*, Grenoble, Centre Alpin et Rhodanien d'Ethnologie, 2002.

Le drainage des bois de Puisaye vers l'Ile-de-France au XVIIIe siècle : le flottage des bois de Saint-Fargeau

*Jean BOISSIÈRE**

Entre les vallées de l'Yonne et de la Loire, à l'ouest du Nivernais, se trouve la Puisaye. C'est un pays de bocage à la topographie mouvementée, aux vallées nombreuses, où l'eau suinte partout. Le réseau hydrographique s'organise autour de trois niveaux de base relatifs : à l'ouest, la vallée de la Loire attire des cours d'eau relativement courts et de peu d'importance comme la Vrille, l'Ousson ou la Trézée, le canal de Briare suivant la vallée à contre-pente. A l'est, là encore, tout un ensemble de petits cours d'eau comme la Druyes en aval de Clamecy, le Ravillon, le Tholon ou le Vrin en aval d'Auxerre constituent une deuxième voie de drainage en direction de l'Yonne. En dehors de ces réseaux périphériques, l'axe fondamental d'écoulement est représenté par le cours supérieur du Loing et de ses affluents, l'Ouanne, le Branlin et l'Agréau orientés sud-est nord-ouest, en direction de la vallée de la Seine que l'ensemble atteint dans la région de Moret au-delà de Montargis. Le tout reste modeste : le Loing prend sa source à une altitude de 373 mètres, l'apport de ses affluents jusqu'au confluent avec l'Ouanne est très limité ; le débit moyen, à l'embouchure dans la Seine, ne dépasse pas les 15 mètres cubes.

I – PUISAYE ET EXPLOITATION FORESTIÈRE

On est là aux marges des zones d'influence de Paris, Dijon et Orléans. Il en était de même autrefois. A l'époque moderne l'essentiel de ces pays est intégré à l'intendance d'Orléans dont le territoire s'étend alors jusqu'à Clamecy. Dépendant de Gien pour les questions financières, de Montargis pour la justice, leur isolement et l'existence

* Professeur émérite, Université d'Orléans.

d'une forte tradition seigneuriale locale expliquent le maintien de bailliages seigneuriaux subalternes[1]. C'est le duché de Saint-Fargeau qui constitue la maison seigneuriale la plus importante. Longtemps tenu par les Montpensier, l'une des branches Bourbon, il fut cédé en 1681 par la Grande Demoiselle, Anne-Marie d'Orléans, duchesse de Montpensier (1627-1693) à son mari, Antoine de Caumont-La Force, duc de Lauzun (1633-1723). Au XVIIIe siècle, après un intermède Crozat, les Le Peletier possèdent la terre de Saint-Fargeau et ses dépendances jusqu'à la Révolution au moins.

Tous les auteurs soulignent le relatif isolement du pays. Car les grands axes de circulation, à l'époque moderne comme aujourd'hui, l'encadrent sans le pénétrer. Au nord-est, la vallée de l'Yonne avec Sens, Joigny, Auxerre, a fixé la route de Bourgogne doublée d'une utilisation intensive de la voie d'eau, en dépit de ses dangers. Au sud-ouest, la vallée de la Loire n'ouvre pas seulement l'espace ligérien vers le Centre de la France. Elle se rapproche de la vallée de la Seine, ce qui donne à l'axe de circulation Gien Montargis une importance capitale. Sous l'influence d'un certain nombre d'intérêts locaux puis de la maison d'Orléans, bénéficiaire à proximité d'un important apanage, tout un travail d'aménagement est réalisé : canal de Briare (1604-1642), d'Orléans (1676-1692), latéral au Loing au delà de Montargis (1719-1724). Cela aide à acheminer les marchandises vers ce formidable bassin de consommation que représente la capitale. Une partie des richesses hydrauliques sert à alimenter ces axes de circulation. Dès Moutiers, la vallée supérieure du Loing est peuplée d'étangs, réserves depuis 1658 du canal de Briare. En aval de Saint-Fargeau, la rigole de Saint-Privé ponctionne la plus grande partie des eaux pour alimenter le bief de partage à Rogny. En effet, jusqu' à Bléneau, où il récupère l'apport médiocre de la Chasserelle, le Loing n'est plus qu'un ruisseau[2].

Les premiers signes de l'intérêt porté à l'exploitation forestière locale apparaissent au travers des papiers des Saint-Fargeau. A l'époque de la Grande Demoiselle, les bois étaient réglés pour produire une rente de 8 000 livres annuelles, sans qu'on en connaisse vraiment leur aména-

1. J. Boissière, Cl. Michaud, *L'intendance d'Orléans à la fin du XVIIe siècle, édition critique du « Mémoire pour l'instruction du duc de Bourgogne »*, Paris, CTHS, 1989, pp. 83 et 130.

2. Voir sur ce point les descriptions qu'en donne Joanne, *Dictionnaire géographique et administratif de la France*, Hachette, 1899, article « Loing », ou H. de la La Tynna, *Boussole du commerce des bois de chauffage, bois carrés, charbons de bois et de terre destinés à l'approvisionnement de Paris*, Paris, au bureau du commerce des bois flottés en trains, quai de Béthune n° 8, Ile Saint-Louis, 1827, p. 74.

gement et les conditions de l'exploitation[3]. Jusqu'en 1721, les archives du comté ne conservent que des bribes de contrat de vente. C'est le fermier général de la terre qui planifie la récole ligneuse, les marchands locaux exécutant les coupes. Peut-être s'agit-il de contrats de six ans. Cela garantit une certaine stabilité du revenu forestier bien que modeste[4]. En dehors de cette source, les archives de l'Hôtel de Ville signalent pour la fin du XVIIe siècle les entreprises de deux marchands de bois et de charbon parisiens actifs dans la région de Saint-Fargeau et de Bléneau. On en ignore presque tout[5]. Avec le financier Antoine Crozat, possesseur éphémère du comté après Lauzun, une vision nouvelle du profit forestier s'exprime : une note, non datée dans la version conservée, sans doute du début du XVIIIe siècle, propose « pour procurer une augmentation de provision de bois à brusler, à ouvrer et à bastir à la ville de Paris » de désenclaver la région à partir de la terre de Saint-Fargeau et le long du Loing[6]. Ce serait la seule manière, dit le texte, de valoriser les richesses locales : « tous ces bois vieillissent et périssent parce qu'ils ne peuvent être transportés à cause de l'éloignement des ports et des rivières ». A partir de là, Crozat souhaite engager des travaux considérables sur le réseau hydrographique du Loing depuis la source jusqu'à Rogny, lieu de la jonction du canal de Briare et de la vallée du Loing, pourvu qu'on lui en donne les moyens. Cette note est intéressante par la façon dont elle caractérise les diffi-

3. Arch. nat. 90 AP 74, *Mémoire de la terre et seigneurie de Saint-Fargeau par Hugues Oudin de Masengi, commandant des chasses et inspecteur général à Saint-Fargeau* (1714).

4. Ibid., 90 AP 104, *Vente des bois de Saint-Fargeau.* A l'automne 1635 le fermier général du duché vend pour six ans, par adjudication à un fermier de Dammarie-en-Puisaye, l'exploitation de 30 arpents de bois taillis au prix de 14 livres l'arpent. En 1679 mise en route d'une opération comparable concernant 54 arpents. En décembre 1707 vente d'une parcelle de broussaille d'une trentaine d'arpents pour la production de charbon de bois au prix de 80 livres.

5. Ibid., Z1H 396, 11 octobre 1686 évoque un conflit de paiement entre un marchand parisien, Pierre Picquet, ancien échevin, et des marchands de Saint-Fargeau à l'occasion d'une livraison sur le port de Rogny. 4 ans plus tard (21 septembre 1690) Jean Lecourt, marchand de bois et de charbon, sur le point d'acquérir plusieurs coupes de bois tant futaie que taillis dans la forêt de Bléneau, demande l'appui du Bureau de la Ville pour obtenir une commission à ce sujet qui lui est accordée.

6. Ibid., 90 AP 206, *Proposition pour procurer une augmentation de provision de bois à brusler, à ouvrer et à bastir à la ville de Paris.* Il faut, peut-être, mettre ce projet en relation avec celui qu'évoque Oudin de Masengi dans le Mémoire précédemment cité, dans lequel il envisage d'organiser le commerce des bois par un système de flottage sur le haut Loing « comme cela se pratique en Morvan », comme le font les seigneuries de la Tournelle et de Saint-Brisson (Arch. nat., Ibid., 74).

cultés de l'opération qui sont autant juridiques que techniques[7]. Mais elle ne reçut, visiblement, aucun début de réalisation.

De fait, ce n'est qu'une vingtaine d'années plus tard qu'eut lieu la première tentative sérieuse d'exploitation des bois de la haute vallée du Loing. Au début de 1721, un marchand de bois de Paris, Pierre Duval, achète les plus belles pièces du comté de Saint-Fargeau : la forêt du Parc, les bois de Malcouronnes et de Beaubuisson. Cela couvre quelque 1 600 à 1 700 arpents sur pied à exploiter sur 18 ans. Le contrat, passé chez un notaire parisien, décrit les conditions de coupe et autorise le marchand à rendre flottable le Loing à ses frais. On abat une centaine d'arpents. Reste à engager le nouveau moyen de transport[8]. Là, les difficultés commencent. Deux à trois ans plus tard, nous trouvons dans les papiers de l'Hôtel de Ville l'enregistrement d'un arrêt du conseil d'État pour flotter les bois de Saint-Fargeau qui révèle l'ampleur des enjeux et les parties prenantes que les archives du château précisent[9]. La première coupe n'a jamais pu être évacuée : les bois pourrissent sur place. Ce qui empêcha la mise en route fut la sujétion des eaux du Loing supérieur à l'approvisionnement du canal de Briare. En 1658, au terme d'une assez longue négociation, la Grande Demoiselle avait concédé aux « seigneurs du canal », comme ils aimaient se nommer, la fourniture d'une partie des eaux nécessaires pour alimenter le jeu d'écluses qui, au niveau de Rogny, marquent le point le plus haut de la nouvelle voie d'eau artificielle : depuis, une bonne partie des eaux de la

---

7. La première condition posée par Crozat est, en effet, que le roi lui donne la liberté d'utiliser toutes les eaux qu'il pourra faire venir en la rivière (ruisseaux, étangs, fontaines) quel qu'en soit le statut juridique ; qu'il reçoive la propriété de l'ensemble des fonds, l'exercice des droits de justice, et que l'ensemble soit soumis à la coutume de Paris. L'appel des conflits doit venir devant le parlement de Paris. Enfin pour le financement partiel de l'opération Crozat demande que les autres marchands lui paie péage lorsqu'ils flotteront leur bois et que, pour ce qui est des droits acquittés sur le canal de Briare, ils soient réduits au quart.

8. Arch. nat. 90 AP 104. Le contrat, signé le 27 janvier 1721, est passé chez Me Lemoyne entre Michel Le Peletier des Forts, rue de la culture Sainte-Catherine (paroisse Saint-Paul) et Pierre Duval, marchand de bois pour la provision de Paris, logé hors et proche de la porte Saint-Honoré (paroisse de la Madeleine) à raison de 194 livres, 8 sols, 11 deniers par arpent.

9. Ibid. H 1933, 9 juillet 1723, *Enregistrement d'un arrêt du Conseil pour flotter les bois de Saint-Fargeau appartenant à Mademoiselle de Montpensier, duchesse de Saint-Fargeau.* Ibid. 90 AP 206.

rivière se déversait dans le canal[10]. L'apport des eaux se fait de deux manières : par l'envoi des eaux de l'étang de Moutiers dérivées vers le cours du Loing et par la capture des eaux de la rivière huit jours durant pendant la période d'exploitation du canal, c'est-à-dire d'octobre à mai. Les deux servitudes vont faire obstacle à l'instauration d'un important flottage. Les questions hydrographiques ne relevaient pas que de la chicane. Elles contribuaient à paralyser un projet qui paraissait aisément réalisable : chaque institution avait sa police, sa justice, ses appuis, ses dossiers, ses arguments[11]. D'où le volume des liasses conservées dans les archives de Saint-Fargeau.

II – L'INSERTION DE LA PUISAYE DANS LE PÉRIMÈTRE D'APPROVISIONNEMENT PARISIEN

Appelé à arbitrer au moment où la capitale sort d'une période délicate au plan de l'approvisionnement, le pouvoir royal doit trancher. Pour l'État, deux questions fondamentales se posaient : vérifier la valeur des fonds forestiers en Puisaye ; régler les conflits d'usage sur la voie d'eau ou plutôt contrôler la distribution du flux hydrographique selon les besoins nationaux. A la rigueur, on pouvait se passer des bois de la Puisaye s'il fallait, pour les exploiter, compromettre la belle architecture conçue du temps de Sully pour joindre la Loire à la Seine. On assiste donc, à partir de 1721, suite à l'échec d'un marchand aventureux, à la multiplication des mesures visant à clarifier la situation. Un ingénieur du roi, le sieur de Régemorte, est commis pour étudier ses aspects techniques.

Concernant l'importance des secteurs forestiers, l'affaire est réglée à l'automne 1722, après l'audition à Montargis d'une demi-douzaine de marchands de bois du pays. C'est plus de 27 000 arpents forestiers qui sont recensés, localité par localité. On relève leur qualité, l'âge et le nom des principaux propriétaires à moins de 4 lieues du cours supérieur de la rivière. La carte dressée correspond pour l'essentiel à l'espace de la Puisaye historique. Seul l'axe de l'Ouanne, à l'est, échappe au descriptif. Au sud, les collines où naissent les principaux cours d'eau sont également intégrées ainsi qu'au sud-ouest, les cours supérieurs de la Cheville et de la Vrille. Pourtant, la pente naturelle ramène les eaux vers le val de Loire mais il est plus avantageux, concernant les condi-

10. Idem, *Mémoire au sujet du canal de Briare, de la rigole de Saint-Privé et du canal appelé de distribution* : « La navigation du canal de Briare ne commence qu'après la Toussaint et ne dure, au plus, que jusqu'à la Saint-Jean ».
11. Michel Le Peletier des Forts est contrôleur général des finances de 1726 à 1730.

tions de transport, de conduire les bois vers le Loing que d'emprunter la voie montante du canal de Briare par la vallée de la Trézée. L'enquête est-elle fiable ? Au sujet des superficies, cela semble vraisemblable. La répartition par groupes d'âge et par propriétaires constitue un autre élément permettant d'apprécier les rendements. Les quelques notations relatives à l'état des fonds, à la diversité des essences éclairent également la question. Cela joue dans l'estimation d'un produit lors des enchères. Aller plus loin demanderait une enquête de détail susceptible de nuancer l'ensemble. Ce que nous savons des bois du comté de Saint-Fargeau au travers des adjudications ou des expertises réalisées au XVIIIe siècle à la demande du propriétaire montre la diversité des situations. Cela témoigne aussi du dynamisme du secteur forestier : son essor est sensible dans l'intérêt des propriétaires quant au fonds et à son rendement.

Concernant l'usage des eaux, l'opération est plus délicate. Elle consiste d'abord, sans s'engager dans le conflit, à cerner les enjeux. Il y a des points névralgiques autour desquels l'intervention se concentre. Le premier est la vanne qui régit la prise d'eau alimentant la conduite jusqu'au canal. C'est le grand débat autour de « l'empellement » comme on disait alors. Qui contrôle son ouverture et sa fermeture contrôle l'usage de l'eau. Le système est mixte : un premier jeu de vannes commande l'entrée de la rigole qui mène l'eau vers les étangs de stockage du canal aux alentours de Rogny. Il s'agit de la rigole de Saint-Privé. Laissant de côté tout ce qui touche au nombre de jours alloués au canal, ce dont les tribunaux débattent, l'ingénieur du roi examine l'importance et la qualité de la prise d'eau. L'inspection réalisée révèle qu'en dépit de quelques irrégularités, le volume d'eau qui passe par la pelle d'un moulin du voisinage « est suffisant pour faire aisément flotter les bois ». Quant à la rigole, elle absorbe 28 800 toises cubes en une journée, lorsqu'une des vannes est levée (soit 1/3 de toise cube, c'est-à-dire 2,47 mètres cubes à la seconde). C'est également suffisant d'après l'ingénieur pour alimenter le canal. En revanche, ce qui pose problème selon lui, c'est l'état de la rigole qui n'apporte qu'un petit quart des eaux capturées dans l'étang. Ces pertes sont dues, semble-t-il, au défaut d'entretien de la conduite et aux nombreux regards par où l'eau s'écoule dans les champs [12].

12. Ces données expliquent que les seigneurs du canal peuvent manquer d'eau et cherchent à s'affranchir du calendrier rigoureux qu'impose la convention de 1658. Cependant, ils ne la respectent plus. Il leur faut davantage d'eau pour le canal comme il leur faut davantage d'eau dans la rivière pour le fonctionnement du moulin. D'où le recours à une autre partie de la convention. Ainsi, les eaux de l'étang de Moutiers,

L'introduction d'un temps de flottage perturbe le système. Or il semble bien, et là-dessus on adopte les conclusions de l'enquête Régemorte, que la question des volumes d'eau ait été assez vite résolue, bien que cela soit difficile, chicane et mauvaise foi aidant. L'ingénieur du roi rappelle, en effet, deux choses. La première est qu'il n'y a aucun flottage à partir des chantiers d'abattage sans la création d'un réseau primaire de chenaux partant des bois. Dans cette région où les étangs sont partout, ces canalisations élémentaires servent de point de départ. Elles apportent de manière régulière le complément hydrique qu'attendent les utilisateurs. La seconde revient à constater que les temps de flottage sont relativement limités. Avec de la discipline on peut établir un calendrier satisfaisant. En dehors de la période estivale où l'apport d'eau au canal n'a pas lieu d'être, cinq jours par mois pendant trois à quatre mois, en saison froide, devraient largement suffire. S'agit-il d'un excès d'optimisme ? La violence des tensions en jeu pourrait le laisser croire. Pourtant, même si les documents ne livrent pas les étapes, une solution de ce type dut être trouvée et, peu à peu, le flottage s'est installé. Un certain nombre de tensions jalonnent le siècle, les plus graves en 1731, année où la sècheresse compromet toutes les formes d'utilisation des eaux comme vecteur de circulation[13]. Vingt ans plus tard (juin 1753), on se dispute encore pour l'usage de

proche de la source du Loing, constituent un apport complémentaire disponible sans contrainte de calendrier. La courue de l'étang suit le cours supérieur du Loing et rejoint le canal d'alimentation au niveau des vannes de Saint-Palais. C'est en y faisant référence que les responsables du canal ouvrent et ferment le passage à leur guise, au grand dam du comte.

13. Arch. nat. 90 AP 206. En mai 1731 éclate un grave conflit à propos de l'usage, pour le flottage des bois, de l'eau du moulin du Pont aux Prestres. Dans sa correspondance le comte de Saint-Fargeau se répand en propos peu amènes à l'égard des propriétaires du canal : « Il ne s'agit en tout ceci, écrit-il, que du flotage des bois et de leur passage pendant le temps nécessaire par les vannes de leur prétendu moulin du Pont-aux-Prestres où il n'y a ni moulans ni tournans. La conjoncture y est d'autant plus favorable que l'on m'assure qu'il y a trois à quatre cents bateaux dans la rivière qui ne pourront entrer dans le canal faute d'eau ». A l'automne, cependant, un accord est négocié, les propriétaires du canal accordant quatre jours par mois pour le passage des bois contre la liberté de l'usage des eaux provenant du Loing supérieur. Quelques semaines plus tard, Jean Gourdain, commissaire envoyé par l'Hôtel de Ville pour faire venir les bois vers Paris, esquisse un bilan catastrophique : la batellerie est quasi paralysée au niveau de Rogny.

l'empellement de Saint-Palais[14]. Ces difficultés, cependant, n'ont pas empêché l'instauration du flottage.

La question de la répartition des débits étant théoriquement réglée, reste l'aménagement de la voie d'eau et de ses abords pour un accès sans danger. Sur ce point aussi l'ingénieur Régemore fournit une information de première main, croquis à l'appui, qui permet de mieux cerner les enjeux[15]. Parmi les travaux nécessaires, les premiers concernent l'organisation du secteur régulateur de Saint-Privé. C'est là que les données sont les plus complexes : il faut prévoir une aire de stationnement pour les piles de bois en attente de mise à flot selon le principe des conventions établies, protéger les installations fluviales existantes des dégâts que la circulation intempestive des bûches risque de causer, prendre en compte les conséquences de ces données sur l'environnement rural immédiat. Il y a notamment à prévoir une montée des eaux susceptible d'inonder les prairies voisines. L'ingénieur propose une reconstruction du secteur fluvial de mise en eau, avec protection des berges sur une trentaine de mètres autour des vannes de la rigole. Un chenal, équipé d'un râtelier à chaque bout pour retenir les bois, doit partir d'une quarantaine de mètres en amont de la prise d'eau et retomber dans la rivière 40 mètres plus bas. Il permettra de recouper le méandre où se situe la prise d'eau et dérivera les bois d'amont vers le chantier. Là ils doivent s'entasser avant de partir vers Rogny ou, éventuellement, vers l'aval si l'on est en période de mise en eau. L'emplacement du stockage est prévu au dessus du moulin du Pont-aux-Prestres, dont les vannes doivent déterminer le flux d'eau porteur[16].

L'aménagement du Loing entre Saint-Fargeau et Rogny offre d'autres difficultés. Un second mémoire non daté, peut-être contemporain de celui de l'ingénieur royal, les détaille. Ici, la question de la rivière est reprise depuis la source de part et d'autre de Saint-Privé. Sa pente est plus marquée en amont qu'en aval : dans la partie supérieure on l'estime à 2,17 mètres au kilomètre selon l'évaluation de l'époque, alors qu'ensuite elle passe à 1,40 mètre au kilomètre[17]. La différence doit être

14. Ibid., *Sommation aux seigneurs du canal de respecter la convention de 1658 et de remettre en état l'empellement de Saint-Privé.*

15. Documentation que, jusqu'à ce jour, nous n'avons pas été autorisé à reproduire.

16. Arch. nat. 90 AP 206, *Rapport du sieur Régemorte en la maison presbytérale de Saint-Privé.* Le texte souligne le fait qu'il est possible d'utiliser le cours d'eau entre Saint-Fargeau et le moulin de Pont-aux-Prestres, point de départ du flottage marchand, pour acheminer le produit des coupes « la rivière de Loing étant libre depuis Saint-Fargeau jusqu'au moulin ».

17. De Saint-Fargeau à Saint-Privé la distance est de 2 lieues et la dénivellation de 51 pieds. De Saint-Privé à Rogny elles sont respectivement de 3 lieues et de 49 pieds.

prise en compte dans les pertuis à construire à la hauteur des moulins pour régulariser le cours d'eau et faciliter le passage des bois : il y a neuf moulins aux activités les plus diverses entre Saint-Fargeau et Saint-Privé et treize entre Saint-Privé et Rogny, dont cinq appartiennent aux propriétaires du canal. Tous n'ont pas la même importance. L'auteur du rapport estime qu'il faudra seize pertuis jusqu'à Rogny, le plus considérable étant celui du moulin à forge au-dessus de Saint-Privé : la chute est de huit pieds (2,60 m). C'est donc par là qu'il faut commencer. Le plus long sera celui du moulin Rousseau car il doit faire la jonction de trois pertuis jusqu'à celui de La Pallu. Mais il est facile à exécuter. Il est aussi nécessaire de redresser le cours de la rivière parfois trop large, enlever quelques sinuosités, voire quelques îles. On est frappé, même s'il convient de rectifier certaines données, par la rigueur de la démarche. Elle appelle à la confection de devis et à l'établissement d'un plan de la rivière avec des « profils » là où les pertuis sont à construire. Rigueur dans la préparation, rigueur dans l'exécution : il faut trouver un entrepreneur compétent, prendre en compte les frais d'entretien, éviter les dépenses imprévues, éliminer les parties prenantes extérieures[18].

III – LES RÉSULTATS

L'ensemble des travaux fut-il réalisé ? Les archives du duché de Saint-Fargeau ne le disent pas, du moins pour le XVIIIe siècle. Le premier document qui permet d'en juger est contemporain d'une tentative qui avorta dans la première moitié du XIXe siècle. Il s'agissait de construire un canal latéral au cours du Loing dans la partie où les bois étaient transportés par un flot de convergence. Nul doute que le cours de la rivière fut partiellement redressé et que l'établissement de pertuis permit de régulariser la descente du flot autant que possible. On peut douter, cependant, que le chenal qui devait être creusé au niveau de l'embouchure de la rigole de Saint-Palais, ait été réalisé car il n'en reste aucune trace. Pour le reste, il semble que le décor ait peu changé. La plupart des moulins cités, la rigole qui alimenta le canal existent encore sur les cartes. En revanche, à la fin de l'Ancien Régime, un canal latéral au Loing fut établi pour contourner la forge de Saint-Privé et le moulin

---

Confrontées aux relevés actuels les données de l'ingénieur doivent être rectifiées de la manière suivante : de Saint-Fargeau à Saint-Privé la distance est de 8 km et la dénivellation de 23 m, tandis que de Saint-Privé à Rogny la distance est de 12 km et la dénivellation de 28 m ; ce qui donne comme pente au km, dans la première partie 2, 875 et, pour la seconde, 2, 33m.

18. Arch. nat. 90 AP 206, *Mémoire du sieur Desforges au sujet du canal de Saint-Fargeau.*

Colas afin de faciliter le passage des bois provenant de la vallée du Bourdon, en amont de Saint-Fargeau[19]. Les points stratégiques, comme l'emplacement du fameux moulin aux Prestres, ont été intégrés à l'infrastructure riveraine : c'est aujourd'hui une station de pompage. La non réalisation des transformations envisagées vers 1840 a conservé dans la vallée des reliques de l'exploitation antérieure.

Figure n° 1 : La situation vers 1840

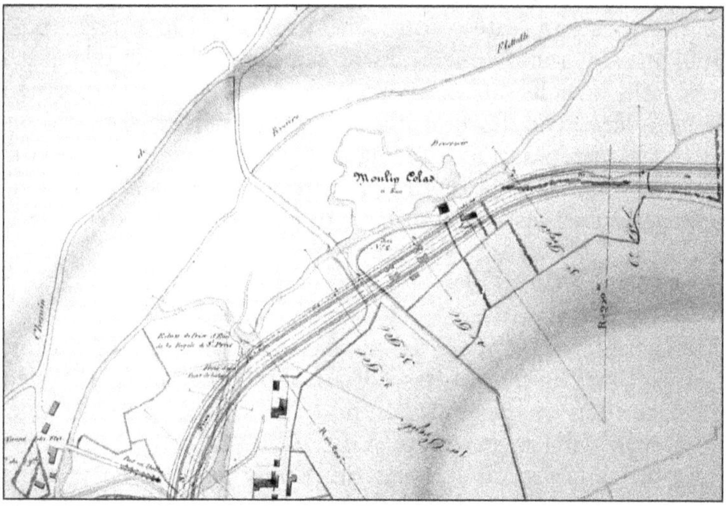

Pour ce qui est de l'extension qu'eut le flottage, la carte établie vers 1817 dans l'ouvrage de Dupin *Code du commerce des bois et charbons de bois* éclaire, faute de mieux. Elle indique quatre secteurs d'inégale importance. Le premier correspond au cours supérieur du Loing en amont de Saint-Fargeau. C'est notamment la partie qu'emprunte aujourd'hui le Bourdon aboutissant dans le parc naturel de Boutissaint. On suit, au travers des papiers de l'Hôtel de Ville, quelques-uns des épisodes de l'exploitation la plus dynamique sans doute, surtout à la fin de l'Ancien

19. Arch. nat., Z1H 445, 13 juin 1786. *Requête des marchands de bois forains pour la provision de Paris intéressés au flot à bûches perdues qui coule jusqu'à Rogny et déposé sur les ports et ruisseau de Bourdon.* Les travaux ont été interrompus, des menaces ont été proférées contre les ouvriers, le fossé a été obstrué ; pendant le flottage les vannes ont été sabotées de nuit.

Régime[20]. Le deuxième tronçon est formé d'un petit affluent disparu sur les cartes à hauteur de Saint-Martin des Champs, rive gauche. Le troisième, vers Bléneau, suit le cours de la Chasserelle, rive droite. Il faut y ajouter, rive gauche, l'exploitation des bois que le seigneur de Bléneau entreprit à partir de 1783. Il utilise le petit ruisseau qui sert de déversoir aux étangs locaux[21]. Le quatrième, enfin, sur la même rive, suit le trajet de la Beaune, petit ruisseau rejoignant le Loing à Saint-Eusoge. Nul doute qu'il y ait eu d'autres petits cours d'eau utilisés de part et d'autre du Loing, notamment dans la région de l'Étang-Neuf. Mais le reste du réseau hydrographique, notamment le cours supérieur de l'Ouanne et ses affluents, fait défaut. Ont également disparu les cours d'eau conduisant à la Loire même s'ils ont gardé une activité locale de type ligérien. Seul, au nord-est, au niveau de Joigny, le Vrin entraîne vers l'Yonne les bois de la région de la Ferté-Loupière et, au sud-est de la carte, l'émissaire venant de Druye, ceux de la bordure méridionale. Mais, avec ces deux secteurs, on quitte la Puisaye[22].

Nous avons peu de témoignage quant aux procédés de flottage. Nul doute qu'il s'agit de ce que Gigot appelait un flottage primaire. Cela vaut pour tous les petits ruisseaux qui rejoignent le Loing. Lui porte un flot à bûches perdues de convergence. Les pratiques devaient être assez rudimentaires. Longtemps, pourtant, on ne marqua pas les bois[23]. Un

20. Arch. nat. Z1H 444, 30 juillet 1784. *Flottage sur le ruisseau de Chasseloup.* Trois marchands forains ont des bois à proximité de ce ruisseau qui tombe dans la rivière de Bourdon et veulent le rendre flottable.

21. Ibid., 1er mars 1785. L'entreprise est conduite par N. Cochois au bénéfice de M. de la Bergerie à cause de la cherté, dans le pays, des voituriers par terre. Le premier flot a eu lieu en décembre 1783 (Ibid. 446, 23 mars 1787).

22. Carte des rivières et ruisseaux servant à l'approvisionnement de Paris divisée en départemens avec l'indication des flottages en trains et à bois perdu, vannes, portes marinières, etc. pour l'ouvrage intitulé Code du commerce des bois et charbons de bois, par M. Dupin, avocat, conseil dudit commerce, 2 vol., à Paris, chez Guillaume et Cie, libraires, rue Haute-feuille n° 14, 1817.

23. Arch. nat. Z1H 442, 26 juin 1781. *Flottage à bûches perdues sur le Loing.* A cette date on flotte les bois jusqu'à Rogny mais on ne les marque pas. On les retire pêle-mêle et on les redistribue au prorata des mises à flot en référence à un état qui a été dressé à cette occasion. Cela pouvait s'expliquer, ajoute le texte qui a été rédigé par le syndic des marchands chargé des opérations de flottage, jusqu'en 1775, époque où l'on flottait jusqu'à 8 à 9 000 cordes de bois, vu la petite dimension du port de Rogny. Mais aujourd'hui on ne flotte que 4 à 5 000 cordes et le port a été agrandi par les propriétaires du canal de Briare. C'est donc devenu possible et, d'ailleurs l'ordonnance de 1672, article 15, Chapitre 17 le demande. Il faut donc en faire une obligation pour

document de l'époque révolutionnaire, publié dans le Bulletin de l'Association Scientifique de l'Yonne, et relatant les suites d'une crue d'automne du Loing (elle avait dispersé les bois en pleine période de flottage) fait référence à l'existence d'une gestion collective soumise, comme sur les autres rivières de l'Yonne et de la Nièvre, à un syndic responsable de l'organisation des flots. L'ensemble des marchands se réunit à Saint-Fargeau pour gérer les opérations de mise à flot, de transport et de mise en pile à Rogny avant de charger les bateaux[24]. Y avait-il un calendrier particulier pour la descente des différents flots primaires et les intégrer au flot de convergence ? On peut le supposer mais on n'en trouve aucune mention. La position centrale de Bléneau et du moulin de l'Épalu érige ce lieu en articulation majeure pour la récupération des bois emportés par la crue.

Y a-t-il eu, pour autant, désenclavement de la Puisaye ? On dispose de quelques éléments de réponse dispersés mais convergents.

Concernant les quantités produites, l'irrégularité de fonctionnement caractérise, là comme ailleurs, le système. En 1731, lors d'une de ses innombrables tournées pour accélérer l'approvisionnement de Paris, Gourdain décrit la circulation des bois sur le canal de Briare et à ses abords de manière tellement négative qu'on a l'impression d'un secteur paralysé. A l'époque, en période de circulation, l'aller et retour Montargis-Paris prend un mois. Les bateaux étaient chargés de 20 cordes de bois chacun[25]. Cinquante ans plus tard, en 1781, le syndic de la compagnie des marchands flottant sur le Loing estime que, jusqu'en 1775, on flottait 8 à 9 000 cordes contre la moitié depuis[26]. La modestie des quantités est donc un autre trait dominant. Dans l'enquête conduite à la fin de l'Ancien Régime pour mieux connaître et accroître l'approvisionnement en bois de chauffage de la capitale, Ethys de Corny considère que 5 % provient de ce qu'on appelle alors les canaux, c'est-à-dire tout ce qui vient par la vallée du Loing après la convergence de Montargis : forêt d'Orléans, de Montargis et autres, dont la Puisaye. Une bonne partie de la production locale est encore absorbée par les forges autour de Tannerre-en-Puisaye, Saint-Privé ou Saint-Fargeau. La

l'avenir. Cette demande semble, cependant, n'avoir eu que peu de succès, du moins si nous en jugeons par le document analysé par la suite.

24. « Arrêté concernant le flottage des bois sur la rivière de Loing, de Saint-Fargeau au port de Rogny », *Bulletin de la Société scientifique de l'Yonne*, 1896, pp. 486- 490. Le texte est daté de nivose an X.

25. Ibid., H 1936 (1), 25 octobre 1731, procès verbal pour accélérer le flot après la sècheresse de 1731.

26. Arch. nat. Z1H 442, 26 juin 1781, *op. cit.*.

production de charbon de bois demeure importante. Peut-on aller plus loin ?

Concernant le désenclavage commercial, Il est possible de suivre, au travers des riches archives des Le Peletier de Saint-Fargeau, comment sont exploités les bois au XVIIIe siècle. L'incursion des marchands parisiens à la suite de Duval en 1721 a été partielle et s'est peu à peu effacée au bénéfice d'une clientèle locale d'après les adjudications conservées. Il faut attendre les années de crise sous Louis XVI pour ranimer le circuit long des acheteurs : l'ordinaire de 1780 est acheté par François Gavard, marchand de Clamecy ; ensuite, Talboutier et, pendant la Révolution, des marchands de Montereau viennent acquérir les bois de Saint-Fargeau[27]. L'effacement relatif du marché parisien après une tentative de conquête tient à plusieurs raisons, la première étant liée au fait qu'ailleurs on trouve mieux et plus facilement.

Concernant la qualité des échanges, ce qui pose problème, c'est la complexité des mécanismes de transport liant le flottage à la navigation sur les canaux : leur débit reste médiocre mais il permet de vendre le bois comme un bois neuf ; c'est aussi l'inadaptation d'un secteur forestier. Ainsi, au vu du fonds de Saint-Fargeau, il manque d'homogénéité tant dans l'organisation des espaces que dans la sélection des essences, voire dans leur rendement. Lors d'une expertise réalisée au XVIIIe siècle sur les bois de la seigneurie, on constate que seulement le quart de la coupe part en bois de moule. Le surplus fournit du merrain, des échalas, des bois carrés et bien d'autres produits dont l'écoulement est local ou va dans d'autres directions[28]. Certes, rien de nouveau à cela. Mais la faiblesse du rendement est d'autant plus notable que les aménagements uniformes progressent lentement. Dans le cas de Saint-Fargeau, l'incendie d'une partie majeure des bois appauvrit le fonds au moment où la demande augmente. On le voit : c'est la convergence des facteurs qui freine l'exploitation et limite la croissance. Révélatrice est à cet égard la courbe des prix de vente des bois. Certes, Collinet accepte en 1753 de payer 460 livres l'arpent pour l'achat de 400 arpents, mais il faut attendre les dévaluations de l'époque révolution-

27. Ibid. 90 AP 104. L'ensemble des données est tiré du dépouillement des marchés de bois réalisés dans le domaine de Saint-Fargeau au XVIIIe siècle.

28. Arch. nat. 90 AP 104, *Estimation du produit des bois à l'arpent* (vers 1775). Le régisseur retient 25 charretées de charnier à 6 livres chacune, 6 milliers de lattes à 10 livres le millier, 100 toises de bois carré à 15 sols la toise, 40 cordes de charbonnage à 10 sols l'unité. Il y ajoute 10 cordes de bois de moule à 10 livres la corde sans être sûr qu'elles y soient, une fois enlevé tout le reste.

naire pour retrouver pareille valeur. Les ventes de futaie mises à part, les prix chutent à des niveaux atteints sous la Régence.

Figure n° 2 : Évolution du prix des bois sur pied à Saint-Fargeau au XVIIIe siècle

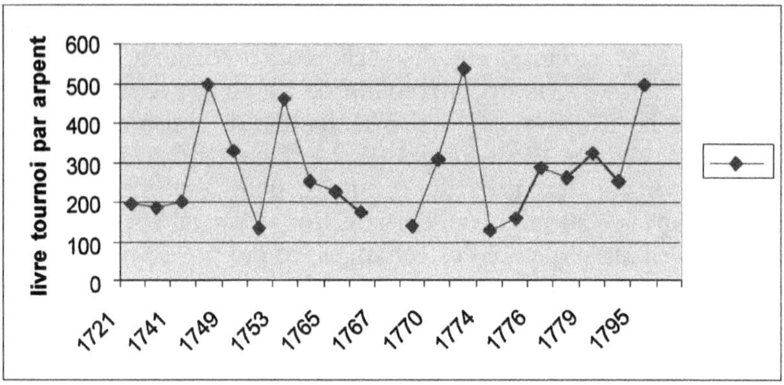

Passée la tempête révolutionnaire, on essaye derechef, vers 1840, de désenclaver le pays par la construction d'un canal latéral au Loing supérieur. Cela mettrait fin au flottage au profit d'une batellerie calquée sur celle des canaux de la région. A cette occasion, une fois encore, on dresse le bilan des ressources locales. On note deux choses. D'abord, la faiblesse des volumes de bois flottés et la prédominance des bois de la région de Saint-Fargeau dans le lot : sur un total de 26 296 m^3, 83,5 % en proviennent. Ensuite, la persistance d'un écoulement local des marchandises vers la Loire et Orléans pour la partie méridionale (secteur de Lavau, Arquien, Saint-Amand-en-Puisaye, Treigny, Dampierre-sous-Bouhy et environs), vers l'Yonne pour la partie orientale à partir de Tannerre, Mézilles, Toucy, Villiers-Saint-Benoît. Tous ces secteurs, faut-il le préciser, étaient intégrés au projet de mise en valeur de la Puisaye tel qu'il avait été conçu au début du règne de Louis XV par l'ingénieur Régemore. Cent vingt ans plus tard, ils n'en faisaient pas encore partie[29].

29. Arch. nat. 90 AP 208, *Canal de Saint-Fargeau, Mémoire descriptif et explicatif.*

Les aménagements fluviaux pour le transport des bois : l'exemple du Bassin parisien aux XVIIe et XVIIIe siècles

Karine BERTHIER*

Le flottage sur la Seine pour approvisionner Paris est assez récent et de courte durée. Cela commence au milieu du XVIe siècle et s'achève au début du XXe[1]. Ce sont les besoins en chauffage d'une ville dont la population a presque triplé de 1450 à 1550 qui expliquent cet appel à des forêts éloignées et à un mode de transport connu déjà ailleurs mais sans une telle ampleur. Pendant plus de deux siècles, la Seine et ses affluents ont fourni la ville en combustible. La contribution du bassin de l'Yonne domine celles des autres rivières. Le Morvan, importante région forestière, culmine à 901 mètres au Haut-Folin et se situe à plus de 200 kilomètres à vol d'oiseau au sud de Paris. Le massif reçoit des précipitations en quantité abondante. Elles alimentent de nombreux cours d'eau. Ils relèvent pour partie du bassin de la Loire mais l'essentiel va vers l'Yonne et ses affluents, constituant ainsi l'apport majeur d'eau à la Seine[2]. La demande en bois augmente jusqu'au XIXe siècle. Paris, selon Jean Boissière, consommait 350 000 stères au milieu du XVIe siècle, 830 000 stères sous la Régence et 1 500 000 stères à la fin de l'Ancien Régime, dont les deux tiers en bois flotté[3]. En 1804, plus de

* Chercheur, Laboratoire de Médiévistique Occidentale de Paris (LAMOP), Groupe d'histoire des Techniques.

1. J. Dupont, « Le flottage du bois du Morvan pour l'approvisionnement de Paris », *La Camosine, Les annales du Pays Nivernais*, n° 79, Nevers, 1995, p. 12.

2. Cl. Megnien, « Observations hydrogéologiques sur le sud-est du bassin de Paris. la circulation aquifère dans le jurassique et le crétacé de l'Yonne », *Mémoires du Bureau de Recherches Géologiques et Minières*, n° 25, 1964, pp. 98-105.

3. J. Boissière, « Marché du bois en ville en France à l'époque moderne : quelques remarques », dans *Le bois et la ville au Moyen Age*, J.-L. Biget, J. Boissière, J.-C. Hervé (éd.), École Normale Supérieure de Fontenay/Saint-Cloud, 1991, pp. 31-49.

90 % des trains de bois arrivant à Paris provenaient du Morvan, près de 70 % de la haute Yonne et plus de 20 % de la Cure[4].

Notre propos n'est pas de mesurer l'impact du déboisement sur le milieu forestier mais d'étudier les transformations du milieu fluvial. La question concerne aussi bien ses modifications (système hydraulique, fonctionnement hydrologique), que les domaines économiques et sociaux, en essayant de comprendre le jeu des pouvoirs et des financements[5]. On en restera aux hautes vallées sans prendre en compte l'aménagement du lit de l'Yonne et de ses affluents majeurs.

Pour retracer une telle histoire, les sources écrites existent, archives parisiennes et archives locales. Beaucoup de renseignements proviennent des registres du Bureau de la Ville[6], issu de la corporation des marchands d'eau, c'est-à-dire des marchands qui importaient leur marchandise par voie fluviale. Les documents des enquêteurs de la ville deviennent de plus en plus détaillés au XVIIIe siècle. En 1732, Jean Gourdain, aide-major des gardes de l'Hôtel de Ville effectue une visite des rivières flottables du Morvan dont il remet le rapport à la municipalité[7]. En même temps, celle-ci demande à l'abbé Delagrive[8] de « faire une carte exacte et détaillée du cours de la rivière de Seine depuis sa source jusque à quelques lieues par-delà Rouen. Comme aussi des rivières qui se déchargent dans la dite rivière depuis les lieux où les dits rivières ou ruisseaux commencent à flotter »[9]. Le document précise les conditions de navigation, les contraintes naturelles et surtout les ressources en bois proches des cours d'eau. Réalisée entre 1731 et 1738, la carte est de qualité inégale, mais les feuilles relatives à la haute vallée de l'Yonne et des affluents morvandiaux, sont particulièrement soignées : 270 moulins, 99 étangs et 39 ports recensés. De nombreux

4. J. Dupont, « Le flottage du bois du Morvan », *op. cit.*, p. 5.

5. Ces questions ont été abordées de manière globale par J.-P. Bravard, « Le flottage du bois et le changement de paysage fluvial des montagnes françaises », *Médiévales*, n° 36, le fleuve,1999, pp. 53-61.

6. M.-H. Bourquin-Simonin, *L'approvisionnement de Paris en bois de la Régence à la Révolution*, Mayenne, 2006, 369 p. ; J. Boissière, « La grande disette de bois à Paris », dans Flaran 5, *L'approvisionnement des villes de l'Europe occidentale au Moyen Age et aux Temps Modernes*, Auch, 1195, pp. 237-242 ; J. Boissière, « Marché du bois... », *op. cit.*

7. Arch. nat. H^2 1936 1.

8. Jean Delagrive, né en 1689, fait ses études à Paris puis entre dans la congrégation des Lazaristes. Ordonné prêtre, il part enseigner la philosophie en Pologne. De retour à Paris, il quitte la prêtrise et étudie le dessin, la gravure et la géographie. Après avoir publié le plan de Paris, il reçoit le titre de « géographe de la ville ». Il meurt en 1757.

9. Bibl. nat., cartes et plans, Rés. Ge. CC 1381 et Rés. Ge CC 1283. Ce dernier atlas comprend 95 feuillets dont 10 de texte.

commentaires, parfois d'une très grande précision, accompagnent le relevé graphique.

Figure n° 1 : Carte de l'abbé Delagrive, Arleuf-Château-Chinon f° 26 (BNF-DCP 18756)

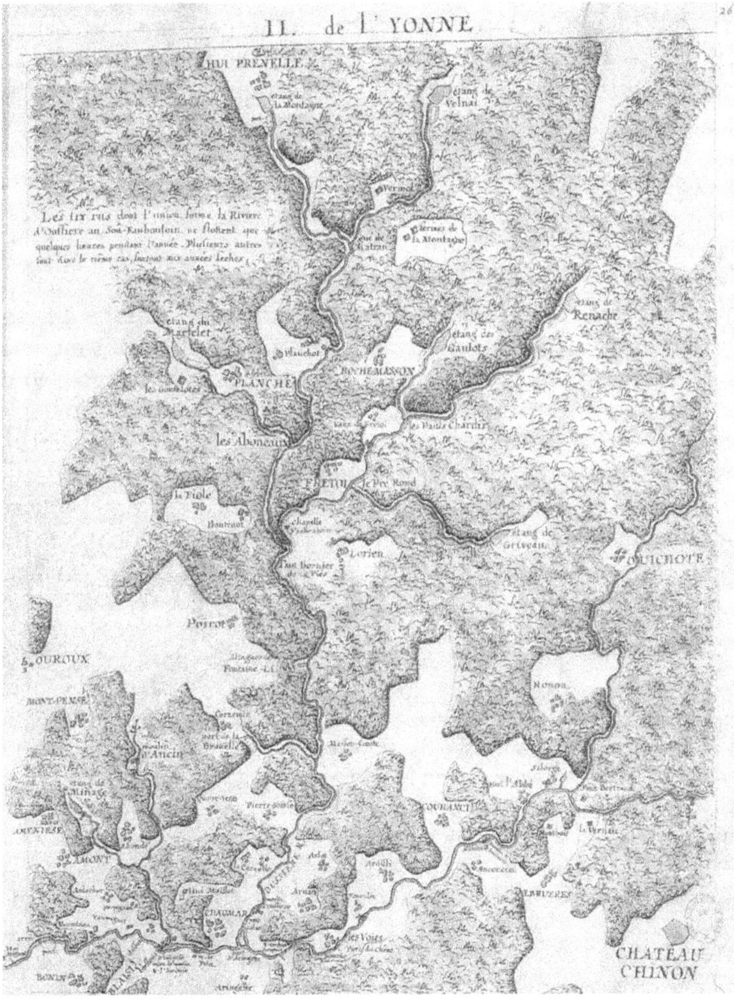

A ces sources connues, mais souvent sous-exploitées, s'ajoutent les fonds notariés, parisiens et provinciaux. Pour les notaires de la capitale, on a retenu trois études de la rue Saint-Antoine, paroisse Saint-Paul[10]. Le dépouillement de leurs liasses livre les nombreux contrats passés entre marchands parisiens et fournisseurs morvandiaux entre 1610 et 1635. On a sondé les archives de la Nièvre, leurs fonds notariaux afin de comprendre l'organisation et l'exploitation du massif forestier. On a privilégié l'étude de Pierre Grandjean, à Arleuf, car la plupart des marchands passant des marchés à Paris venaient de ce secteur[11]. Les actes d'Arleuf révèlent les liens commerciaux entre marchands parisiens tels Guillaume de Villaines et Guillaume Philibert, et marchands de bois locaux.

I – LE FLOTTAGE À BÛCHES PERDUES

Dans la première période, fin du XVIe-début XVIIe siècle, le bois vient surtout du bassin de la Cure. En 1546, Defroissy, « maistre des forges du Nyvernois », formule ses premières propositions à la municipalité parisienne. Il veut rendre la Cure « navigable, à tout le moins flottable » moyennant 2 000 écus. Quelques mois plus tard, il affirme être lancé dans l'entreprise et perdre beaucoup faute d'un aménagement de la rivière : « ...il appert que, au moyen des rochers et pierres estans dedans lad. rivière et de l'eaue venant en manière de torrant des montaignes, elle ne pourroit commodement se faire navigable, qu'elle ne coustat plus de cinquante mil escuz »[12]. En fait, un premier train atteignait Paris en 1547[13]. Il appartenait à Charles Leconte, maître char-

10. Il s'agit des actes notariés de Pierre Viard, Claude Le Jars et Claude Dubois conservés aux Archives nationales, au Minutier central dans l'étude CV.

11. Arch. dép. Nièvre, 3E 38, de la liasse 1 à 17. Cela couvre la période 1622-1666. Je dois remercier ici Mme Gewa Thoquet qui a transcrit les actes des années 1653 et 1666.

12. *Registres des délibérations du bureau de la ville de Paris*, t. III, éd. P. Guerin, Paris, 1886, p. 66.

13. E. Drot, « Recueil de documents tirés des anciennes minutes de notaires déposées aux Archives départementales de l'Yonne », 6e fascicule, *Bulletin de la société des Sciences Historiques et naturelles*, 1er semestre 1901, Auxerre, 1902, p. 447-448, citant M. Quantin, « Histoire de la rivière d'Yonne », *Bulletin de la Société des Sciences historiques et naturelle de l'Yonne*, 1885, pp. 349-498. La tradition, fortement implantée en Morvan, selon laquelle Jean Rouvet est l'inventeur du flottage sur l'Yonne ne résiste pas à l'analyse, M. Deveze, *op. cit.*, t. II, Paris, 1961, pp. 35-36.

pentier de la Ville[14]. Quelques années plus tard, le 3 juillet 1551, Guillaume Salonnier, marchand de Moulins-Engilbert, passe un marché avec Étienne Goislon, voiturier par eau de Méry-sur-Yonne, afin de faire transporter à Paris la quantité de cinq cents moules de bois de chauffage, à cinquante-deux bûches le moule de Cravant à Paris[15]. En quelques années le système se met en place. Les marchands parisiens, rares jusqu'au début du XVIIe siècle, sont supplantés par des Auxerrois. Malgré l'arrivée de quantités importantes de bois, l'approvisionnement par la Cure ne suffit pas. Au début du XVIIe siècle, le « pays de Morvan »[16] fait l'objet d'aménagements pour flotter les bois. Des marchands auxerrois installent un étang en tête de bassin sur le ruisseau de la Proie, non loin des sources de l'Yonne[17]. En 1610, des bois provenant du Haut-Folin, à proximité des sources de l'Yonne et du sommet du Morvan, sont vendus sur le marché parisien[18]. L'importance du gisement morvandiau dans son approvisionnement explique que la Ville ait voulu gérer, organiser et rationaliser le flottage. Les marchands parisiens, peu présents à l'origine, participent davantage au commerce du bois. Parmi eux, relevons la domination de Guillaume Philibert, marchand et bourgeois de Paris, demeurant en la paroisse Saint-Paul. A la fin de l'année 1616, il conclut un accord avec Guillaume de Villaines, un confrère, habitant le même quartier, pour que les commis de ce dernier empilent le bois le long de la Cure[19]. Tous deux achètent leur bois en région d'Avallon et de Vézelay comme dans le secteur de Chaumard[20]. Le 28 janvier 1627, ils obtiennent du comte de Chastellux

14. *Ibid.*, p. 37. Charles Leconte apparaît dans plusieurs actes conservés aux archives nationales, au minutier central, mais jamais dans des contrats concernant le flottage, Arch. nat., Minutier central, étude CXXII, liasses 235 et 1363.

15. Arch. nat., Minutier central, étude XI, liasse 11, acte du 3 juillet 1551.

16. Arch. nat., Minutier central, étude CV, étude Viard (Pierre), rue Saint-Antoine, paroisse Saint-Paul, liasse 334, 1619.

17. Arch. mun. Clamecy, archives concernant le flottage, carton n° 1, Petites rivières et Yonne, 1605-1769 ; E. Guillien, « Le flottage de la moulée du Morvan d'après de nouvelles sources historiques », mémoires de la Société académique du Nivernais, t. LXXVI, 1998-1999, pp. 13-60 ; Ch. Reze, *Les aménagements du réseau hydrographique du Morvan pour le flottage du bois du XVIe au XVIIIe siècle*, maîtrise d'Histoire, Université Paris 1, 2002, p. 32.

18. Arch. nat., Minutier central, étude CV, liasse 306.

19. Arch. nat., Minutier central, étude CV, 515.

20. Arch. nat., Minutier central, étude CV, 340, marché passé le 27 août 1620 avec Louis du Vaux ; Arch. nat., Minutier central, étude CV, 340, comptes de Guillaume Philibert et Guillaume de Villaines, datés du 7 novembre 1620 ; Arch. nat., Minutier central, étude CV, 341 ; Arch. nat., Minutier central, étude CV, 436 ; Arch. nat.,

« de faire flotter leur bois perdus sur la rivière d'Aron et sur ses affluents y descendants » pour une durée de 8 ans. Guillaume de Villaines doit verser 100 livres annuelles « tant pour le droit de passage que pour l'intérêt et dommage des moulins »[21]. Les marchands parisiens emploient sur place un chargé d'affaires. A Arleuf, Hubert Massé contrôle ainsi le bois empilé sous le saut du Vaucoux ou sous les étangs de Préperny et de la Mothe pour le compte de Gabriel Rigault, bourgeois de Paris[22]. Les commis doivent également gérer les coupes de bois et veiller à l'acheminement des bûches vers les cours d'eau.

Les marchés conservés dans le fonds Grandjean indiquent la structure du commerce[23]. Guillaume Phillibert établit un grand entrepôt avec écurie à Planchez pour y loger son matériel[24]. Les chargés d'affaires passent les contrats d'embauche et fournissent les bœufs pour tirer les chariots[25]. En 1624, Antoine Rollot, engage deux bûcherons d'Anost pour abattre des arbres en forêt de Fachenot pour le compte de Villaines, marchand bourgeois de Paris[26]. Étienne Germain, marchand d'Arleuf, promet à Claude Bureau, un confrère de Chaumard, de conduire et empiler 200 moules de bois le long du ruisseau de l'étang de la Mothe moyennant 50 livres[27]. L'année suivante, il passe le même accord avec Lazare Philibon, commis de Guillaume de Villaines, à propos du bois à mener au ruisseau de l'étang de Préperny, « pour la fourniture de Paris »[28]. Pour recevoir ces bois, Philibon fait contrôler les arrivées par Jean Salonnier, seigneur de Chandron, receveur général des tailles de Moulins et associé de Guillaume de Villaines[29]. Les bois, sciés et empilés, sont marqués. Pour les jeter aux ruisseaux, les commis

Minutier central, étude CV, 437, le 24e jour de février 1628, comptes du marchand de bois Guillaume de Villaines pour sa marchandise de bois.

21. Arch. nat., Minutier central, étude CV, 435.

22. Arch. dép. Nièvre, 3E 38/2, Arleuf, notaire Pierre Grandjean, 1627-1629.

23. Arch. dép. Nièvre, 3E 38/1 et 2, de l'année 1622 à 1629. Les informations issues de ces documents complètent celles de E. Guillien, *Les propriétaires forestiers morvandiaux ont assuré une partie de l'approvisionnement de Paris en bois de chauffage de 1549 à 1939*, Clamecy, 2001, 85 p.

24. Arch. dép. Nièvre, 3E 38/2.

25. G. Thoquet, *La vie dans un village du Morvan d'après les récits de l'époque. Arleuf de 1625 à 1725*, Le-Poiré-sur-Vie, 2006, pp. 172-173.

26. Arch. dép. Nièvre, 3E 38/1.

27. Arch. dép. Nièvre, 3E 38/1.

28. Arch. dép. Nièvre, 3E 38/1.

29. Arch. dép. Nièvre, 3E 38/1.

recrutent des villageois salariés en fonction des bûches lancées et du vin[30].

Grâce au *Mémoire pour le syndic des marchands de bois forains pour la provision de Paris*[31], on reconstitue les étapes du flottage. Une courue dure une heure ou environ. Elle n'est efficace qu'au prix d'un effort intense : les ouvriers doivent sur un temps très bref faire parcourir au bois la plus grande distance possible avant la courue suivante, huit jours après. En outre, la proximité des étangs et la densité des installations rendent l'effort intense et répété. « Comme ces différens étangs ne sont éloignés que d'une lieue les uns des autres, sitôt que l'eau d'un étang est épuisée, on se hâte d'aller à l'étang le plus prochain sur lequel on fait une semblable opération : et de celui-là à un troisième ; en sorte qu'on fait ordinairement trois courues en un seul jour et avec les mêmes ouvriers »[32]. A chaque fois, les villageois se répartissent le travail de même. Certains jettent les bûches dans le flot. D'autres jalonnent le ruisseau pour empêcher tout engorgement. Quand le flot est passé, on libère les bois retenus sur les berges du canal. Les contraintes liées à l'approvisionnement en eau obligent à étaler ces opérations sur plusieurs mois sans jamais les interrompre car les étangs et les chantiers d'exploitation sont nombreux. Sans qu'on puisse l'évaluer, il est clair que le flottage nécessite une main d'œuvre importante.

II – LES AMÉNAGEMENTS TECHNIQUES

Afin d'exploiter les forêts morvandelles, il fallut aménager les cours d'eau[33]. Malgré une pluviométrie abondante (900 à 1 400 millimètres au Haut-Folin), le débit naturel ne suffisait pas à compenser la faiblesse des ruisseaux et dépasser leurs nombreux obstacles. Dès le milieu du XVIe siècle, les promoteurs du flottage, en particulier la municipalité parisienne, repèrent le problème[34]. Aussi les *alingues* sont-elles

30. G. Thoquet, *La vie dans un village du Morvan…*, *op. cit.*, p. 175.

31. BNF Ms. Fr. 24 954, *Mémoire pour le syndic des marchands de bois forains pour la provision de Paris*, cité par J. Boissière, *op. cit.*, tome IV, pp. 138-149.

32. *Ibidem*, p. 141.

33. Sur l'exploitation du bois et ses métiers d'après les sources du XIXe et du début du XXe siècle, J. Dupont, *Le flottage du bois du Morvan pour l'approvisionnement de Paris*, *La Camosine, Les annales du Pays Nivernais*, n° 79, Nevers, 1995.

34. Sur les actions de la ville de Paris dans le domaine du flottage, J. Boissière, « Une sources pour l'histoire des forêts et du commerce des bois : les enquêtes du Bureau de la Ville », *Mémoires de la fédération des Sociétés historiques de Paris et de l'Ile-de-France*, 1977, tome 28, p. 115-148. Pour plus d'informations, voir P. Benoit, K. Berthier, P. Boët, C. Reze, « Les aménagements hydrauliques liés au flottage du bois, leur impact sur le

établies sur plusieurs cours d'eau. En 1616, une « grande alingue » est mentionnée sur la Cure près du moulin Saint-André[35]. Ces canaux, entaillés dans la berge, évitent les obstacles et rectifient le cours d'eau. Les traces des aménagements marquent encore le paysage. Dans la forêt de la Chaux, une barre rocheuse traverse le lit de l'Yonne, à 1,5 kilomètre en aval de l'étang d'Yonne. Pour empêcher l'embâcle des bûches, les exploitants ont percé les roches de la rive droite, passage maintenant comblé[36].

D'autres travaux ont été effectués pour faciliter le franchissement des rapides. En amont de Champallement et de ses deux étangs, une rigole a été creusée afin de permettre la descente des bois provenant de l'étang de Sancenay[37]. On retrouve de nombreux canaux semblables, comme à la forge du Sauzay sur la rivière du même nom et à l'étang de Treigny, sur le Beuvron avec la mise en place d'un réservoir pour conserver le poisson quand on lâche les eaux de l'étang[38].

---

milieu fluvial XVIe-XVIIIe siècles », dans *PIREN Seine, rapport, 2002,* Approches rétrospectives, disponible sur le site du PIREN Seine, http://www.sisyphe.jussieu.fr/internet/piren; P. Benoit, K. Berthier, Ch. Reze, « Les aménagements hydrauliques liés au flottage du bois, leur impact sur le milieu fluvial XVIe-XVIIIe siècles », J. Burnouf, Ph. Leveau, *Fleuves et marais, une histoire au croisement de la nature et de la culture. Sociétés préindustrielles et milieux fluviaux, lacustres et palustres : pratiques sociales et hydrosystèmes*, actes du colloque PEVS-SEDD, Aix-en-Provence, 8-10 avril 2002, CTHS, Bonchamp, 2004, p. 311-320 ; P. Benoit, K. Berthier, « Les aménagements hydrauliques liés au flottage du bois, leur impact sur le milieu fluvial, XVIe-XVIIe siècles » dans A. Corvol, *Forêt et transports modernes*, Cahier d'études n° 15, 2005, pp. 41-55.

35. Arch. nat., Minutier central, étude CV, liasse 515.

36. Carte IGN 2825 OT Mont-Beuvray.

37. Arch. nat., H^2 1936^1, rapport de Gourdain, 1732, f° 21.

38. Arch. nat., F10 2999, rivière de Sauzay ; Bibl. nat., cartes et plan, Rés. Ge CC 1283, *Cours de la Seine et des rivières et ruisseaux y affluens*, 1732-1737.

Figure n° 2 : Carte de l'abbé Delagrive, le Beuvron, canal de Treigny
f° 36 (BNF-DCP 18727)

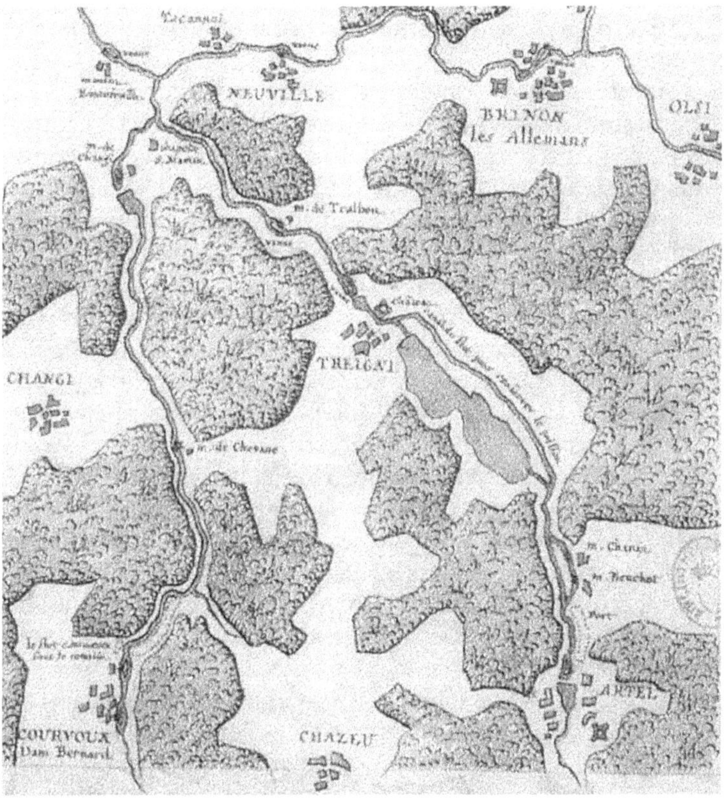

Les rectifications des cours d'eau ne sont pas les seuls aménagements. On a aussi construit des barrages en tête de bassin afin que les étangs puissent stocker l'eau. Les petits étangs constituent un premier ensemble lié au flottage. De par leurs dimensions, ils n'ont nécessité ni techniques exceptionnelles, ni investissements considérables. Des lâchers (courues) permettent ainsi d'emporter les bois jetés dans la rivière et de vaincre les obstacles qui seraient sinon infranchissables.

Les étangs

Dès 1605, des marchands de Château-Chinon, Claude et Pierre Vaucoret, achètent huit arpents de terre au finage de Faulin sur le ruisseau de la Proie. Il s'agit d'un étang ancien, proche des sources de l'Yonne, créé par des marchands auxerrois pour faire flotter du bois de moule. Ils doivent livrer à Paris, Port au Plâtre, 60 voies de bois de moule, du hêtre à prendre dans les bois de Faulin et autres[39]. A plusieurs reprises, ce sont des commerçants citadins, d'une ville proche comme Auxerre ou plus lointaine comme Paris, qui financent l'investissement[40].

Les travaux réalisés concernent surtout la réfection de la digue en terre, et le système de contrôle des eaux, c'est-à-dire le vannage. On répare les étangs en tête de bassin, suite aux inspections des commis des marchands parisiens avant la saison du flottage. En 1627, à la demande de Pierre Lantulot, commis de Rigault, marchand bourgeois de Paris, deux pionniers sont chargés de refaire l'ancienne chaussée de l'étang de Préperny ainsi que ses vannes[41]. L'année suivante, on rebouche des trous dans la digue de l'étang de la Proie. Pour cela, les employés reçoivent 42 livres de Lazare Philipon, agent des associés de Philibert, bourgeois de Paris[42]. Le même surveille la restauration de la chaussée de l'étang Griveau[43]. Pour le compte de ses associés, Jean Salonnier, seigneur de Chandron et receveur des tailles de Moulins, ordonne de refaire plusieurs chaussées en octobre 1628[44]. En 1653, Pierre de Fanay, pionnier du Moulin d'Yonne, restaure la digue de l'étang construit sur le ruisseau de la Mothe. On colmate les bûches. On édifie un glacis de pierre pour consolider la chaussée. Il est ajouté dans l'acte que l'étang doit retenir l'eau toute l'année[45]. En novembre de la même année, à l'étang de Fachenot, les mêmes opérations sont effectuées[46]. Treize ans plus tard, Jean Duvernoy, meunier au moulin de la Tournelle, refait pour deux marchands de Château-Chinon, les éléments en bois qui

39. Arch. mun. Clamecy, archives concernant le flottage, carton n° 1, Petites rivières et Yonne, 1605-1769

40. E. Guillien, « Le flottage de la moulée du Morvan d'après de nouvelles sources historiques », mémoires de la Société académique du Nivernais, t. LXXVI, 1998-1999, pp. 13-60 ; Ch. Reze, *Les aménagements du réseau hydrographique du Morvan pour le flottage du bois*, mémoire de maîtrise d'archéologie, Université de Paris I, Panthéon-Sorbonne, 2002, 2 vol., p. 32.

41. Arch. dép. Nièvre, 3E 38/2.

42. Arch. dép. Nièvre, 3E 38/2.

43. Arch. dép. Nièvre, 3E 38/2.

44. Arch. dép. Nièvre, 3E 38/2.

45. Arch. dép. Nièvre, 3E 38/8. Cette transcription est due à Gewa Thoquet, auteur de *La vie dans un village du Morvan d'après les récits de l'époque. Arleuf de 1625 à 1725*, Le-Poiré-sur-Vie, 2006, 314 p.

46. Arch. dép. Nièvre, 3E 38/8. Transcription de Gewa Thoquet.

composent les vannes de l'étang du Vernay et du canal de Fachin[47]. Philibert Chaunet, maître meunier, construit un étang dans le pré Parisot, en bordure du chemin de Fachin qui appartient à Dimanche Lemaître, marchand de Château-Chinon. La chaussée mesure 169 mètres pour une largeur de 8 mètres et une hauteur de 4 mètres. Des pierres, tirées des carrières voisines, consolident la digue. L'étang est destiné au « flottage des bois de moule qui sont à présent dans les prés de Fachin au-dessous »[48].

Figure n° 3 : Carte de l'abbé Delagrive, Arleuf-Château-Chinon f° 25 (BNF-DCP 18755)

47. Arch. dép. Nièvre, 3E 38/17. Transcription de Gewa Thoquet.
48. Arch. dép. Nièvre, 3E 38/17. Transcription de Gewa Thoquet.

La carte de l'abbé Delagrive, établie entre 1732 et 1737, compte 99 étangs, situés pour la plupart en tête de bassin, à des altitudes parfois proches des sommets, en pleine zone forestière donc[49]. Si certains existaient avant l'existence du flottage[50], beaucoup ont été construits entre le milieu du XVIe siècle et le premier tiers du XVIIIe.

En 1732, Gourdain signale qu'au-dessus du Pont de l'Yonne, faute d'eau, des bois restaient canards. C'est pourquoi il souhaite créer un étang en amont de la confluence de La Proye et de La Motte. L'endroit offre déjà une cuvette. Il n'y aurait plus qu'à édifier la chaussée avec les roches du terrain même. Les eaux des ruisseaux remplissaient l'étang en trois jours[51]. Gourdain souligne qu'avec cet étang, le bois du canton (30 à 40 mille cordes) parvenait tous les ans à Clamecy, ce qui n'est plus le cas. Sautereau, entrepreneur général du flot, habitant Arleuf, propose de construire cet étang à ses frais. Il fixe les conditions suivantes. Les marchands lui promettent pour vingt ans de lui payer 25 sous la corde. En cas de difficultés, il demande 5 sols par corde pour les bois qui seront flottés grâce à son étang. Après cela, il restera propriétaire de son étang. Il évalue sa construction de 10 à 12 000 livres. En effet, s'y ajoute une rigole pour écouler les bois d'amont et l'enlèvement des rochers qui obstruent les cours d'eau[52]. Par la suite, le nombre des étangs augmente peu, même dans les secteurs qui connaissent des aménagements importants. Ainsi, entre 1784 et 1789, les travaux que dirige François-Joseph de Cellier en ajoutent plusieurs dans les vallées de la haute Yonne et de ses affluents l'Auxois, l'Anguison et l'Houssière[53] : 34 étangs en 1732, 52 en 1880, les nouveaux étangs datant tous des années 1780[54].

49. J.-P. Bravard, « Le flottage du bois et le changement de paysage fluvial des montagnes françaises », *Médiévales*, n° 36, le fleuve, 1999, pp. 53-61.

50. A titre d'exemple, les étangs de Sarcy-Bourdon, Arch. nat. 90 AP 192, Compte de Renaud Dupuy, seigneurie de Champallement-St-Révérien, 1461-1462.

51. Arch. nat., H^2 1936^1, f° 39v-40r.

52. Arch. nat., H^2 1936^1, f° 40v.

53. Arch. nat. H^2 1960, voir Ch. Reze, *Les aménagements du réseau hydrographique…, op. cit.*, p. 33-36.

54. ID, *Ibid.*

Figure n° 4 : L'étang d'Yonne, 1732, rapport Gourdain
(Arch. nat., H^2 1936)

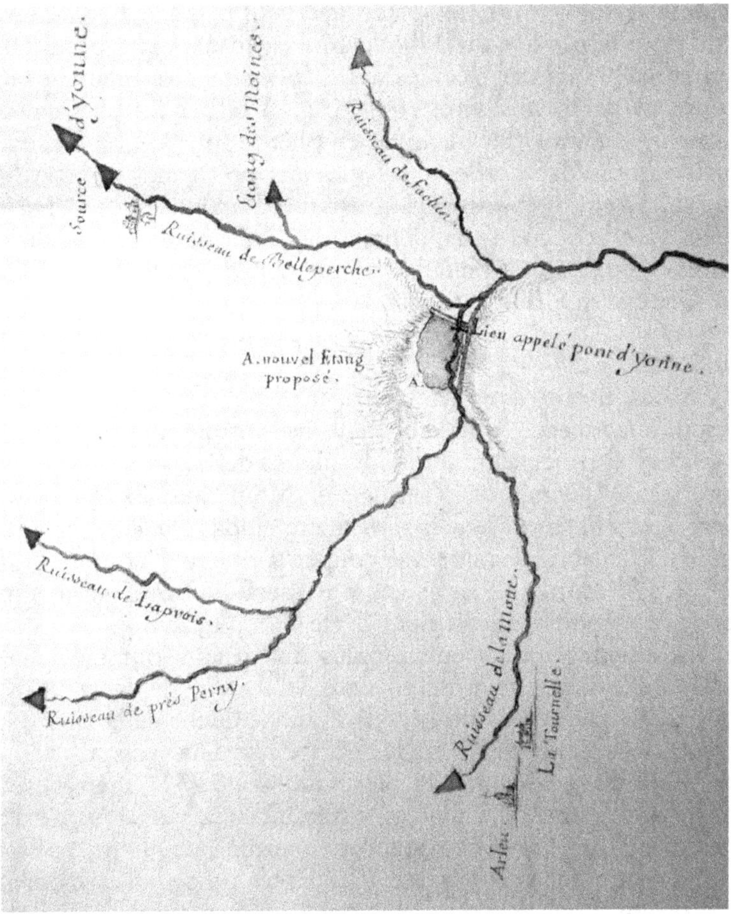

Les moulins et le flot

Les moulins, en raison du lâcher des eaux, subissent plusieurs dégâts. En 1623, Guillaume Philibert et Guillaume de Villaines prennent à bail le moulin de Cravant, afin de mieux contrôler le passage et le stockage du bois[55]. Ainsi, en 1631, le Parlement de Paris condamne les intéressés dans ces opérations à verser 1 208 livres à la veuve du

55. Arch. nat., Minutier central, étude CV, liasse 350.

meunier du moulin de Crain pour la dédommager de la destruction du pertuis[56]. En amont de Clamecy, en 1634, un accord est trouvé entre le propriétaire du moulin d'Armes et les marchands de bois de Clamecy et de Châtel-Censoir. Il est décidé de faire un vannage large d'un mètre soixante pour le passage du flot et d'aménager une place pour « tenir les bois en sûreté » lors des grandes eaux. Indemnisé, le meunier reçoit 40 sols tournois par jour d'arrêt et s'engage à retirer les bois canards du déchargeoir. Il accepte aussi de les empiler le long du bief, moyennant 12 sols tournois par corde[57]. Les moulins construits dans le Morvan font aussi l'objet d'une attention constante. Philibert Guisot, facteur des marchands de bois parisiens, demande à Guillaume Grillot, du moulin d'Yonne, d'élargir le bief à 2,30 mètres afin de faire flotter le bois de moule. Il propose 11 livres pour cela[58].

Les canaux

Parfois, il convient d'accroître le débit des étangs par l'arrivée d'eau supplémentaire. Ainsi, en 1629, les entrepreneurs réclament un canal qui capterait les eaux de la Mouille et de la fontaine d'Ossy pour les conduire à l'étang de Barouiges[59]. Moins de dix ans plus tard, Philibert Guisot, représentant les marchands Gaillard et Girardot, demande à Guillaume Grillot de « couper la rivière d'Yonne » et de faire un bief de 2,30 mètres de large, sur le ruisseau de Beauregard, afin « que le bois de moule puisse facilement flotté »[60].

Des aménagements encore plus importants ont été nécessaires sur la Haute Yonne, notamment dans le secteur de Crux-la-Ville. Un des plus remarquables détourne l'Aron, un affluent de la Loire. En tête de bassin, deux étangs captent les eaux des reliefs voisins, 350 et 380 mètres. Cela donne les étangs de Chausselage (324 mètres) avec 7,5 hectares, et d'Aron (313 mètres) avec 17 hectares[61]. Aujourd'hui, le ruisseau qui en sort retrouve son cours naturel vers l'Est, puis au Sud, ruisseau qui conduit vers la Loire. Les traces de cet aménagement sont toujours visibles. Elles concernent « un canal artificiel de la largeur de trois à quatre pieds et de deux de profondeur (1 à 1,35 mètre pour une

56. Arch. nat., Minutier central, étude CV, liasse 446.
57. Arch. nat., Minutier central, étude CV, liasse 455.
58. Arch. dép. Nièvre, 3E 38/5.
59. Arch. dép. Nièvre, 3E 38/2.
60. Arch. dép. Nièvre, 3E 38/5. Transcription réalisée par Gewa Thoquet.
61. Carte IGN 2623 E, Brinon-sur-Beuvron. Mesures données par M.-H. Bourquin, *L'approvisionnement de Paris en bois de la Régence à la Révolution*, thèse en Sciences économiques de l'Université de Paris, 1969, p. 235.

profondeur de moins de 0,70 mètre) revêtu des deux côtés de treillages ou de planches commençant au pied de la vanne de l'étang de Chausselage et côtoyant en droite ligne, à 10 toises (24 mètres) de distance sur toute la longueur et jusqu'un peu plus bas que l'alignement de la vanne de l'étang d'Aron. C'est le long de ce canal que le bois est empilé en attendant l'eau suffisante pour être jeté en flot. Du côté opposé de la vallée et à la distance d'environ 25 à 30 toises (60 à 73 mètres) est une autre montagne séparée de la première par une assez grande cavité »[62]. Jean Gourdain ajoute dans son rapport : « comme la pente du ruisseau naturel pour l'écoulement ordinaire des eaux du moulin d'Aron situé au-dessous de ces deux étangs et des gorges voisines se porte vers la rivière de Loire où il se décharge, il n'a pas été possible de détourner le cours de ce ruisseau pour le faire tomber dans la rivière de Beuvron, laquelle se rend le long des murs de Clamecy dans celle d'Yonne. Pour lever cette difficulté qui paraissait insurmontable et pour faire couler et transporter les bois d'une de ces montagnes à l'autre pardessus la cavité qui les sépare (comme nous voyons l'aqueduc d'Arcueil pour le transport des eaux), on a élevé un aqueduc artificiel d'une longueur de 170 mètres. Il est soutenu par de hautes pièces de charpente, placées à distances égales et qui servent de piles. De fortes planches et bien jointes forment le plancher et les deux côtés. Ensuite, et observant exactement le niveau, on a pratiqué un autre canal, garni comme le premier de treillage et de planches le long du contour de la montagne, d'où l'eau et le bois se précipitent en bas comme un torrent et se rendent par un troisième canal dans la rivière de Beuvron, laquelle en cet endroit n'est encore qu'un faible ruisseau. Ces deux étangs étant suffisamment remplis d'eau, ils peuvent fournir au flot pendant douze jours. Alors les marchands ou leurs commis font rassembler des journaliers des villages voisins jusqu'au nombre d'environ 100 à 150, dont les uns jettent le bois dans le premier canal, les autres avec chacun un croc, distribués de distance en distance, depuis la tête du premier d'en haut jusqu'à la queue du dernier d'en bas, et jusqu'à plus d'une lieue au-dessous, servent à pousser, débarrasser les embâcles et faire couler les bois. La vanne de l'étang de Chausselage étant levée à proportion convenable, conduit le bois jusqu'un peu par delà celui d'Aron. La vanne de cet étang étant aussi levée, double et fortifie les eaux du premier, de manière que le bois est chassé par dessus les allingues et dans les autres canaux, tant par l'eau que par les hommes, et tombe de la montagne avec un bruit étonnant, à un endroit que l'on a appelé les

62. Arch. nat., H^2 1936^1, rapport de Gourdain, 1732, f° 20r.
Pour une meilleure lecture, les mesures d'Ancien Régime ont été converties en mètre.

Vaux Creux, à cause du creusement prodigieux qui s'est fait dans le roc par la chute du bois »[63].

Figure n° 5 : Canal artificiel de la Vaucreuse
(Arch. nat., H^2 1936, Gourdain)

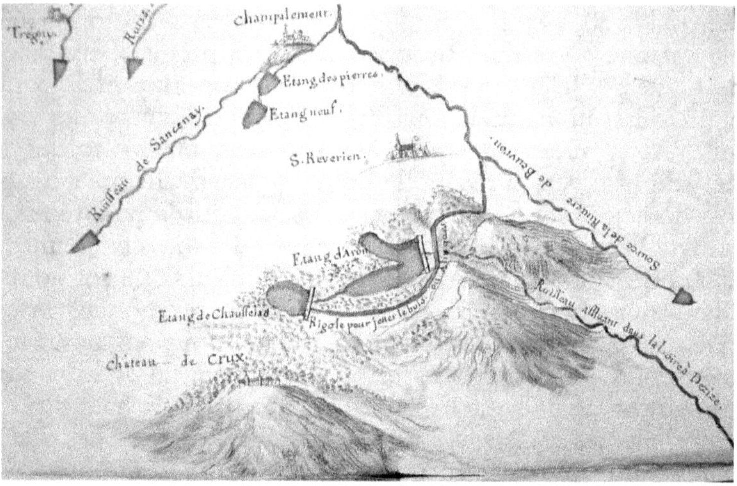

Figure n° 6 : Carte de l'abbé Delagrive, le Beuvron
pont aqueduc de la rigole d'Aron, f° 34v.

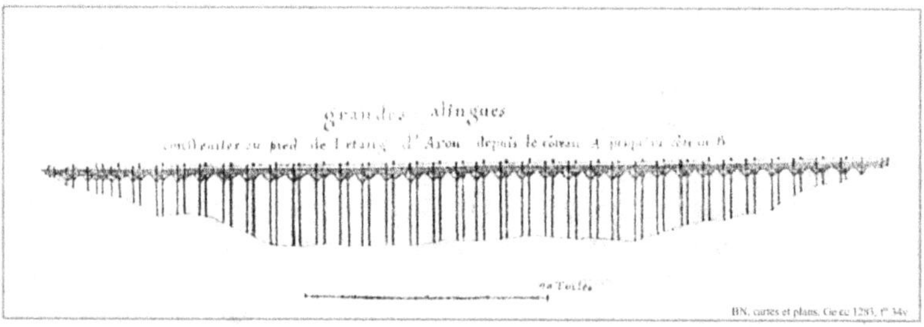

Les archives permettent de dater le point de départ des travaux. 75 ans après l'arrivée du premier train à Paris, en 1628, François Damas

63. Arch. nat., H^2 1936[1], rapport de Gourdain, 1732, f° 21.

de Crux, propriétaire de nombreuses forêts, décide d'utiliser l'eau de ses étangs de Chausselage et d'Aron, à la tête de l'Aron, affluent de la Loire, pour les mener vers le Beuvron. Cela rentabiliserait des bois jusque-là inexploités.

La représentation du système sur la carte de l'abbé Delagrive et un rapport de 1732[64], l'état de conservation de l'essentiel du réseau, tout incite à croire que le système instauré par le marquis a longtemps fonctionné de manière rentable, comme l'affirme un rapport de 1786[65]. Le creusement du canal de la Vaucreuse montre que ce noble a su investir pour valoriser ses forêts. Il montre aussi une nouveauté : la capture des eaux du bassin de la Loire, pour alimenter les étangs et les rigoles du versant séquanien afin de faciliter les transports et exploiter de nouvelles forêts.

Le flottage à bûches perdues a exigé de lourds aménagements qui ont marqué l'hydrologie et le paysage du Morvan. Cela a permis aux entrepreneurs de répondre à la demande parisienne et de rentabiliser leurs bois. Les aménagements impliquaient des structures économiques et sociales spécifiques dont l'étude s'impose.

De cette histoire, ressortent quelques traits saillants. Le contrôle des eaux a été possible grâce à la modification du réseau hydrographique, avec la régularisation des cours d'eau et la construction d'étangs en tête de bassin. Les marchands et entrepreneurs, associés aux propriétaires forestiers, ont su gérer les ruisseaux morvandiaux en exploitant les conditions climatiques et le relief de la région. A cette dimension technique, il faut ajouter l'importance et l'originalité des structures commerciales. Si, dans un premier temps, les marchands auxerrois ont cherché à développer le flottage sur la Cure, très vite les marchands parisiens les ont supplanté en étendant le flot aux autres cours d'eau du Morvan. Ils ont conclu des accords avec les riches propriétaires forestiers pour tirer parti des ressources boisées. De plus, les contraintes techniques ont nécessité des investissements importants, des efforts coordonnés, une concentration de l'activité. C'est ainsi que des entrepreneurs comme les Villaines et autres ont émergé. Cependant, bien que le XVIIe siècle ait conçu les premiers aménagements, ceux-ci ont été développés par la ville de Paris, comme le montrent les travaux réalisés par du Cellier en 1784.

---

64. Arch. nat. H^2 1936^1, rapport de Gourdain, 1732.

65. Le rapport de Doloret de 1786 est publié par G. Thuillier, « Documents sur le flottage », *Bulletin de la Société Scientifique et Artistique de Clamecy*, 1994, nouvelle série, n° 17, pp. 93-111.

Figure n° 7 : Les travaux de du Cellier en 1784 et les transformations des étangs

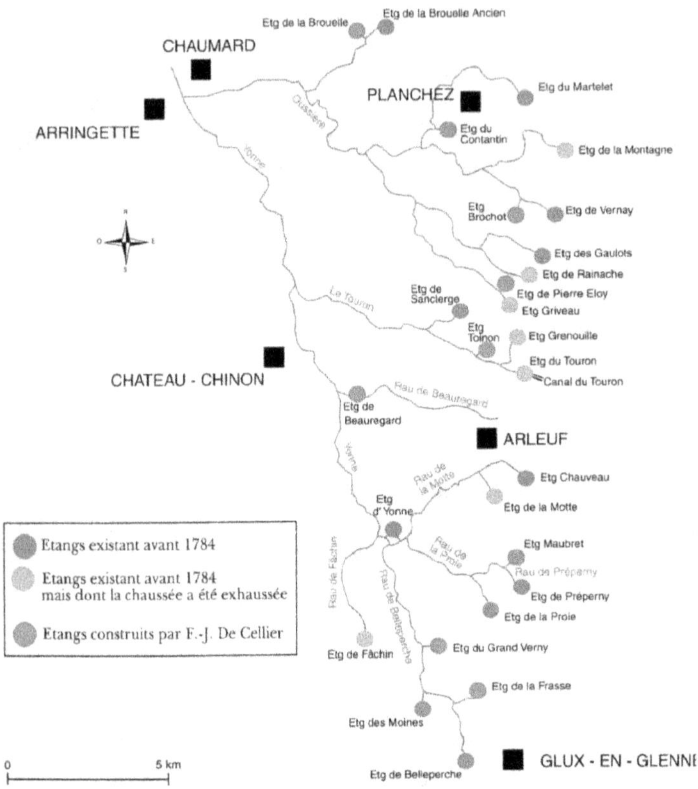

L'alliance de l'eau, du fer et du bois : la proto-industrie bas-normande XVe-XXe siècle

*Maria-Carmen GRAS**

Depuis des siècles, l'eau et le bois sont des richesses essentielles exploitées par les sociétés. L'alliance des deux, ajoutée à l'extraction ferrique, permit l'établissement des complexes proto-industriels à proximité des cours d'eau bas-normands de la fin du Moyen Âge à la révolution « houillère ». En effet, l'activité proto-industrielle nécessitait une force motrice (eau), un combustible (charbon de bois) et une matière première (minerai de fer). A quelles logiques d'implantation conduisent ces exigences spécifiques à la métallurgie moderne ? L'activité métallurgique modela-t-elle le paysage en fonction de ces impératifs spatiaux, techniques et fonctionnels ?

L'étude des forges de Danvou (Calvados) et de Saint-Évroult (Orne) illustre ce système, même si les sources sont lacunaires et les vestiges moins nombreux que pour d'autres, telle la forge d'Aube, située aussi dans l'Orne. Néanmoins, ce choix pose la question de la représentativité ou au contraire de la spécificité dans la proto-industrie bas-normande. En effet, si un modèle général de fonctionnement des forges existait, chaque bouche à feu est singulière dans sa gestion, son organisation, sa localisation, son approvisionnement en matières premières. La maîtrise de l'eau et l'approvisionnement en bois et, plus particulièrement, en charbon de bois caractérise chaque foyer proto-industriel : les stratégies et les aménagements varièrent fortement de l'un à l'autre.

En tout cas, la stratégie de fonctionnement était semblable dans les deux cas : l'alliance de l'eau, du bois et du minerai de fer était fondamentale. Aussi ces activités qui perdurèrent aux abords des forêts et des cours d'eau marquèrent profondément et durablement les paysages forestiers et péri-forestiers.

* Université de Caen.

I – LES ROUAGES DU FONCTIONNEMENT DE LA PROTO-INDUSTRIE BAS-NORMANDE

Avant d'étudier la maîtrise du réseau hydrographique et l'approvisionnement en charbon de bois, il convient de saisir l'organisation et la complexité de ces « grosses forges » qu'étaient Saint-Évroult et Danvou. Cela montre les raisons de leur création (valorisation forestière), leur organisation et les principes généraux de fonctionnement.

Saint-Évroult : un ensemble complexe dans le Pays d'Ouche

L'activité métallurgique existait à l'orée de la forêt de Saint-Évroult depuis le XVe siècle au moins à l'initiative des religieux de l'abbaye du même nom. Ils détenaient ce massif de 4 300 arpents. L'alimentation d'une forge en charbon de bois fut un moyen certain de valoriser ce patrimoine et par là un revenu supplémentaire. Les religieux, propriétaires de la forge et de la forêt, avaient là une source d'enrichissement, puisqu'en 1666 « le principal revenu de lad. Abbaye consiste en une forge et un fourneau scytué en la forest de Saint-Évroult dépendant de lad. Abbaye »[1].

Les religieux, bien qu'étant Barons Fossiers de la corporation des Férons de Normandie, ne géraient pas eux-mêmes leurs biens. Ils les affermèrent dès 1550 à des maîtres de forge. De même pour les trois étangs et les coupes de bois nécessaires. L'établissement métallurgique affermé n'était pas d'un seul tenant, les différents ateliers étant disséminés sur le pourtour de la forêt et des cours d'eau (Charentonne, Noireau). Quoique affermés en un seul lot, les ateliers étaient distincts. Leurs activités étaient différentes, mais complémentaires. Ainsi, les multiples baux d'affermage puis la vente comme bien national en l'an VI distinguent la grosse forge de Pont-Œuvre composée de huit bâtiments (logement des ouvriers, cave, écurie, atelier, magasin, halle, chaufferie et affinerie dans lesquelles se trouvaient le gros marteau et l'enclume) et le fourneau et la fenderie de Saint-Évroult composés de cinq bâtiments (logement, la forge du maréchal, la fenderie, la halle à charbon, le fourneau à fonte)[2]. Cette dissémination des ateliers est bien visible sur le plan de Jubé daté de 1738. La forge de Saint-Évroult était donc composée d'un haut-fourneau proprement dit à Saint-Évroult (étang de Saint-Père sur la Charentonne), d'une forge à Pont-Œuvre (étang de la

1. Arch. dép. Orne, H 890, liasse 3, 1666.
2. Arch. dép. Orne, 1 Q 211, 8 frimaire an VI .

Forge sur le Noireau) et d'une fenderie près du haut fourneau mais construit au XVIIIe siècle[3].

Chaque atelier avait une fonction. C'était dans le creuset du haut fourneau que le minerai de fer, mélangé au charbon de bois et à la castine, était porté à fusion soit plus de 1 000 °C. Cela réclamait d'énormes soufflets actionnés par des roues à aube. On obtenait des « gueuses » (grossières barres de fonte) pesant plus d'une tonne chacune. Elles étaient envoyées à la forge (affinerie), où la fonte était chauffée, cinglée et martelée pour en éliminer les impuretés et procurer des barres de fer uniformes et de qualité. Dans cet atelier, la force hydraulique servait aussi à actionner soufflets de chaufferie et gros marteau. Les barres de fer étaient expédiées à la fenderie où elles étaient débitées en tiges, en plaques, toujours grâce à l'aide de fours et de roues. Néanmoins, la campagne métallurgique ne durait que quelques mois. Ainsi, les comptes de livraison de charbon firent état de 14 fournées (ou campagnes) d'avril à octobre pour l'année 1784[4]. La brièveté de la besogne suffisait à produire des quantités non négligeables : en 1757, 180 000 livres de fer, ce qui fait de Saint-Évroult une « grosse forge » de modeste, voire de petite importance[5]. Quoiqu'il en soit, la transformation de la minette en fonte puis de cette dernière en fer mettait en œuvre des moyens gigantesques dans l'approvisionnement en bois comme dans l'emploi de l'eau. Même modeste, l'ensemble rapportait des gains substantiels au preneur à bail, qui le sous-traitait pour 8 000 livres. Le fait que les maîtres de forge d'Aube (les Duboullay) aient aussi assumé la gestion de Saint-Évroult témoigne de son potentiel en terme de rentabilité. La forge de Saint-Évroult était donc représentative de cette industrie.

Danvou : un foyer dynamique dans le Bocage

Danvou différait de Saint-Évroult en plusieurs points. Plus tardive, la grosse forge de Danvou fut créée en 1680 par lettres patentes autorisant le sieur de Matignon, comte de Thorigny, à établir une forge à fer dans la baronnie du Plessis afin de faire valoir ses forêts et ses bois taillis. Par un heureux mariage, il devint en 1715 prince de Monaco et bailla sa forge à des maîtres des forges. Les baux de location suivis de

3. Arch. dép. Orne, H 893, f° 27, 18 mai 1714. Les religieux accordent au maître des forges l'autorisation de bâtir une « fenderie au-dessous de la chaussée de (l'étang) de Saint-Pair » à ses frais mais qu'il devra restituer à la fin de son bail.

4. Arch. dép. Orne, 176 J 3, liasse 3, 1784.

5. Selon F. Dornic, une grosse forge moyenne produisait environ 300 500 livres de fer par an.

procès verbaux de visite en montrent la taille et la structure. En 1722, on en voit ses composantes : le manoir de la forge, le logement des forgerons, le fourneau, les deux affineries, la fenderie, une petite halle pour le charbon, les ponts, les rivières et le bocambre, c'est-à-dire un pilon actionné par une roue hydraulique destiné à concasser le minerai[6]. Les différences sont sensibles avec Saint-Évroult : aucun bocambre à Saint-Évroult, deux affineries à Danvou. Cela tient à ce que les ateliers de la forge de Saint-Évroult ont été bâtis en plusieurs étapes, alors que Danvou fut planifié et réfléchi[7]. Ils furent concentrés en un petit espace et traversés par un seul cours d'eau (Druance) de façon à optimiser les potentialités et réduire les frais de déplacement. Toutes les étapes de la métallurgie moderne étaient regroupées sur deux paroisses. Pourtant, la forge de Danvou ressemblait à celle de Saint-Évroult par le volume de leur production, car le montant de l'affermage était comparable : 7 800 livres à Danvou en 1734[8].

Figure n° 1 : Plan de la forge de Danvou

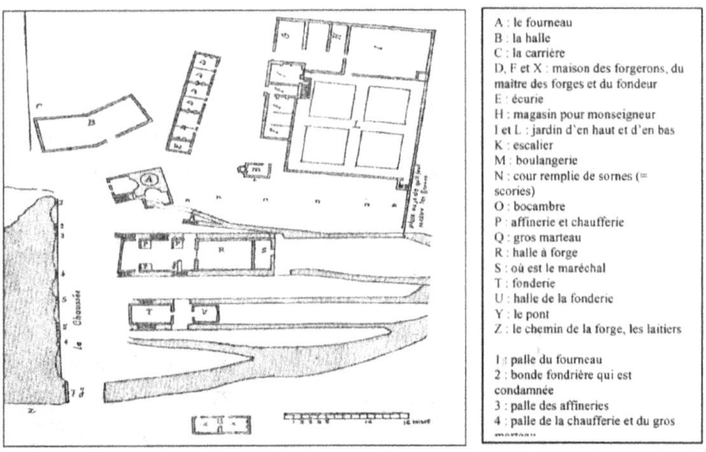

Le modèle de Saint-Évroult et Danvou reflète les forges bas-normandes. Cela renvoie à d'autres exemples (Aube) mais aux traités

6. Archives de Monaco, L 10, 1722.

7. J. de Maulde, p.202. Plan de la forge de Danvou établi par D. Michel, mi-XVIIIe siècle.

8. Arch. dép. Calvados, C 5207, élection de Vire, Danvou, pour le dixième.

théoriques (*Encyclopédie*). Avec les capitaux à réunir, trois éléments conditionnaient leur fonctionnement : le bois, l'eau, le minerai de fer. La forêt et les bois fournissaient le combustible sous forme de charbon de bois indispensable pour porter le minerai à fusion, faire chauffer les gueuses de fonte. Le bois servait notamment à la réparation des bâtiments, à la construction des roues, du marteau. L'eau procurait la force motrice qui actionnait les roues à eaux, lesquelles actionnaient les soufflets du haut-fourneau et le gros marteau de la forge. Le tout impliquait une stratégie visant à contrôler surfaces forestières et cours d'eau.

II – UNE ALLIANCE INFERNALE ?

Certes, les forges supposaient la livraison de minerai, mais ce n'était ni la première préoccupation ni la dépense primordiale des maîtres de forge. Les vrais problèmes tenaient à l'eau et à la forêt.

Une exploitation forestière multiforme

Les baux d'affermage précisaient souvent la fourniture du minerai et de la castille, ainsi que celle du bois. A Saint-Évroult, les preneurs avaient des coupes réservées en forêts de Saint-Évroult et d'Échauffour, soit 4 300 arpents environ. Les bois du sieur de Matignon étaient plus dispersés, mais atteignaient 3 797 arpents[9]. En 1782, le bail du complexe de Saint-Evroult comprenait « les neufs coupes de taillis de la forêt dudit lieu de St Evroult qui tombent en exploitation pendant les neufs années [...] avec maintien des balliveaux. Les bois, charbons des coupes annuelles qui seront délivrées aux preneurs seront employés à l'usage desdits forges, fourneaux et fenderie sans pouvoir en enlever ni divertir pour quelque destination que ce soit »[10]. De même, celui de la forge de Danvou incluait « les coupes et tontûres des bois taillis destinés à être exploités et mis en charbon à l'usage desdites forges », le tout en respectant l'ordonnance de 1669 (recollement obligatoire) en employant les anciennes places à charbon[11]. Tous (maître de forge et officiers des eaux-et-forêts) étaient d'accord

9. Arch. dép. Calvados, 2 L 384, élection de Vire, f°2, an II, N'ont été retenus que les bois appartenant au sieur de Matignon (dit citoyen Grimaldi) et situés à moins de 20 kms de la forge : le bois de Brimbois 508 arp., la forêt l'Evêque 720 arp., le bois de la Ferrière 487 arp., le bois d'Ondefontaine 1027 arp., bois de Montpinçon 282 arp., bois du Parc Huet 169 arp., et 304 arp. répartis dans quatre autres petits bois.

10. Arch. dép. Orne, 51 J 25, 16 septembre 1782.

11. J. de Maulde, p. 186. En 1746, un bail de huit ans accorde au preneur 40 000 cordes de bois soit 5 000 cordes par an.

sur une chose : le meilleur charbon de bois était obtenu à partir d'un taillis de trente ans[12]. Toutefois, il fallait maintenir de la futaie pour effectuer les réparations nécessaires : en 1679, 500 balliveaux « de méchante venue » et quelques arbres de la réserve furent abattus afin de réparer l'étang de Charentonne[13].

Cependant, les besoins en charbons l'emportaient sur les bois de construction. Les deux ensembles forestiers furent au mieux traités en taillis sous futaie. Les besoins en charbon étaient énormes, au vu des comptes de forge. En 1787, à Saint-Évroult leurs dépenses s'élevaient à 68 979 livres dont moitié pour le charbon (pour 14 579 sacs) et moitié pour les salaires, le minerai, le loyer, diverses réparations. Cela tenait au fait qu'il fallait transformer le bois en charbon et le transporter à dos de cheval[14]. De plus, les maîtres des forges devaient acheter des coupes, les leurs ne suffisant pas. Ainsi, à Danvou, ils en acquirent à l'abbaye d'Aunay, qui possédait161 arpents à proximité[15].

L'industrie du fer imposait donc une sylviculture particulière : le taillis sous futaie. La sylviculture pratiquée à Saint-Évroult avant la grande Réformation fut contestée. Les religieux refusaient le traitement pratiqué, car « il y a fort longtemps que les coupes se font de cette manière (en TsF), les dits balliveaux en sy grand nombre et sy proches les uns des autres, que non seulement ils ne peuvent plus cloistre mais ils offusquent même sy fort le taillis qu'il ne peut en aucune façon proffiter ni servir auxd. Forges et fourneaux que le maistre d'iceux veut abandonner faute de bois pour les pouvoir faire aller [...] a quoy il en faulle remédier en faisant abattre partie desd. balliveaux et par ce moyen le taillis qui est en dessous reviendroit en premier état »[16]. En 1676, Paul Mascranny, grand maître enquêteur et général réformateur des Eaux et Forêts au département de Normandie visita puis aménagea la forêt de Saint-Évroult. Ses 4 246 arpents furent divisés en 31 triages. Ils comportaient surtout chêne, coudre, dans une moindre mesure érable, hêtre et bouleau[17]. Le règlement limita la réserve à 150 arpents. Le reste était un taillis exploité tous les 18 ans, ce qui donnait des usances de 222 arpents. Cela démontre que la forêt était vouée aux forges. Les ventes annuelles étaient livrées à la hache des bûcherons puis aux mains des

12. G. Houzard, p. 259.

13. Arch. dép. Orne, H 890, liasse 1, 7 mars 1679.

14. G. Primois, p.221.

15. Arch. dép. Calvados, H 1263, liasse 1, f°5, 28 novembre 1784.

16. Arch. dép. Orne, H 890, liasse 3, 1666.

17. Arch. dép. Orne, H 800, liasse 1, 22 mars 1681. Le procès-verbal de la visite est assez évasif et incomplet.

charbonniers[18]. Le souci des maîtres de forge et du bailleur était d'obtenir un approvisionnement régulier au moindre frais ce qui nuit au couvert boisé et provoqua des conflits. Ainsi l'autorisation fut accordée « à ceux qui voiturent le charbon la permission de laisser pasturer leurs chevaux en la forest de St-Évroult », alors que la dent des bêtes était plus que néfaste au taillis et à sa régénération[19]. La même autorisation bénéficia au maître de forge de Danvou. Outre des choix sylvicoles discutables, le couvert forestier était aussi malmené par certains usagers de la forêt, dont les maître des forges : leurs délits suscitèrent la réaction des propriétaires. A Saint-Évroult, le maître de forge, sieur de la Blinière, fut poursuivi à cause des « prodigieuses usurpations dans leur forest [...] ces abus et malversations » au nombre desquelles le fait « qu'il avoit coupé chaque année un plus grand nombre d'arpent qu'il auroit du couper [...] qu'il a coupé une infinité de moderne »[20]. En plus, il envoyait des travailleurs des bois, alors que la forêt était mise en défens et faisait « abattre, buscher, mettre en corde et charbonner des balliveaux »[21] . Les bailleurs des forges de Saint-Évroult et Danvou parvenaient ainsi en y mettant le prix ou en abusant à collecter bois et charbon de bois. Mais à la fin du XVIIIe, l'équilibre fut rompu en raison d'une demande toujours accrue, alors que la production ligneuse stagnait, voire baissait[22].

Maîtriser la force hydraulique : un long fleuve tranquille ?

Les maîtres de forge veillaient aussi à maîtriser les cours d'eau. L'ensemble de Saint-Évroult contenait cinq roues au moins. Celui de Danvou six au moins. Cependant, elles n'étaient pas installées au fil de

18. Arch. dép. Orne, 176 J 3, liasse 3, 1784. En 1784, 2034 cordes (1corde=3stères) de bois réparties en 88 fourneaux (soit 23 cordes par charbonnière) fournirent 3 993 sacs de charbon. Une corde de bois produisait donc environ 2 sacs de charbon. Or selon les calculs de G. Houzard, un taillis de 18 ans produisait 14 cordes par arpent. Aussi la production de 2 024 cordes de bois nécessita-t-elle 145 arpents de taillis. En effet lors de la carbonisation seulement 20 % du bois est transformé en charbon de bois soit une perte de 80 %.

19. Arch. dép. Orne, H 801, liasse 21, 25 novembre 1676.

20. Arch. dép. Orne, H 892, liasse 6, f°1 et 2, 17 février 1701.

21. Arch. dép. Orne, H 807, liasse 7, p. 2, 1 mars 1681.

22. Selon G. Houzard, une petite forge qui consommait entre 4 800 et 5 700 cordes de bois devait disposer de 15 coupes de taillis de 15 ans d'une contenance de 160 à 190 hectares c'est-à-dire une réserve de 2 400 à 2 800 arpents. Or Danvou et St Evroult qui étaient de petites forges disposaient chacune d'environ 4 000 arpents ce qui semblait suffisant. Cependant il ne faut pas oublier que d'autres demandes pesaient sur la forêt : bois de chauffage, d'œuvre...

l'eau. Au contraire, des retenues artificielles furent aménagées afin de les faire tourner en cas de besoin et de s'émanciper des aléas météorologiques[23]. Ainsi, la forêt de Saint-Évroult était encadrée de plus de dix étangs, dont trois réservés à la métallurgie. L'étang de Charentonne (28 acres) recevait l'eau de la Charentonne puis alimentait l'étang de Saint-Père (12 acres) en aval, qui actionnait les roues du haut fourneau et de la fenderie. L'étang de la forge de Pont-Œuvre (10 acres) drainait, lui, les eaux du Noireau[24].

Ces étangs artificiels étaient entretenus. En 1674, Paul Mascranny parcourut l'étang de Charentonne. Le constat fut accablant « estant parvenu à la chaussée de Charentonne avons reconnu que la descharge de l'escluse est entièrement ruinée, et si elle venoit à rompre, les eaües qui tomberoient en abondance dans l'estang du fourneau seroient un dommage très considéranble tant a lad. Chaussée qu'aux bastiments du fourneau »[25]. La réparation de cette chaussée exigea « 400 pieds de chesne d'une bonne essence afin que le travail soit plus solide ». Les étangs, affermés en même temps que les grosses forges, furent souvent l'objet de litiges, car le gros entretien incombait aux propriétaires, en l'occurence les religieux qui rechignaient à son exécution. Outre l'entretien ordinaire (curage, fortification), il y avait aussi l'amenée d'eau, système composé de ponts, vannes (palles ou biefs), rayères (conduits étroits qui amènent l'eau sur la roue), nocs (canaux d'amenée d'eau), huches (coffres en bois qui distribuent l'eau au dessus de la roue) et roues[26]. En 1786, le maître des forges avise les religieux qu'à l'étang Saint-Père, « les nocs sont en mauvais état, laissant fuir l'eau de toutes parts au fur et à mesure qu'elle arrive dans l'étang, à tel point qu'il est impossible de faire mouvoir les roues hydrauliques »[25].

Toutefois les bailleurs n'étaient pas forcément victimes et contribuaient aussi à la dégradation de l'étang. A Danvou en 1722, le procès-verbal de fin de bail releva « qu'il y a un très grand nombre de lettiers ou écume de fer qui ont été jettez dans le dit étang »[27], ce qui entraînait maintes gênes, car cela « incommode le coulant de l'eau qui sert à faire

23. Les variations interannuelles des précipitations pouvaient réduire la campagne métallurgique de deux ou trois mois.

24. Arch. dép. Orne, 1 Q 211, 8 frimaire an VI.

25. Arch. dép. Orne, H 800, liasse 1, 22 mars 1674 et H 801, papier 32, 1676.

26. Georges Primois, p. 204 et suiv. Le noc de l'étang de la forge de Pont-Œuvre par exemple est « bâti en pierre de taille et briques sur 7m 10 de longueur, la voûte en arcade de 1 m 50, de large sur 2 m 15 de hauteur » selon le procès-verbal de visite de 1770.

27. J. de Maulde, p. 167.

marcher la roue du fourneau » et cela contribuait à « l'empoisonnement dudit étang » qui servait aussi de réserve de pêche (comme les étangs de Saint-Évroult). Le preneur dut vider l'étang des laitiers accumulés ! Les différents ateliers de Danvou disposaient d'un seul étang de 22 arpents sur la Druance. Or la partie immergée était réclamée par d'autres usagers. En l'an IX, une partie des citoyens de Danvou protesta contre les maîtres de forge de Danvou qui inondaient chaque année « les meilleurs prairies de la commune de Danvou ». Aussi la construction de canaux visant à assécher ces terres fut-elle projetée. On réalisa un plan en conséquence[28]. Ainsi, chaque foyer était le centre d'un système hydro-sylvo-métallurgique cohérent. Mais cette logique suscitait conflits et concurrences.

III – ENTRE SÉQUELLES ET HÉRITAGES

Au début du XIXe siècle, les forges de Saint-Évroult et de Danvou fermèrent à cause de la pénurie de bois et de la concurrence. Elles laissaient un paysage forestier et péri-forestier, associant séquelles et héritages. Cela caractérise bien d'autres exemples.

Des impacts paysagers et environnementaux irréversibles

La construction d'une forge engendrait un traitement particulier : taillis simple ou taillis sous futaie. Quatre menaces existaient : diminution des surfaces, abaissement de l'âge des peuplements, appauvrissement de la bio-diversité, épuisement du sol lié à la consommation de sels minéraux par les bois taillis. En 1784, l'abbaye d'Aunay, propriétaire de quelques dizaines d'arpents, demanda l'autorisation d'abaisser l'âge des coupes de 25 à 12 ans car « la terre n'a produit pour la plus grande partie que du bouleau et autres bois blancs qui dépérissent passés l'âge de 12 ans [...] ce qui provient de l'ingratitude du terrain desd. Bois situés sur un revers de montagne »[29]. Or G. Houzard a bien démontré que les triages concernés par les coupes étaient souvent couverts de bois rabougris et évoluaient vers des terrains de médiocre qualité.

---

28. Arch .dép. Calvados, 9E219/50, an IX, étang des forges à Danvou.
29. Arch. dép. Calvados, H 1263, liasse 1, f°5, 28 novembre 1784.

Figure n° 2 : Ancienne place à charbon et bois blancs en forêt de Montpinçon

Malgré une surexploitation forestière, les surfaces ne suffisaient pas aux besoins de la métallurgie. Dès 1779, le maître des forges de Danvou déplorait le manque de charbon de bois[30]. Si la qualité des bois de Saint-Évroult et de Danvou régressa, elle n'atteignit pas le paroxysme de certains massifs tel celui d'Ecouves livré à la voracité de sept forges.

Les cours d'eau conservèrent aussi l'empreinte métallurgique au travers, par exemple, du fond ocre qui atteste du travail du fer ou encore par le maintien des étangs. Néanmoins, certains furent asséchés et le paysage remodelé. A Saint-Évroult, cela en visa 8 sur 15. A Danvou, seule la topographie et la présence de scories permettent de localiser l'ancien étang de la Forge.

30. Arch. dép. Calvados, C 2987, p.8, 24 mai 1779.

Des vestiges à profusion

L'activité industrielle laissa des héritages de différentes natures : architecturaux, toponymiques et paysagers. A la Ferrière-Duval, les carrières des bois attestent des activités passées. De même, le visage actuel des forêts et la présence de charbonnières dans les sous-bois constituent des vestiges. Le paysage forestier et péri-forestier façonné par l'industrie métallurgique a été en grande partie conservé et réapproprié par les sociétés. C'est le cas de l'étang de Saint-Père reconverti en espace récréatif (baignade, pêche, pédalo).

Figure n° 3 : Étang de Saint-Père aujourd'hui
avec, dans le fond, la base nautique

En revanche, à Saint-Évroult et à Danvou, les vestiges architecturaux sont quasiment inexistants, contrairement aux forges d'Aube ou de Dampierre. Seuls les laitiers (cline, c'est-à-dire résidu d'un aspect d'émail bleu ou vert en raison de la silicate) et les scories (sorne, c'est-à-dire résidus de l'affinage) indiquent les anciens ateliers. Concernant les aménagements hydrauliques, les vestiges sont plus nombreux et suggèrent le fonctionnement de l'ancien système.

Figure n° 4 : Vannes de l'étang de la forge de Pont-Œuvre

Figure n° 5 : Roue à aube (forge d'Aube)

Au final, les toponymes et les microtoponymes conservent le souvenir d'une activité qui mariait le fer, l'eau et le bois. Ils évoquent les établissements métallurgiques eux-mêmes, l'extraction de minerai, la dégradation des peuplements, l'activité charbonnière. Dans les environs de la forge de Danvou, on trouve un lieu-dit « la Forge », une commune « La Ferrière-Duval », une autre « Roucamps » (couleur ferrugineuse de la terre), un lieu-dit « la Fosse » (charbonnière), un autre « les Essarts », un autre « les Bruyères », un autre enfin « Chemin des Laitiers ». Des noms tout aussi évocateurs entourent Saint-Évroult (« le Pré de la Fonte », « La Trinité des Laitiers »...).

Les grosses forges constituèrent une activité industrielle exigeante qui associait le fer, le bois et l'eau. Les entrepreneurs métallurgiques menèrent une logique d'implantation spatiale que dictaient les ressources ligneuses et hydrauliques. Ainsi furent mis en place des systèmes hydro-sylvo-métallurgiques cohérents à l'échelle locale qui garantissaient l'approvisionnement en charbon de bois et la maîtrise complète de la force hydraulique. Les conflits et les abus marquèrent si profondément et durablement l'espace forestier et périforestier qu'ils dévoilent aujourd'hui encore l'ancien système.

BIBLIOGRAPHIE

– BELHOSTE J.-F. et alii, *La métallurgie normande XIIe-XVIIe siècles. La révolution du haut-fourneau*, Alençon, Cahiers de l'inventaire, 1991, 322 p.
– CAILLY C., *Mutations d'un espace proto-industriel : le Perche aux XVIIIe et XIXe siècles*, Fédération des Amis du Perche, 1993, 742 p.
– DORNIC F., « L'industrie du fer en Basse-Normandie et au Perche », *Annales de Normandie,* 1982, pp. 213-228.
– HOUZARD G., « Les grosses forges ont-elles mangé la forêt ? », *Annales de Normandie*, 1980, pp. 245-270.
– LACHIVER M., *Dictionnaire du monde rural. Les mots du passé*, Paris, Fayard, 1997.
- MAULDE J. de, *Mines de fer et industrie métallurgique dans le Calvados*, Caen, Louis Jouan éditeur, 1916, 265 p.
– PRIMOIS G., « Notes sur la grosse forge du Pont-Œuvre et sur le fourneau de Saint-Evroult », *Bulletin historique et archéologique de l'Orne*, Imprimerie Alençonnaise, 1926, pp. 165-254.
– RICHARD G., « La grande métallurgie du fer en Basse-Normandie à la fin du XVIIIe siècle », *Annales de Normandie*, 1963, pp. 165-175.
– WORONOFF D. (dir.), *L'homme et l'industrie du fer en Normandie du Néolithique à nos jours*, Actes du congrès régional des sociétés archéologiques de Normandie, L'Aigle, 1988, Alençon, 1990, 408 p.

SOURCES

– Archives départementales du Calvados
Série C : C 2987, C 3019, C 5207.
Série E : 9 ^{E}219/50.
Série H : H 665, H 712, H 1256, H 1263.
Série L : 2 L 384, 2 L 387, 2 L 388.

– Archives départementales de l'Orne
Série Fi : 8 Fi/46, 9 Fi/12, 25 Fi/386/1, 28 Fi54/1 à 28 Fi54/3.
Série H : H 558, H 567, H 787, H 800, H 801, H 803, H 807, H 813, H 877, H 883, H 886, H 888 à H 895.
Série J : 176 J 1 à 176 J 8 : fonds des forges de Saint-Évroult (XVIIIe siècle).
51 J 1 à 51 J 127 : fonds de la Bretêche.
Série Q : 1 Q 211, 1 Q 1078
Série S : S 1044.

– Archives départementales de Seine-Maritime
Série B : II B 140.

Gérer le bois dans les cours d'eau : les dispositifs législatifs actuels

Yves-François LE LAY*

Si le flottage eut une importance telle qu'elle a suscité l'aménagement et l'entretien des cours d'eau, il ne contribue plus significativement à l'alimentation en bois de la rivière. Aujourd'hui, la majorité des débris ligneux présents dans les hydrosystèmes a une autre origine. La description du bois extrait dans le réservoir de Génissiat sur le Rhône indique que 83 % des pièces présentent une origine naturelle, avec notamment le sapement de berge (Moulin et Piégay, 2004).

Une fois dans la rivière, les bois flottants alimentent les embâcles qui sont susceptibles d'inonder les parcelles riveraines, éroder les berges, endommager les infrastructures de franchissement, perturber le fonctionnement des turbines nécessaires à la production d'énergie hydroélectrique ou encore altérer la qualité des paysages fluviaux (Piégay *et al.*, 2005 ; Le Lay *et al.*, 2006). Avec l'accroissement des surfaces boisées en marge des cours d'eau et le vieillissement des ripisylves, en particulier depuis les années 1960, ces problèmes connaissent un intérêt renouvelé. Aussi les législateurs français exigent-ils la suppression de tout corps flottant pouvant entraver le libre écoulement des eaux (Le Lay, 2005).

Pourtant, depuis la fin des années 1970, la littérature scientifique a souligné combien le bois est une composante importante du fonctionnement des écosystèmes d'eau courante (Gregory *et al.*, 2003). En particulier, il diversifie les formes de la rivière et influence l'abondance et la composition des populations de poissons et des communautés de macro-invertébrés benthiques. A la première conférence internationale sur le bois en rivière, tenue en Oregon en octobre 2000, les participants se sont étonnés que les pratiques contrastent autant d'un État à l'autre. Un groupe de travail international s'est constitué pour préciser les

* CNRS UMR Environnement-Ville-Sociétés, Lyon.

différentes modalités légales que recouvre la gestion du bois dans le cadre de l'entretien des cours d'eau, ainsi que leurs motivations.

I – LES FONDEMENTS DE L'ENTRETIEN DES COURS D'EAU

L'entretien consiste en un ensemble de tâches. Le lit des cours d'eau supporte généralement la pratique régulière du curage, la suppression des arbres morts et vivants, le faucardage des herbes et l'enlèvement des embâcles de bois. Sur les berges, la végétation ligneuse et herbacée est élaguée, débroussaillée et fauchée.

Maintenir le libre écoulement des eaux

L'objectif premier vise l'élimination de tous les obstacles à l'écoulement des eaux. L'entretien promeut fréquemment la préservation ou la restauration de l'état préexistant du lit et des berges (France, Pologne), si bien qu'il désigne les travaux nécessaires à la restauration du cours d'eau dans sa largeur et sa profondeur naturelles. Cela implique des travaux comme la protection des berges, le redressement ou la rectification du chenal, les dérivations d'eau et même la construction de barrages. Ainsi, en France comme ailleurs, on cherche à maintenir la largeur et la profondeur naturelles des cours d'eau. Mais qu'est-ce que la largeur naturelle ? Et la profondeur naturelle ? Quel est le système de référence (Armengaud *et al.*, 2003) ?

Dans le canton de Fribourg (Suisse), la Loi sur l'aménagement des eaux (26 novembre 1975) est significative. Concernant la conservation et l'aménagement des cours d'eau et des lacs, le principe est que « le maintien en bon état du lit et des berges des cours d'eau, l'écoulement normal de l'eau et la protection des rives, sont assurés par des travaux de conservation appropriés [...] » (Art. 3). Outre le problème récurrent d'une définition de la normalité de l'écoulement, il reste à savoir si le « bon état du lit » tient à des critères hydrauliques, ou s'il intègre des qualités écologiques. S'agit-il du maintien de la capacité d'écoulement ou de l'environnement ? Les travaux d'entretien font partie des « travaux de conservation » pour tout cours d'eau aménagé ou non. En particulier, ils comprennent « l'enlèvement des arbres, plantes, objets et détritus obstruant les cours d'eau, ainsi que le fauchage ou le faucardage des herbes, des algues et des roseaux » (Art. 4), mais aussi le curage des cours d'eau et « le colmatage d'érosions de minime importance ». La végétation protectrice des pentes et des rives ne semble ni mériter d'être conservée, ni d'être améliorée tant le libre écoulement de l'eau a obnubilé le législateur.

Cela témoigne d'une vive demande sociale quant à la propreté du cours d'eau. La législation des cours d'eau repose sur une vision organiciste. Ce regard biologisant était fréquent aux XVIIIe et XIXe siècles : la nature a créé les ruisseaux et les rivières pour vivifier le globe (Gourdault-Montagne, 1994). La devise est alors : « Laissez couler l'eau ». La rivière est au grand corps de la terre ce que la circulation sanguine est au corps humain. « Si vous arrêtez les fluides, vous détruisez dans l'homme le principe de la vie, et sur la terre vous causez des engorgements, vous faites extravaser les eaux, et vous créez des marais pestilentiels, fléaux de l'agriculture et de l'humanité » (Heurtault-Lamerville, 1790).

Pérenniser les usages de la rivière

L'entretien s'efforce de garantir le libre écoulement de l'eau et parfois de la glace, et la stabilité des berges en favorisant les systèmes racinaires aux dépens des systèmes aériens. On essaye de réunir des conditions propres à pérenniser les pratiques de la rivière et de ses marges. En général, un document de référence a formulé les principes fondamentaux de la méthode, par exemple la loi sur le régime des eaux en 1898 en France, en 1922 en Pologne. A chaque fois, on unifie des textes parfois contradictoires. Ainsi, en 1877, la Wallonie reconnut l'intérêt public des cours d'eau non navigables pour l'agriculture, l'industrie et la santé publique. De fait, l'entretien des cours d'eau renvoie aux buts poursuivis.

En ce qui concerne les voies navigables, le dragage et l'enlèvement de toute obstruction favorisent la navigation. Ainsi, la suppression du *great raft* sur la rivière Rouge (États-Unis), fut motivée par cet objectif. Des bateaux spéciaux, comme les *snagboats*, furent construits afin de libérer la rivière des bois et embâcles (Triska, 1984).

De même, l'enlèvement des gros bois qui s'accumulent contre les infrastructures (écluses, barrages, ponts) constitue un problème pour les gestionnaires. Dans le canton de Genève (Suisse), la loi sur les eaux du 5 juillet 1961 traite des déchets flottants accumulés le long des barrages : le gestionnaire d'une infrastructure hydraulique ne peut ni jeter à l'aval le bois collecté à l'amont, ni le brûler sans analyses et autorisation.

Bien sûr, la défense contre les inondations et le sapement de berge alimenta la controverse dans les États à tradition agricole et dans ceux densément peuplés. De nombreux articles requièrent la conservation du libre cours des eaux et impliquent le curage du chenal et l'entretien de la forêt alluviale.

Reconnaître l'intérêt écologique du bois en rivière

Dans les États-Unis de l'après-guerre, les agences fédérales en charge de la pêche promouvaient la suppression des accumulations ligneuses, considérées comme infranchissables pour les poissons se déplaçant vers les zones de frai, dans les petits cours d'eau amont. Mais il est désormais acquis que les embâcles augmentent les populations aquatiques (Bisson *et al.*, 1987).

En raison des mutations socio-économiques, des exigences politiques et de la protection environnementale, les références législatives s'adaptent aux nouveaux objectifs (loi sur l'eau de 2001 en Pologne, code de l'eau de 2005 en Wallonie). Des textes infléchissent les principes fondamentaux en prenant en compte la protection des ressources piscicoles (loi relative à la pêche en eau douce de 1984 en France, de 1985 en Pologne) et des environnements aquatiques (loi relative au renforcement de la protection de l'environnement de 1995 en France, de 2001 en Pologne). En Suède, la protection des rives concerne la mer, les lacs, les cours d'eau. L'idée est d'assurer l'accès public aux installations récréatives et de maintenir les conditions de vie des espèces végétales et animales sur terre et dans l'eau.

De même, dans le canton de Genève, la loi sur les eaux de 1961 envisage des exceptions à la pratique précédemment évoquée. La loi fédérale sur la protection de la nature et du paysage (1966) organise la protection des biotopes dont l'importance est nationale, régionale et locale. L'autorité cantonale peut délivrer une autorisation aux gestionnaires des barrages. Lorsque la présence de bois flottants offre un intérêt écologique, après leur tri, les gestionnaires peuvent les jeter à l'aval des infrastructures aquatiques. En pratique, l'entretien prend en compte les ressources naturelles en protégeant la vie aquatique et particulièrement le patrimoine piscicole.

Réintroduire du bois

Étant donné les atouts écologiques du bois, sa réintroduction lors des programmes de restauration est encouragée en Amérique du Nord (États-Unis, Canada), dans quelques pays européens (Allemagne, Autriche, Liechtenstein, Suède), en Australie et au Japon.

En Allemagne, « bois mort », « bois dérivant » et « débris ligneux » ne sont pas explicitement mentionnés. Néanmoins, la législation distingue les situations selon que le bois est toléré dans le cours d'eau, ôté du chenal ou déposé volontairement. En premier lieu, les bois dérivants retirés du cours d'eau, par exemple depuis un barrage ou une digue, sont assimilés à des déchets. Il est interdit de se débarrasser des « matières solides » en les déposant dans les cours d'eau. Néanmoins, le bois est toléré en tant que composante des écosystèmes aussi longtemps qu'il ne gêne pas le libre écoulement. Bien sûr, les dommages causés par un entretien insuffisant doivent être indemnisés par l'organisation responsable. Enfin, l'addition de bois dans les cours d'eau est plus complexe et doit effacer deux obstacles. D'une part, si la réintroduction participe à l'usage de la rivière, les lois sur l'eau requièrent son autorisation. Toutefois, l'introduction par cassure naturelle des arbres de la berge est considérée comme un entretien respectueux de l'environnement et non comme un usage du cours d'eau. D'autre part, l'expansion des zones aquatiques requiert toujours la permission préalable. Mais l'addition de bois n'entraîne généralement pas le développement d'une zone en eau pour autant qu'aucun remaniement substantiel du chenal et des berges n'intervienne. Dans la pratique, il existe néanmoins une grande variété d'interprétations de l'adjectif « substantiel »...

Au contraire, pareils projets semblent exclus dans les États où le cadre législatif change lentement. En Wallonie (Belgique), la loi relative aux cours d'eau non navigables (28 décembre 1967) est claire. Les travaux ordinaires de curage, d'entretien et de réparation comprennent « l'arrachage et l'enlèvement des racines, branches, joncs, roseaux, plantes et tous autres objets étrangers qui se trouvent dans le cours d'eau et leurs dépôts sur les rives ». La notion d'objet étranger au cours d'eau laisse rêveur, d'autant que la législation insiste sur « l'enlèvement des dépôts qui se forment sur les rives convexes du cours d'eau et sur les saillies » et sur « l'enlèvement des buissons et arbustes lorsqu'ils entravent l'écoulement de l'eau ». Cependant, le récent code de l'eau (2005) modère cette attitude.

II – LA RESPONSABILITÉ DE L'ENTRETIEN DES COURS D'EAU

La diversité géographique des modalités de l'entretien des cours d'eau est accrue par celle de l'attribution de la charge qui découle de la propriété de l'eau ou du lit de la rivière.

L'entretien comme droit accessoire

L'entretien des cours d'eau est fréquemment considéré comme un droit accessoire à la propriété du lit. Il dépend de la possession du sol, mais celle-ci peut varier. En Wallonie, la loi de 1967 distingue cinq types de cours d'eau. Les voies navigables sont classées par le gouvernement et gérées par le ministère d'Ingénierie civile et des Transports. Les cours d'eau non navigables sont divisés en trois catégories. Avec la révision du code de l'eau en 2005, les compétences provinciales sont transférées au ministère de la Région Wallonne : maintenant, tous les cours d'eau non navigables sont gérés à l'échelle régionale. Quant aux cours d'eau non classés, ils commencent à la source jusqu'à ce que la superficie du bassin versant atteigne cent hectares. Ils sont gérés par les propriétaires riverains.

Comme en Espagne, les eaux courantes polonaises sont propriété publique. Leur gestion dépend de sept autorités régionales. Elles contrôlent donc les cours d'eau de montagne, ceux dont le débit annuel moyen à l'embouchure égale ou dépasse 2 m^3/s, les cours d'eau frontaliers et les voies navigables. Les gestionnaires des parcs nationaux (1 % du territoire) s'occupent de leurs cours d'eau. Seize comités provinciaux de drainage et des structures hydrauliques prennent en charge tous les autres cours d'eau.

Le poids et le partage de l'autorité joue également un rôle. A la fin du XVIIe siècle, le tsar Pierre Ier (1672-1725) publia un décret sur l'usage rationnel, la conservation, la protection et la restauration des zones boisées, près des cours d'eau notamment. Le dépôt d'ordures sur la Neva pouvait être puni de mort... Dans la Russie actuelle, l'Agence fédérale des ressources en eau et le Ministère des ressources naturelles assument l'entretien. Ils peinent à coordonner les efforts et la répartition des compétences à différentes échelles (locales, régionales, fédérales). Cela engendre une grande complexité. Il existe souvent un financement multiple par les différentes communautés territoriales.

L'entretien comme contrainte

L'entretien apparaît nécessaire mais contraignant. Son attribution est basée sur le principe de l'équité naturelle. Celui qui profite des bénéfices d'une ressource doit en supporter les inconvénients. En France, le principe est ancien. D'après un jugement du Conseil d'État (19 février 1805), « les propriétaires riverains sont exposés à tous les inconvénients attachés au voisinage des rivières non navigables » et « les lois et arrêtés du Gouvernement les assujettissent à la dépense du curage et à l'entretien de ces rivières ». Ainsi, les droits que le propriétaire riverain possède sur les ressources naturelles sont conditionnels. Le droit de pêche implique le devoir d'entretenir le cours d'eau. A l'inverse, les personnes qui subissent une nuisance (dépenses liées à l'entretien ou dommages liés aux inondations) doivent pouvoir profiter du cours d'eau, c'est-à-dire de la pêche et des autres produits naturels.

En conséquence, les propriétaires et plus généralement les détenteurs d'un droit de pêche peuvent se voir imposer la charge des travaux et des dépenses occasionnés par les cours d'eau. En France, la loi du 29 juin 1984 relative à la pêche en eau douce et à la gestion des ressources piscicoles repose sur ce même principe : « tout propriétaire d'un droit de pêche, ou son ayant cause, [...] doit effectuer les travaux d'entretien, sur les berges et dans le lit du cours d'eau, nécessaires au maintien de la vie aquatique ». Mais c'est avec la loi Barnier (2 février

1995) relative au renforcement de la protection de l'environnement, que le bois devient un objet juridique. Le « propriétaire est tenu à un curage régulier pour rétablir le cours d'eau dans sa largeur et sa profondeur naturelle, à l'entretien de la rive par élagage et recépage de la végétation arborée et à l'enlèvement des embâcles et débris flottant ou non, afin de maintenir l'écoulement naturel des eaux, d'assurer la bonne tenue des berges et de préserver la faune et la flore dans le respect du bon fonctionnement des écosystèmes aquatiques ».

Au Québec, l'entretien est également obligatoire. A l'article 782, le code municipal établit que « les cours d'eau municipaux doivent être tenus en bon ordre et libres de toute obstruction qui empêche ou gêne l'écoulement des eaux, en tout temps du 1er mai au 31 octobre suivant ». Surtout, d'après l'article 783, « tout propriétaire d'un terrain que traverse ou borde un cours d'eau doit tenir les abords de ce cours d'eau libres de végétation nuisible, d'amas de branches ou autres déchets sur une largeur de 4,50 m de la berge ». Cependant, une contribution aux dépenses d'entretien peut être demandée aux organisations ou aux personnes qui utilisent le cours d'eau ou possèdent des infrastructures hydrauliques, particulièrement lorsqu'il y a augmentation du coût des travaux.

Plus généralement, l'entretien des cours d'eau peut être associé à quelques servitudes. Une servitude confère, à certaines personnes et dans un but spécifique (le curage), un droit de passage sur une propriété privée. Les résidents, les propriétaires, les utilisateurs et les gestionnaires d'infrastructures doivent garantir le libre accès des agents administratifs, des ouvriers et des personnes en charge de vérifier les cours d'eau et les travaux (Belgique, France). De plus, ils doivent supporter l'emploi de matériel et de machines sur leurs propres terres.

III – TENDANCES ET PROBLÈMES DE L'ENTRETIEN DES COURS D'EAU

Avec l'évolution du contexte socio-économique et l'intérêt que soulèvent les considérations écologiques et les activités récréatives, le regard porté sur l'entretien des cours d'eau change.

Le manque d'entretien par les propriétaires riverains

La terminologie légale du bois en rivière pose problème. A l'instar des guides de gestion, les expressions qu'utilise le législateur témoignent de son embarras car ils portent en soi un jugement négatif. En outre, la loi ne comporte souvent aucun terme explicitement associé au bois en rivière. Cette absence révèle deux attitudes contrastées. En Inde, les débris ligneux constituent une ressource tellement recherchée qu'elle disparaît non seulement du dispositif législatif, mais aussi des paysages fluviaux. D'ailleurs, les résultats d'une enquête d'évaluation environnementale montrent que la présence de bois dans le chenal est perçue comme anthropique et non comme naturelle (Joshi, 2005).

Dans les pays plus développés, le bois n'a pas toujours été contraignant. En Pologne, les résidents locaux peuvent encore prélever dans les cours d'eau pierres, graviers, sables et autres matériaux (y compris du bois) pour leur usage, pourvu qu'ils y soient autorisés par l'agence gestionnaire et que l'extraction se fasse à l'endroit qu'elle leur indique. Cependant, la coutume est telle que certaines personnes extraient quantité de graviers et de bois n'importe où et sans permission. Les autorités ne les poursuivent pas.

En France, le code de l'environnement établit que « chaque riverain a le droit de prendre, dans la partie du lit qui lui appartient, tous les produits naturels et d'en extraire de la vase, du sable et des pierres, à la condition de ne pas modifier le régime des eaux et d'en exécuter le curage [...] » (article L-215.2). Dans le paysage fluvial, les berges étaient caractérisées par une haie de peupliers ou de saules têtards entre le chenal et la parcelle cultivée. Le bois était utilisé comme bois de feu ou comme matériaux pour les outils et les ustensiles.

Toutefois, dans les pays développés, l'enlèvement du bois présent dans le chenal est désormais une tâche qui découle de l'obligation d'assurer le libre écoulement des eaux. Actuellement, si certains cadres législatifs ne tiennent aucun compte du bois en rivière (Pologne, Russie), c'est que le bois n'est plus perçu comme une ressource par la plupart des résidents riverains. En Pologne, la première loi sur l'eau (1922) contenait une clause sur l'exploitation des matériaux des chenaux, y compris les troncs d'arbres tombés. Mais aucun terme ne désigne plus le bois en rivière dans les versions rédigées après la Seconde Guerre mondiale.

De nos jours, les propriétaires riverains sont connectés aux différents réseaux : adduction d'eau potable, élimination des déchets, réseau électrique. Ils ne trouvent plus d'intérêt à l'entretien des cours d'eau et ils ne l'effectuent guère en dépit de l'obligation légale. Mais les légistes s'efforcent de relier tout objet à son détenteur. Ils n'aiment donc pas l'idée d'épave et rien n'échappe à la propriété. Les riverains aimeraient jeter ce qui est sans usage. Or les contrôles restent possibles. La société poursuit ceux qui encombrent, ceux qui salissent. Aux yeux des propriétaires riverains, le bois est un déchet. La demande d'un transfert dérive de cette notion de déchet, transfert de l'individu vers la sphère publique, seule susceptible de conférer aux déchets un autre statut. La question se pose de savoir si la société doit reprendre ce que nous abandonnons (Dagognet, 1997).

La complexité inhérente au fédéralisme

La Russie montre comment une structure fédérale génère incertitudes et conflits quant aux usages de la rivière. En Allemagne, les cours d'eau sont divisés en trois ordres. Ceux de premier ordre sont gérés par les Länder ou par la République Fédérale. Mais les cours d'eau de deuxième ordre présentent une situation complexe. Selon les Länder, l'entretien du cours d'eau peut être pris en charge par le Land dans la Sarre, les districts en Bavière, les comtés en Nordrhein-Westfalen, les associations en Brandenbourg ou les municipalités en Baden-Württemberg. En Schleswig-Holstein, les propriétaires du cours d'eau et des berges sont obligatoirement membres d'associations de riverains.

De même, en Espagne, tout problème concernant les cours d'eau s'avère délicat. La gestion repose sur de grands bassins hydrographiques. Chacun d'eux possède sa propre confédération, un organisme qui dépend du département de l'Environnement au gouvernement central. Néanmoins, une grande partie de la gestion effective incombe aux gouvernements autonomes et provinciaux. Par exemple, la loi autorise les gouvernements autonomes à gérer tous les bassins qui se trouvent intégralement sur leur territoire. Il en va ainsi pour les petits cours d'eau qui alimentent l'Océan Atlantique. Finalement et malgré elle, la confédération n'y possède quasiment aucune compétence. La situation diffère quand deux gouvernements autonomes se partagent le bassin. Au total, la liste des acteurs susceptibles d'entretenir les cours d'eau reste ouverte : les conseils municipaux, les gouvernements des provinces, différentes agences du gouvernement central, les confédérations hydrographiques, les propriétaires riverains, les pêcheurs... Et bien sûr, sur la même rivière, ils visent en même temps des objectifs de gestion contrastés.

Loin d'intégrer pleinement les mutations récentes et tout à sa quête d'une fixité environnementale, l'entretien des cours d'eau doit être revisité (Le Lay et Piégay, 2007). Les objectifs mentionnés par la législation française sont d'autant plus discutables que plusieurs guides de gestion entendent concilier désormais la satisfaction des besoins humains avec la préservation des écosystèmes. Aussi le dispositif législatif gagnerait-il à être amendé pour autoriser les gestionnaires à laisser une place au bois en rivière lorsque celui-ci contribue à valoriser les écosystèmes ou, dans certains cas, à ralentir les écoulements à l'échelle des bassins versants, conformément aux préconisations de la loi Bachelot (juillet 2003) relative aux risques naturels et technologiques.

REMERCIEMENTS

Cet article procède de onze contributions fournies en Allemagne par M. Mutz (Brandenburg University of Technology, Cottbus) et

M. Reich (University of Hannover), en Belgique par F. Mouchet (Faculté universitaire des Sciences agronomiques de Gembloux), en Espagne par A. Elosegi (University of the Basque Country, Bilbao), dans les Etats-Unis par K. Boyer (U.S. Department of Agriculture, Portland) et S. Gregory (Oregon State University, Corvallis), en France par Y.-F. Le Lay (UMR 5600 CNRS, Lyon), en Inde par V. Joshi (Prune University, Maharashtra), en Italie par M. Rinaldi (University of Firenze), en Pologne par B. Wyzga (Polish Academy of Sciences, Kraków) et J. Zawiejska (Pedagogical University, Kraków), en Russie par V. Bondarev (Earth Science Museum, Moscow State University), en Suède par N. Dahlstrom (Mid Sweden University, Sundsvall) et en Suisse par P.-A. Viquerat (Université de Genève). A l'initiative de H. Piégay (UMR 5600 CNRS, Lyon) et K. J. Gregory (University of Southampton), ces contributions ont été réunies à l'occasion du séminaire « Large wood in European Rivers: dynamics, human perception, challenge for restoration and application to other areas » (Lyon, 16-20 octobre 2005). Ce travail a bénéficié d'un financement par la European Science Foundation (E.S.F.).

BIBLIOGRAPHIE

– ARMENGAUD J., BALLAND P., BADRÉ M., *Le curage d'entretien des cours d'eau « vieux fonds, vieux bords »*, Paris, rapport de l'Inspection Générale de l'Environnement, 2003, 43 p.

– BISSON P. A., BILBY R. E., BRYANT M. D., DOLLOFF C. A., GRETTE G. B., HOUSE R. A., MURPHY M. L., KOSKI K. V., SEDELL J. R., « Large woody debris in forested streams in the Pacific Northwest: past, present, and future », in SALO E. O., CUNDY T. W (eds.), *Streamside Management: Forestry and Fishery Interactions*, Seattle et Washington, University of Washington, Institutes of Forest Ressources, 1987, pp. 143-190.

– DAGOGNET F., *Des détritus, des déchets, de l'abject. Une philosophie écologique*, Paris : Institut Synthélabo, 1997, 201 p.

- GOURDAULT-MONTAGNE P., *Le droit de riveraineté : propriété, usages, protection des cours d'eau non domaniaux*, Paris, Lavoisier Tech et Doc, 1994, 168 p.

– GREGORY S. V., BOYER K., GURNELL A. M. (dir.), *The Ecology and Management of Wood in World Rivers*, Bethesda, American Fisheries Society, 2003, 431 p.

– HEURTAULT-LAMERVILLE M., « Premier rapport sur le Code Rural, fait au nom du Comité d'agriculture et de commerce, le 29 août 1790 », *Archives parlementaires*, 1790, pp. 410-413.
– JOSHI V., « Perception of Indian students on wood in rivers », Communication orale pour le séminaire international *Large wood in European Rivers: dynamics, human perception, challenge for restoration and application to other areas* organisé à Lyon, 16-20 octobre 2005.
– LE LAY Y.-F., PIÉGAY H., « Le bois mort dans les paysages fluviaux français : éléments pour une gestion renouvelée », *L'Espace géographique*, 1, 2007, pp. 51-64.
– LE LAY Y.-F., « Y a-t-il une place pour le bois dans la rivière aménagée ? », *Aestuaria*, 7, 2005, pp. 437-458.
– LE LAY Y.-F., PIÉGAY H., COSSIN M., « Les enquêtes de perception paysagère à l'aide de photographies : choix méthodologiques et exemples en milieu fluvial », Septièmes Rencontres de Théo Quant à Besançon, 26-28 janvier 2006, http://thema.univ-fcomte.fr/theoq/pdf/2005/LeLay-theoquant05.pdf.
– MOULIN B., PIÉGAY H., « Characteristics and temporal variability of large woody debris trapped in a reservoir on the river Rhône (Rhône) : implications for river basin management », *River Research and Applications*, 20, 2004, pp. 79-97.
– PIÉGAY H., LE LAY Y.-F., MOULIN B., « Les risques liés aux embâcles de bois dans les cours d'eau : état des connaissances et principes de gestion », in VALLAURI D., ANDRÉ J., DODELIN B., EYNARD-MACHET R., RAMBAUD D. (coord.), *Bois mort et à cavités. Une clé pour des forêts vivantes*, Paris, Lavoisier et Éditions Tec et Doc, 2005, pp. 193-202.
– TRISKA F. J., « The role of wood debris in modifying channel geomorphology and riparian areas of a large lowland river under pristine conditions : a historical case study », *Verhandlungen International Verein Limnologie*, 22, 1984, pp. 1876-1892.

Eaux et forêts comme produits d'échange dans l'économie carolingienne : transfert, exploitation, valorisation

Fabrice GUIZARD-DUCHAMP*

L'Europe du VIe siècle semble connaître des crues plus nombreuses qu'auparavant. En Italie du Nord, les débordements violents du Pô rompent avec l'équilibre du milieu maintenu depuis l'époque romaine : l'endiguement des cours d'eau, la déforestation des versants, l'usage plus intensif des sols l'ont compromis [1]. Les auteurs du VIe siècle, qui partagent encore les valeurs du monde rural antique, deviennent attentifs à ces brutales montées des eaux. En Gaule également, Grégoire de Tours témoigne des graves crues du VIe siècle dans la plaine de la Limagne. Car la région conjugue des pluies accrues et des réseaux de drainage abandonnés, ce qui favorise le retour des marais dans les basses terres[2]. Au contraire, entre les VIIe et IXe siècles, les auteurs de chroniques signalent moins d'inondations et n'évoquent guère l'extension des zones humides. Certains y voient le signe d'une modification pluviométrique après 700. Mais c'est sans doute là un changement radical dans l'approche du milieu. Le biotope aquatique, avec sa vie animale et végétale diversifiée, est désormais perçu comme une ressource naturelle qui fournit poissons, gibiers d'eau, bois, joncs, roseaux et espaces de pâture.

En Italie du Nord, dans la vaste plaine padane se dessine alors un paysage mêlant forêts humides et champs cultivés. On préserve les zones humides avec soin : pêcheries et marais sont juxtaposés jusque dans les formules des actes. Et tout au long du haut Moyen Âge italien,

* Maître de conférences, Université de Valenciennes et du Hainaut Cambrésis.

1. V. Fumagalli, *L'uomo e l'ambiente nel Medioevo,* Bari, 1992, pp. 33-43.

2. F. Trément, C. Ballut, B. Dousteyssier, V. Guichard, M. Segard, « Habitat et milieu humide en grande Limagne de l'âge du Fer au Moyen Âge. Essai de spatialisation dynamique des relations sociétés-milieux », *Fleuves et marais. Une histoire au croisement de la nature et de la culture*, Paris, éd. J. Burnouf, Ph. Leveau, 2004, p. 104.

ces terres font l'objet de nombreuses donations[3]. Pour autant la paludisation n'est pas un phénomène généralisable à toute l'Europe. Sur les franges septentrionales de l'Occident, l'élévation du niveau de la mer au Ve siècle provoque l'immersion d'une partie importante de la Flandre. Cependant, à partir du VIIe siècle, les hommes récupèrent des terres selon des étapes qui durent jusqu'au IXe siècle[4]. Cette reconquête du *saltus*, qui remonterait selon plusieurs médiévistes aux temps antérieurs à l'époque carolingienne, concerne autant les bois que les marais. Mais les sources écrites de l'espace franc, entre Loire et Rhin, montrent peu les marais, alors qu'ils étaient plus nombreux qu'à présent.

A l'époque carolingienne, les actes de Lorsch et de Fulda évoquent des assèchements de terrains pour créer de larges prairies[5]. C'est exceptionnel. Pour gagner des terres agricoles, préférait-on les captures forestières aux travaux de drainage ? Dudon de Saint-Quentin raconte qu'en 911, le chef normand Rollon commença par dédaigner la Flandre qu'on lui offrait à cause des marais du littoral[6]. En définitive, on lui céda les terres de l'embouchure de la Seine. Pourtant les marais sont susceptibles de rapporter. Aussi entrent-ils dans les échanges fonciers. Ainsi, en 847, Charles le Chauve donne au monastère de Saint-Amand neuf marais situés en Flandre[7]. Des redevances en produits spécifiques peuvent être exigées : ici des brassées d'osier, là des paniers d'anguilles pour la table abbatiale[8]. Cela confirme que les zones humides, quoique relevant de *l'incultum*, sont la propriété de quelqu'un et, en dernier ressort, de la propriété éminente du prince. L'archéologie peine à apprécier leur rôle économique au Haut Moyen Âge. En effet, sur de

3. P. Squatriti, *Water and society in Early Medieval Italy, 400-1000*, Cambridge University, 2002.

4. R. Doehaerd, *Le haut Moyen Âge occidental. Économie et société*, Paris, nouvelle édition, 1990, p. 107.

5. Comme dans les marais de la grande capture de Burghaun près de Hünfeld, où des serfs de Fulda ont commencé un aménagement. *Codex Diplomaticus Fuldensis*, éd. E. Dronke, n° 471, Cassel, 1850, p. 207. Cf. D. Lohrmann, « La croissance agricole en Allemagne au haut Moyen Âge », *La croissance agricole du haut Moyen Âge. Chronologie, modalités, géographie*, Actes du colloque de l'abbaye Flaran, n° 10, Auch, 1990, p. 112.

6. Dudon de Saint-Quentin, *Chronique*, II, Paris, éd. J. Lair, 1885, p. 28.

7. Charles II le Chauve, I, n° 92, éd. Ch. Tessier, *Recueil des actes de Charles II le Chauve, roi de France*, Paris, 1943, p. 249.

8. Charles II le Chauve, II, n° 435, p. 472.

nombreux sites fouillés, le niveau d'occupation de cette période est difficile à interpréter[9].

En dehors des zones humides, quelle place ont les eaux et les forêts dans le patrimoine foncier ? On tire peu de renseignements des chartes et des diplômes royaux. Dans ces documents normalisés sur le modèle des formulaires, les parties des domaines les plus citées sont aussi les plus usuelles : « dans le pagus untel, au lieu appelé untel... champs, prés, bois, pâturages, chemins, eaux et cours d'eaux, cultes et incultes ...»[10] . Quel que soit l'emplacement de la *villa*, l'ordre ne varie pas. Les nuances existantes relèvent de la fioriture graphique[11]. Les occurrences stéréotypées sont reproduites par des scribes peu soucieux des réalités de terrain. Ce qui compte, c'est de décrire ce qui s'y trouve, et surtout tout ce qui est susceptible de s'y trouver. Aussi eaux stagnantes, eaux courantes et bois figurent-ils dans l'énumération à titre générique, car il est important d'établir la cession des eaux et forêts, afin que l'usage en soit libre de droit[12]. C'est ainsi qu'en 877 Charles le Chauve confirme à l'abbaye de Marchiennes ses possessions dans les environs : terres, eaux et bois[13].

Le haut médiéviste sait combien est frustrante l'étude des forêts. Les documents sont rares qui détaillent le couvert d'une forêt, son épaisseur, ses essences, l'usage des arbres et de l'espace ; plus rares encore les documents qui abordent les cours d'eaux et leurs aménagements ; absents ou presque les documents associant eaux et forêts au point que la présence de l'une conditionne l'exploitation de l'autre.

Les polyptyques du IXe siècle mentionnent régulièrement les massifs forestiers de la réserve, mais négligent les petits bois, les bosquets et la ripisylve en bordure des tenures. Car le propriétaire n'en attend guère de revenus. Aussi une bonne partie des bois, voire des massifs plus importants, échappe-t-il à toute enquête sur l'exploitation

9. R. Royet, J.-F. Berger, N. Bernigaud, E. Royet, « La gestion d'un milieu humide : le site du Vernai et le marais du Grand-plan à Saint-Romain-de-Jalionas (Isère), de la Tène au Haut Moyen Age », *Fleuves et marais... op. cit*, pp. 253-281.

10. *Formulae Sangallenses miscelanea* (fin IXe s.), n° 2, éd. K. Zeumer, *Formulae merowingici et karolini aevi*, Hanovre, 1882, pp. 380-381.

11. Par exemple, *Recueil des actes de Louis IV roi de France*, éd. Ph. Lauer, Paris, 1914, p. 20, p. 24, p. 67. *« Sources et eaux courantes »; « eaux allant et venant » ; « eaux majeures et petits ruisseaux ».*

12. Laurent Feller constate le même principe de précaution chez les notaires italiens du haut Moyen Âge dans « Décrire la terre en Italie centrale au Haut Moyen Âge », *Le village médiéval et son environnement*, Études offertes à Jean-Marie Pesez, Paris, éd. L. Feller, P. Mane, F. Piponnier, 1998, p. 491.

13. Charles le Chauve II, n° 435, pp. 471-473.

forestière. Dans ces mêmes polyptyques, les milieux aquatiques sont omis à de rares exceptions près. Par exemple, sur le domaine de Taissy (Marne), dépendant de Saint-Rémi-de-Reims, se trouve un vivier (*vivarium*)[14]. Le polyptyque d'Irminon signale à Villeneuve-Saint-Georges (Val-de-Marne) et à Marsang-sur-Seine (Essonne) des charrois d'osier provenant des vallons marécageux de leurs parcelles[15]. Forêt et eau ne sont associées qu'au moment où le scribe précise la limite d'une parcelle forestière. C'est le cas dans un diplôme de Charlemagne, qui concède à l'abbaye de Saint-Romain (Jura) une partie de la forêt : les torrents dessinent de commodes lignes de repères[16]. Mais le procédé n'est pas propre aux espaces forestiers : les chartes précisent souvent l'étendue des domaines en indiquant rivières et voies publiques.

L'importance de l'eau et de ses usages apparaît au travers des installations mentionnées, tels les moulins, les brasseries qui exigent de l'eau pour fonctionner[17]. A Fulda, au milieu du VIIIe siècle, dans le massif forestier de Hesse, le premier abbé Sturm chercha longtemps le lieu idéal pour un nouveau monastère. Il inspecta les rives de la rivière voisine pour repérer l'endroit d'où partirait le bief alimentant le moulin de l'abbaye[18].

Si la forêt fournit le bois nécessaire aux installations au fil de l'eau, celle-ci est-elle indispensable ou seulement utile pour améliorer l'exploitation du bois ? En vérité, l'indigence des sources limite considérablement la portée de cette question. En matière de transport, l'exploitation du bois ne réclame pas la présence d'un cours d'eau : les charretées de bois paraissent plus fréquents que le transport par bateau ou par flottage. En ce domaine, les hommes du haut Moyen Âge montrent un grand pragmatisme, bien que la distance et la quantité importent. Il est certain qu'ils avaient conscience du faible coût qu'offrait le transport fluvial des pondéreux. L'édit de Maximum que promulgue Dioclétien en 301 contient le coût selon le moyen pour une

---

14. *Polyptyque de Saint-Rémi-de-Reims* (avant 816-825 et après 848), p. 76. Dans les actes, on trouvera plus souvent *piscina* que *vivarium* qui peut désigner également une garenne.

15. D. Hägermann, *Das Polyptychon von Saint-Germain-des-Prés*, Cologne-Weimar-Vienne, 1993.

16. Charlemagne, 790, n° 302, éd. E. Muhlbacher, *MGH, Die Urkunden des deutschen Karolinger (DK)* I, Hanovre, 1906, p. 455.

17. « *Aquis, molendinis, silvis* » associés pour décrire une exploitation. *Recueil des actes de Robert Ier et de Raoul, rois de France (922-936)*, Paris, éd. R.-H. Bautier, J. Dufour, 1978, n° 18, p. 80.

18. D. Lohrmann, « Le moulin à eaux dans le cadre de l'économie rurale de la Neustrie VIIe-IXe », *La Neustrie, les pays du nord de la Loire*, éd. H. Atsma, Sigmaringen, 1989, pp. 367-404.

même unité de poids sur une même distance. Le rapport de 1 sur la mer passe à 5 sur les eaux intérieures et à 40 sur les voies terrestres. Cela revenait donc 8 fois moins cher d'employer une embarcation qu'une charrette[19]. Cela dit, le problème que posait l'évacuation des grumes était limité car la consommation ligneuse restait locale le plus souvent. C'est pour répondre à ce besoin, remplacer le bois qui arrivait de Brie par bateaux, que Charles III le Simple concéda la forêt de Coye à l'abbaye de Saint-Denis[20] : le transport bois sur une distance plus importante engendrait des dépenses et des contraintes que la plupart des communautés monastiques ne sauraient assumer.

En ce cas, quelle est la part destinée à l'exportation ? La construction navale demande régulièrement du bois. Il faut le faire venir lorsqu'il manque sur place[21]. Certaines régions connaissent déjà des difficultés à obtenir des bois de bonne qualité en quantité suffisante. Sous Louis le Pieux, Ermold le Noir déplore le déboisement vosgien organisé par les marchands frisons : ils abattent de nombreux arbres qu'on exporte ensuite par le Rhin[22]. Les fouilles de *l'emporium* de Dorestad montrent qu'il fut presque entièrement construit avec du bois prélevé en Rhénanie moyenne, autrement dit à plus de 250 km [23]. Le transport fluvial le plus pratique devait être par flottage à bûches perdues ou par radeaux[24].

Si les liens entre eau et forêt ne sont pas évidents dans les textes évoquant la gestion forestière, on associe tout de même zones humides et espaces forestiers aux IXe-Xe siècles en matière de droit d'usage. Peu à

19. R. Ducan-Jones, *The economy of the Roman Empire, Quantitatives Studies*, 2e éd, Cambridge, 1982, pp. 366-369. S. Lebecq, « Entre Antiquité tardive et très haut Moyen Age. Permanence et mutations des systèmes de communications dans la Gaule et ses marges », *Morfologie sociali e culturali in Europa fra Tarda Antichità e alto Medioevo*, 3-9 aprile 1997, t. I, Spolète, 1998, pp. 478-479.

20. *Recueil des actes de Charles III le Simple, roi de France (893-923)*, n° 10, 8 février 898, Paris, éd. Ph. Lauer, 1940, p. 17.

21. Par exemple, Loup de Ferrières demande à son ami Bertold, dans une lettre de 858, de lui offrir 20 arbres de son bois de Marnay pour construire un bateau. Cf. Loup de Ferrières, *Lettres*, n° 105, Paris, éd. L. Levillain, 1964, pp. 134-135.

22. Ermold le Noir, *Première Épître au roi Pépin*, v. 77-144, Paris, éd. E. Faral, 1964, pp. 208-213.

23. D. Eckstein, W. A. van Es, E. Hollstein, « Beitrag zur Datierung der frühmittelalterlichen Siedlung Dorestad, Holland », *Berichten van de Rijksdienst voor het Oudheidkundig Bodemonderzoek*, 25, 1975, pp. 165-195.

24. J.-P. Devroey a proposé la solution du radeau qui était démembré à l'arrivée. « Les services de transport à l'abbaye de Prüm au IXe siècle », *Revue du Nord*, n° 61, 1979, pp. 543-569.

peu, la chasse et la pêche font l'objet d'une même attention. Les princes et les puissants entretiennent breuils et viviers aux abords de leurs résidences. L'aménagement d'un breuil nécessite de l'eau indispensable pour retenir le gibier. L'eau abreuve les animaux, leur permet d'établir une souille et offre aux chasseurs des terrains de chasse dont l'état varie avec la saison. Hors des périodes propices à la grande faune, la table princière peut être approvisionnée en gibiers d'eau. A côté des officiers affectés à la gestion des bois : *forestarii* (garde-forestiers), veneurs, fauconniers et officiers de chiens, on trouvait des chasseurs de castors dont la fonction particulière montre l'intérêt pour les zones humides[25]. Au plan cynégétique, la présence de l'eau valorisait la forêt.

En général ces fonctionnaires géraient aussi la pêche et les viviers. Le capitulaire *De villis* recommande dans toutes les résidences princières de recruter des ouvriers habiles dans l'art de fabriquer des rets tant pour la chasse que pour la pêche[26]. Ce même capitulaire encourage la création et l'entretien de viviers dont les comptes doivent être régulièrement tenus, de même que les comptes d'activité des pêcheurs royaux[27]. Si les viviers n'apparaissent pas dans les polyptyques du IXe siècle, c'est qu'ils sont installés sur le domaine du maître, sous sa gestion directe, et ne font l'objet d'aucune taxe ou redevance. Mais les monastères eurent le souci, sans doute plus que tout autre, de s'assurer un approvisionnement piscicole conforme au régime alimentaire des moines. Les mentions de viviers dans les chartes deviennent plus nombreuses entre le IXe et le XIe siècle. Au milieu du Xe siècle, plusieurs viviers bordent les cours d'eau sur les domaines de Cluny entre Mâcon et Lyon. L'abbaye reçoit même un droit de pêche exclusif[28], ce qui confirme l'attention portée à ces espaces.

La nature de la propriété sur les espaces sauvages évolue. A l'époque romaine, ils étaient ouverts à tous, à moins que, portion de *l'incultum*, ils ne fassent partie d'une propriété privée[29]. Au haut Moyen Âge, il existe toujours, à côté d'espaces privatisés, des territoires où n'importe qui peut pêcher et chasser : les *silvae communis*. Cependant,

25. *De villis*, c. 10, c. 46, c. 47. Hincmar de Reims, *De ordine palatii* c. 16-17, éd. Th. Gross, R. Schieffer, *MGH, Fontes iuris germanici antiqui in usum scholarum* 3, 1980, p. 64. Cf. S. Lorenz, « Der Königsforst (*forestis*) in den Quellen der Merowinger- und Karolingerzeit. Prolegomena zu einer Geschichte mittelalterlicher Nutzwälder », *Mönchtum-Kirche-Herrschaft 750-1000*, éd. D. R. Bauer, R. Hiestand, B. Kasten, S. Lorenz, Sigmaringen, 1998, pp. 261-285.

26. *De villis*, c. 45.

27. *De villis*, c. 21 et 62.

28. Louis IV, 3 actes de juillet 946, n° 27-28-29, pp. 66-71.

29. J. Aymard, *Essai sur les chasses romaines des origines à la fin des Antonins*, Paris, 1951.

l'essentiel de *l'incultum* devient un espace réservé mais ouvert à la libre pâture et au prélèvement en matériaux ligneux : la chasse à la grande faune est sévèrement contrôlée[30]. La mise en défens (*forestis*) est motivée par la valeur symbolique de la chasse aux animaux nobles. Les souverains mérovingiens et carolingiens surtout cherchent à se l'approprier. La *forestis* constitue le statut juridique d'un espace soustrait au droit commun. On la traduit improprement par « forêt royale » à double titre : l'espace comporte un environnement varié (bois, landes, marais), il peut appartenir à des puissants laïcs et ecclésiastiques[31]. En effet, les *forestes* font l'objet de donations ou de concessions. Aussi beaucoup de monastères, tels Stavelot-Maldémy en 648[32] ou Montier-en-Der en 673[33], furent-ils fondés sur des terres d'origine fiscale déclarées *forestes*.

Avec Charlemagne apparaît une forme particulière de don : dans certaines forêts, le souverain accorde le monopole de la chasse[34]. En 774, il donne à Saint-Denis un bois dépendant de la *forestis* de Kinzheim en Alsace (*silva ex foreste*) en délaissant aux moines le droit de prendre des oiseaux, le droit de pacage ainsi que le droit de pêche[35]. En 851, Charles le Chauve donne à l'abbaye de Saint-Denis la forêt de Madan, près de Paris, pour ses pauvres, à l'exclusion de la *venatio*, ce qui sous-entend peut-être que le droit de pêche reste libre[36]. Il donne par contre explicitement le droit de pêche (*forestem piscationis*) sur la Serre de Résigny à Tavaux[37]. Progressivement donc, l'objet de la donation se déplace vers le droit de chasse et de pêche (*forestis piscationis atque*

30. C. Dobiat « Die Jagd in merowingischer Zeit », *Die Franken, Wegbereiter Europas. Vor 1500 Jahren : König Chlodwig und seine Erben*, Mayence, 1996, t. II, pp. 720-722. R. Hennebicque-Le Jan, « Espaces sauvages et chasse royale dans le nord de la France », *Le paysage rural : réalité et représentations, Revue du Nord*, LXII, 1980, p. 42.

31. F. Guizard-Duchamp, *L'homme et les espaces du sauvage dans le monde franc (V^e^-IXe siècles)*, thèse inédite, Lille III, 2004, chapitre IX.

32. L. Halkin, C.-G. Roland, *Recueil des chartes de l'abbaye de Stavelot-Malmédy*, I n° 2, ARB, Bruxelles, 1909.

33. n° 31, *Diplomata regum Francorum ex stirpe Merowingica, Diplomata maiorum domus e stirpe Arnulfus, MGH Diplomata imperii* I, Hanovre, 1872.

34. C. Dasler, *Forst und Wildbann in frühen deutschen Reich. Die königlichen Privilegien für die Reichkirchen vom 9. bis zum 12. Jahrhundert*, Cologne, 2001.

35. H. Atsma, J. Vezin, *Chartae latinae antiquiores, facsimile-edition of the Latin charters prior to the ninth century*, t. XIII, Zurich, 1981, p. 603.

36. Charles le Chauve, I, n° 135, pp. 357-358.

37. Charles le Chauve, II, n° 300, p. 160.

venationis)[38]. A partir de la fin du IXe siècle, dans l'espace oriental du monde franc, l'autorisation de chasser, concédée par le roi avec la *forestis,* relève d'un ban du sauvage, le *wildbannum*[39]. Ainsi l'activité cynégétique puis piscicole est intégrée dans le droit de prélever que s'arrogent les puissants sur les espaces réservés.

Si très tôt les intérêts des propriétaires et des usagers s'opposent, les sources du haut Moyen Age n'en conservent guère de traces entre Loire et Rhin[40]. Les hommes perdaient-ils des moyens de subsistances par le fait des inforestations, privatisations des espaces autrefois communs ? Dès les années 820, Jonas d'Orléans, en homme d'Église, s'en émeut. Il considère qu'on les dépouille d'un droit voulu par Dieu au bénéfice de tous[41]. Il ne parle que de la chasse. N'y a-t-il aucune tension sérieuse autour du droit de pêche et de l'usage des eaux ? La lecture des lois barbares dévoile plusieurs cas de conflits liés à la propriété du *saltus.* Ainsi, dès le début, la préservation des richesses de *l'incultum* et l'affirmation des droits d'usage imposaient un minimum de règles[42]. Mais il semble que les possesseurs de *silvae* privées ne ménageaient pas son usage, car l'espace abondait encore[43]. Cela caractérisa pendant encore longtemps les cours d'eau et les marais.

Dans quelle mesure, au moment où il faut protéger davantage les milieux aquatiques, ne distingue-t-on pas entre une grande pêche et une petite pêche, comme on le faisait à propos de la chasse ? Le droit de pêche est surtout accordé pour la pêche au filet[44]. A côté des installations de pêche, dont l'emprise doit être définie clairement, il existerait donc un espace de libre pêche, une *aqua communis*, comme il y a une *silva communis,* des eaux accessibles à tous. Car, à consulter les

38. Charles le Chauve, I, n° 219, p. 553. Cf. R. Le Jan, « Le don et le produit sauvage », *L'uomo e la foresta,* Istituto internazionale di storia economica F. Datini, Prato, 1995, pp. 587-588.

39. *Zwentiboldi et Ludowici infantis diplomata, MGH DK* IV, Berlin, éd. T. Schieffer, 1960, n° 13, p. 41.

40. Pour l'époque suivante, voir M. Aubrun, « Droits d'usages forestiers et libertés paysannes (XIe-XIIIe siècles). Leur rôle dans la formation de la carte foncière », *Revue Historique*, n° 568, octobre-décembre 1988, pp. 377-386.

41. Jonas d'Orléans, *De institutione laïcali,* c. 23, *Patrologia Latina* 106, col. 215.

42. La loi salique interdit de couper du bois dans les forêts sans l'autorisation du propriétaire. On réglemente également le droit de pacage des porcs. *Pactus legis salicae,* XXVIII, 23-25, XLV, *MGH Leges* IV 1. Cf. R. Doehaerd, *op. cit.*, pp. 96-97.

43. C. Wickham, « European forests in Early Middle Ages. Landscape and land clearance », *L'ambiente vegetale nell'alto medioevo, XXXVIIe Settimane*, Spolète, 1990, pp. 529-530.

44. Charles II le Chauve, n° 136, p. 361.

sources, notamment les sources hagiographiques, la pêche semble assez libre. Les lois comme le *Pactus legis salicae*, rédigé sous Clovis et repris à l'époque carolingienne, ne se préoccupent pas de la propriété des rives ou des zones humides en particulier. Le vol d'outils de pêche (filets, nasses) et de poissons pris intéressent seuls le législateur.

Les actes diplomatiques montrent que, pour éviter tout conflit, on donne les deux rives d'un cours d'eau, en définissant parfois un *spacium* où s'exerce le droit de pêche[45]. En effet, elle est souvent associée à d'autres usages qui supposent des installations durables gênant le libre accès aux rives. C'est donc une emprise plus large sur le domaine fluvial qui est octroyée. La concession associe des activités complémentaires, viviers, navigation, pose de filets, droit de pêche et de chasse, constructions de moulins, qui engendrent moins de conflits quand elles relèvent du même usager[46].

Ainsi, parce que le bon usage de l'eau ou des forêts relève encore exclusivement d'intérêts privés, les textes affirment davantage l'importance de l'eau dans l'exploitation du domaine que dans l'exploitation de la forêt seule. Lors des transferts patrimoniaux, les actes enregistrent de plus en plus des règlements d'usage des milieux aquatiques dûs sans doute au développement, voire à l'intensification des activités liées à ces milieux.

---

45. n° 3, mai 752, *Die Urkunden Pippins, Karlmanns und Karls des Grossen, MGH DK 1*, Hanovre, 1906, p. 5.
46. Charles III le Simple, n° 90, 26 juillet 917, p. 205.

Les archives forestières locales contemporaines : la Franche-Comté

Georges CUER*, *Franck* MEYNET**

L'administration des eaux-et-forêts, assurément l'une des plus anciennes avec les ponts-et-chaussées, a légué de nombreux siècles d'archives, qui intéressent le médiéviste, le moderniste et tout autant l'historien du temps présent. Intervenant en quelque sorte en marge du colloque et de sa thématique, qui suppose de mettre en œuvre des sources issues de cette vaste coulée archivistique des eaux-et-forêts, ou des sources périphériques, produites par d'autres autorités en charge des aspects forestiers, je donne le point de vue du conservateur d'archives face au problème de la collecte, de la sélection, de l'inventaire des archives contemporaines de l'Office national des forêts.

Ce qui intéresse ici, ce sont les aspects méthodologiques d'un travail conjoint entre l'administration productrice et l'administration conservatrice. Cela aboutit à la constitution de fonds utilisables par la recherche, celle d'aujourd'hui et surtout celle de demain. Ce travail est inachevé par définition, les fonds évoqués étant ouverts, c'est-à-dire en cours de transfert entre l'Office national des forêts et les Archives. Ils concernent l'historien, troisième acteur de la mise en œuvre des fonds avec le forestier producteur des archives et l'archiviste en charge du classement, de la conservation, de la communication. Le travail s'effectue dans des conditions matérielles et morales que les dernières décennies ont vu s'améliorer malgré les prises de positions exagérément pessimistes ou à courtes vues de certains.

La problématique fait écho, sur un exemple limité, aux publications décisives du Groupe d'histoire des forêts françaises ou des publications dans lesquelles sont intervenus ses membres. Citons à ce sujet

* Conservateur général du Patrimoine, directeur des Archives départementales du Doubs.
** Assistant de conservation, Archives départementales du Doubs.

les actes du colloque de Bruxelles sur *Les sources de l'Histoire forestière*[1], mais aussi bien sûr le *Guide de recherche archivistique et bibliographique* consacré à *Nature, environnement et paysage. L'héritage du XVIIIe siècle* publié en 1995[2], ou encore, à une date plus ancienne, le volume consacré à l'*Histoire des forêts françaises. Guide de recherches* publié en 1982[3]. Bien sûr, je n'aurai garde d'oublier dans cette énumération non exhaustive, qui témoigne des relations établies entre historiens et archivistes, les volumes des *Sources de l'histoire de l'environnement* dirigés par Madame Corvol et réalisés en coédition par la Direction des Archives de France et l'Institut d'Histoire moderne et contemporaine. L'ensemble fait réfléchir sur les sources de l'histoire de la forêt[4].

L'importance historique des forêts en Franche-Comté n'est plus à prouver, et donc l'intérêt des archives d'aujourd'hui comme d'autrefois. La bibliographie est abondante. Il n'est pas utile de la résumer, car ce serait forcément trompeur. A titre d'exemple, la société forestière de Franche-Comté et de Belfort, association visant à la protection et à la connaissance de la forêt, date du XIXe siècle, ce qui en fait la plus ancienne de France. Actuellement, 96 % des communes de Franche-Comté sont propriétaires de forêt, la Haute-Saône étant le premier département pour le chêne, le Doubs, le second département pour les résineux. L'ONF emploie 866 forestiers pour les 5 agences de Franche-Comté. Cela justifie qu'aux Archives départementales du Doubs plusieurs actions prolongent des politiques de collecte ou de classement entreprises, à commencer par la mise en chantier du répertoire numérique de la sous-série 7 M, sur l'agriculture en général et les eaux-et-forêts en particulier. La sous-série, lorsqu'elle sera définitivement constituée, regroupera sans les confondre les papiers de la préfecture et des eaux-et-forêts pour la période 1800-1940. En parallèle, on complète auprès de l'ONF les versements des archives antérieures à 1940, certaines demeureront parfois conservées sur place. L'action s'est inten-

1. C. Billen et A. Vanrie (éd.), *Les sources de l'histoire forestière de la Belgique. Actes du colloque de Bruxelles, 29-30 octobre 1992* (Archives générales du Royaume), Archives et Bibliothèques de Belgique, n° spécial 45, Bruxelles, 1994. P.-A. Tallier, *Guide des sources de l'histoire forestière en Belgique (1830-1945)*, Archives et Bibliothèques de Belgique–Centre belge d'histoire rurale, 111, 1994.

2. A. Corvol et I. Richefort, *Nature, environnement et paysage. L'héritage du XVIIIe siècle. Guide de recherche archivistique et bibliographique*, Paris, L'Harmattan, 1995, 295 p.

3. Groupe d'Histoire des Forêts Françaises, *Histoire des forêts françaises. Guide de recherche*, Paris, Institut d'Histoire Moderne et contemporaine-CNRS, 1982, 193 p.

4. A. Corvol (dir.), *Les sources de l'histoire de l'environnement. Le XIXe siècle*, Paris-Montréal, L'Harmattan, 502 p. ; A. Corvol (dir.), *Les sources de l'histoire de l'environnement. Le XXe siècle*, Paris-Budapest-Turin, L'Harmattan, 2003, 750 p.

sifiée ces derniers mois et sera achevée à la fin 2006. Autre action, la préparation depuis un an d'une série de tableaux de gestion d'archives courantes et intermédiaires en coordination avec la direction territoriale de Besançon et les agences de l'ONF compétentes pour le Doubs.

Créé par la loi du 23 décembre 1964, l'Office national des forêts possède le statut d'établissement public à caractère industriel et commercial. A ce titre, il est couvert pour ses archives, considérées comme archives publiques de droit commun par la loi 79-18 du 3 janvier 1979 sur les archives et par ses décrets d'application. Le dernier en date des textes techniques sur le traitement des archives forestières est une circulaire interministérielle du 28 avril 1988. Elle règle le versement, le tri et la conservation des documents des services extérieurs de l'ONF. Signée conjointement des ministères de l'Agriculture et de la Culture, direction des archives de France, elle rappelle les obligations de l'Office et s'accompagne d'un tableau de gestion détaillé, maintenant incomplet et dépassé.

Par ailleurs, et c'est une raison supplémentaire pour rédiger des tableaux de gestion adaptés, les structures administratives et techniques de l'ONF, totalement réorganisées à l'échelon local en 2002, sont opérationnelles depuis le 1er janvier 2003. Au niveau régional, l'échelon administratif supérieur est représenté par une direction territoriale ou régionale (onze dans la métropole) installée pour la Franche-Comté à Besançon. Le ressort comprend les quatre départements de la Région. Sur les cinq agences qui couvrent l'espace franc-comtois, trois concernent le Doubs, dont le maillage est très dense, vu l'ampleur de la forêt : les agences de Besançon, de Pontarlier, de Lure. Celle-ci, dite agence Nord Franche-Comté, regroupe la partie nord du Doubs, une partie de la Haute-Saône et la totalité du Territoire de Belfort. La circonscription de l'ancien centre de Montbéliard a été supprimée et son ressort réparti entre les trois agences de Besançon, de Pontarlier et de Lure. Chaque agence est divisée en différentes Unités Territoriales qui travaillent au plus près du terrain.

Au niveau national, depuis 2002, la Direction des archives de France au ministère de la Culture et l'ONF ont conduit un travail commun pour anticiper les conséquences qu'aura la réorganisation de l'ONF en matière d'archives. En effet, cette restructuration s'est traduite par un redécoupage et un resserrement des services déconcentrés de l'ONF. Cela impliquait des transferts d'archives. Les entités territoriales conservaient souvent encore maintes archives anciennes, généralement antérieures à la création de l'ONF remontant au XIXe, voire au XVIIIe siècle. La restructuration a permis d'accélérer le versement des documents dans les services d'archives publiques, en l'espèce les Archives départementales, et d'installer des structures d'archivage opérationnelles. L'ONF, dans le cadre de sa démarche qualité, a aussi élaboré une procédure pour gérer les archives courantes dont il convenait d'utiliser les acquis dans la perspective d'une gestion plus globale du cycle de vie des archives.

Il convient de rappeler la loi du 3 janvier 1979, qui définit les archives publiques et les obligations en la matière, ainsi que leurs dénominations selon le point du cycle atteint. Même si un projet de loi a été présenté fin août 2006 au Conseil des ministres pour modifier et étendre l'accessibilité des archives publiques, le principe liant toutes les administrations françaises à l'administration des archives demeure, tout comme les principes fondamentaux de l'archivistique française. Pour la bonne gestion des archives, on distingue :

- les dossiers qui restent dans les services car fréquemment consultés (les archives courantes).
- les dossiers qui peuvent être transférés dans un local de préarchivage géré par l'administration productrice des archives, car consultés épisodiquement (archives intermédiaires).
- les dossiers caducs ou rarement consultés, dont certains ont un intérêt à long terme d'ordre administratif ou historique et doivent être versés dans les services publics d'archives (archives définitives), tandis que d'autres peuvent être éliminés, après avis conjoint du directeur des Archives départementales et du responsable du service concerné par les éliminations.

La démarche entreprise vise, selon une procédure classique dans les services d'archives publiques de tout niveau, à l'établissement d'une charte d'archivage globale, qui regroupe des tableaux de gestion des documents fixés par accord conjoint des cadres de l'ONF et des Archives départementales, service par service et unité par unité. Ils indiquent le sort promis aux documents contemporains, la démarche permettant de compléter la constitution aux Archives départementales de la sous-série 7 M, par versements intégraux des fonds forestiers antérieurs à 1940.

Le versement, le tri et la conservation des archives de l'ONF sont régis, je l'ai dit, par la circulaire du 28 avril 1988 réglant ces sujets. Elle a servi de base aux tableaux de gestion destinés à chaque service de la direction territoriale de Besançon. Toutefois, on recourt à d'autres textes réglementaires quand la circulaire de 1988 ne mentionne pas certains types de dossiers. Le plan de classement de chaque tableau de gestion tient compte évidemment des missions du service dans leur ordre logique, logique essentiellement fonctionnelle.

L'Office remplit trois missions primordiales dans le prolongement d'ailleurs des anciennes attributions des différentes administrations des eaux-et-forêts.[5] Il doit gérer et équiper les forêts appartenant à l'État (forêts domaniales). Il a aussi vocation à appliquer le régime forestier dans les autres forêts publiques, appartenant à des collectivités locales ou à d'autres établissements. Enfin, il réalise des études, enquêtes et travaux pour protéger, valoriser et développer les ressources naturelles forestières par le biais de conventions passées avec l'État, les collectivités ou les particuliers.

Toutes les archives qui en résultent, ce que l'archiviste appelle les représentants d'une typologie documentaire très riche, permettent de retracer l'organisation forestière locale, l'information recueillie par l'homme sur la forêt tout autant que son action dans le milieu naturel. Des bribes de l'histoire et de la gestion de chaque forêt gisent dans les fonds, mais l'essentiel occupe les dossiers d'aménagement, souvent précédés de l'historique de la forêt, notamment au XIXe siècle.

La direction territoriale de Franche-Comté comporte cinq services. Chacun d'eux bénéficie d'un tableau de gestion des archives, établi par accord entre les Archives départementales et l'ONF. Nos collègues canadiens appellent cela un calendrier de conservation, c'est-à-dire un document dressant la liste des archives à éliminer après le délai où ils perdent tout intérêt historique et intérêt administratif. A contrario sont définis les documents de conservation définitive et prescrites les dates de leur transfert aux Archives départementales. Ces cinq services sont : le service Aménagement, Recherche et Technique, le service Environnement et Développement, le service Ouvriers forestiers et Travaux, le service Commercialisation et enfin le service Ressources humaines et Communication. Au niveau de l'agence, figurent un service Affaires générales et Secrétariat de direction, une unité Aménagement et Environnement, un service Commercialisation, un service Travaux, également couverts par d'autres tableaux de gestion.

Pour des raisons de clarté et de temps, mon exposé portera sur la mise en parallèle des tableaux de gestion établis pour l'unité Aménagement et Environnement de l'agence de Besançon et, à l'échelon immédiatement supérieur, pour le service Aménagement, Recherche et Technique de la direction territoriale. C'est un bon exemple d'action à deux niveaux qui génère d'importants dossiers, bien distincts, au cœur de l'activité de l'ONF.

L'unité Aménagement et Environnement, qui dépend de l'agence de Besançon, assure le suivi des opérations techniques d'aménagement et des questions foncières relatives aux forêts soumises au régime

5. Coll., *Les Eaux et Forêts du XIIe au XXe siècle*, Paris, CNRS, Histoire de l'administration française, 1987, 767 p.

forestier. Elle intervient également dans la protection de l'environnement et de la chasse. Elle réalise notamment des études particulières et propose chaque année des plans de chasse.

Sont de conservation intégrale les dossiers administratifs relatifs aux soumissions et distractions, envoyés pour instruction et préparation d'un arrêté préfectoral à la direction départementale de l'Agriculture et de la Forêt. Ils renferment les délibérations des conseils municipaux ou des établissements publics, tels les hôpitaux, les plans, les rapports, les fiches de modification dans la nature des terrains soumis. On fixe d'un commun accord une durée d'utilité administrative, c'est-à-dire un délai de 20 ans de conservation avant versement intégral aux Archives.

Il existe dans cette même unité spécialisée deux catégories de dossiers contemporains qui prolongent les dossiers existant dans les sous-séries 7 M des Archives départementales déjà évoquées couvrant sous cette cote le XIXe et la première partie du XXe siècle, à condition bien sûr qu'ils soient versés et classés. La suite est à classer dans la série continue dite W.

Premièrement, il s'agit des rapports et plans d'aménagement. L'aménagement proprement dit, une fois validé, comprend le rapport et les plans produits par l'aménagiste. Or il peut être délicat de lui « arracher » ses archives, même pour la bonne cause et même avec l'aval d'un chef forcément perçu comme moins technicien que lui. L'aménagement inclut la délibération du conseil municipal qui l'approuve et l'arrêté préfectoral qui le sanctionne. Dans la configuration de Besançon, il existe jusqu'à six exemplaires de chaque aménagement : le premier est conservé par l'unité Aménagement de l'agence ; le deuxième est adressé à la direction régionale de la Forêt via le service Aménagement, Recherche et Technique de la direction territoriale de l'ONF ; un troisième est envoyé à l'agent de terrain dont dépend le massif ; le quatrième est conservé par l'unité territoriale correspondante ; le cinquième est envoyé au propriétaire tandis que le sixième est conservé à l'agence, dans la collection du directeur. Le but de l'archivage est de rationaliser la conservation définitive d'un ensemble complet et, c'est le mot qui convient, de l'élaguer. Les minutes sur calque des plans d'aménagement des années 1960-1990 constituent une collection gardée dans des meubles spécifiques. Actuellement, elle est close, car les plans sont sur ordinateur, ce qui pose d'ailleurs un problème important quant à leur conservation.

Le second document majeur est le sommier de la forêt. Il s'agit de fiches individuelles insérées dans un classeur. Outre les informations sur l'aménagement et les travaux, il renferme les données concernant la gestion foncière et économique de la forêt (dont un bilan financier annuel), ainsi que ses données environnementales. Cependant, aujourd'hui une partie des informations de ce sommier, qui concerne les volumes annuels des produits martelés et les volumes marqués dans chaque parcelle, est désormais informatisée dans l'application TAB SAM (Tableau de Suivi des Aménagements). Elle persiste dans le sommier sous forme papier. Mais à moyen terme cette double tenue doit disparaître.

La circulaire de 1988 fixait la durée d'utilité administrative des dossiers d'aménagement forestiers à 100 ans. Comme le prévoit la réglementation des archives publiques, ce délai peut être raccourci par accord entre l'administration productrice des documents et l'administration des archives, notamment pour une meilleure conservation des documents, au vu des possibilités matérielles de préarchivage et des dangers que représente l'accumulation de documents sortis de l'usage. Nous l'avons convenu dans le Doubs, en décidant que les documents d'aménagement pouvaient être versés quand un aménagement est remplacé, soit au bout d'une vingtaine d'années en moyenne.

Passons aux documents différents produits au niveau supérieur à celui de l'agence par le service Aménagement Recherche et Technique de la direction territoriale. Celui-ci assure la coordination et le suivi dans l'élaboration des aménagements des massifs soumis. Par ailleurs, il assume des missions de recherche appliquée et de formation, notamment en matière de progrès technique. En outre, lui est rattaché le secteur Santé des forêts, qui relève du département Santé des forêts de la direction générale de la forêt et des affaires rurales au ministère de l'Agriculture. Les rapports annuels d'activité en matière de recherche et de progrès technique ainsi que les projets de service sont de conservation intégrale et versés au bout de cinq ans. Le service Aménagement Recherche et Technique a produit aussi des Orientations Locales d'Aménagement (ORLAM) sous la forme de 13 volumes constitués dans les années 1980-1990. Actuellement, un schéma régional d'aménagement est en passe de remplacer les ORLAM. Ce même service produit également des états statistiques annuels liés aux aménagements dits états SER, qui fournissent des données globales. Pour la partie Études et Recherches, le service Aménagement Recherche et Technique poursuit des travaux qui peuvent s'étager sur 30 ans : les dossiers correspondants comportent les protocoles, les documents de suivi et de synthèse.

Sur l'exemple précis des archives forestières, on constate l'application des mécanismes plus généraux qu'analyse un dossier présenté en 2004 dans un numéro spécial de la *Revue de Synthèse* intitulé

« Fabrique des archives, fabrique de l'Histoire »[6]. On ne saurait trop recommander à l'historien comme à l'archiviste de consulter ce volume très dense. Il présente des histoires nouvelles de la formation et du classement du Trésor des chartes français du XIIIe au XIXe ainsi que du fonds du Parlement de Paris. A partir de ces exemples, comme sans doute des fonds évoqués ci-dessus, l'historien doit se garder de croire que les sources exploitées ont été créées pour lui et n'évoluent pas du début à la fin de leur cycle. Certes, en raison de la masse des documents contemporains, la loi de 1979, dans le droit fil d'une pratique archivistique ancienne, vise les archives courantes, intermédiaires et définitives. Cependant, cette définition est contingente. Intellectuellement, il y a bien construction volontaire des archives à partir des documents administratifs (qui sont essentiellement des objets juridiques) et les sources dont disposera l'historien. Tout document vit deux fois. Il est d'abord document administratif, ensuite document d'archives. C'est le résultat du tri, de la conservation, du classement.

6. Tome 125, 2004, cinquième série, 322 p.

Les ripisylves du Sud-Ouest : vocations et paysages, XVIIIe-XXe siècle

Philippe CRÉMIEU-ALCAN*

Le quotidien *Sud-Ouest*, dans son édition du 25 août 2006, revient sur l'installation de Maguette Dufay, un éleveur qui a aménagé son exploitation sur « 80 hectares de prairies et de marais en bordure de l'estuaire de la Gironde ». Son projet consiste « à concilier la préservation d'une zone naturelle sensible avec l'exercice d'une activité économique viable ». Pour cela, « des fossés depuis longtemps abandonnés aux arbres morts et aux assauts des ragondins ont été réhabilités et remis en service » ; « des parcelles envahies par les saules et les broussailles ont été nettoyées et sont redevenues des prairies ». Cela résume la problématique actuelle des ripisylves. Situées en zone inondable, elles réclament un long travail de mise en valeur qui repose sur un réseau de fossés de drainage permettant les prairies d'embouche ou favorisant ultérieurement la maïsiculture. La déprise agricole, l'abandon de ces zones humides ont entraîné l'afforestation. On peut la considérer comme déplacée et souhaiter retrouver un paysage patrimonial. À l'inverse, parce qu'elles forment un paysage particulier, parce qu'elles abritent des espèces remarquables, on peut vouloir préserver ces zones humides tout en ménageant le développement économique local et même les activités de loisirs.

I – DES ACTIVITÉS TRADITIONNELLES EN DÉCLIN

À l'état naturel, les rivages des cours d'eau sont des espaces sauvages à la végétation luxuriante. Ils mêlent les ressources de la terre et de l'eau en fonction de la saison, des crues, du courant et de la pente. La Leyre serpente sur plus d'une centaine de kilomètres à travers le plateau sableux, de Sabres au sud vers Belin-Beliet au nord. Elle se jette par un delta dans le bassin d'Arcachon. Navigable depuis Belin, la Leyre

* Professeur d'histoire-géographie, Bordeaux.

fut aménagée très tôt. Au XVIIIe siècle, c'est un « canal » que longe un chemin de halage. Il est emprunté tant par des bateaux que par les trains de bois. Ses nombreux affluents attiraient une importante activité métallurgique liée au minerai de fer et à la force motrice. Les moulins sont également nombreux : il en demeurait encore 11 à Beliet et 9 à Belin au milieu du XIXe siècle.

Les fonds de vallée suffisamment plats furent aménagés aux XVIIIe et XIXe siècles. De chaque côté de la rivière s'étendaient des « prés de rivière » pour l'embouche du bétail. La productivité fourragère était supérieure à celle des landes défrichées autour des zones habitées. Des haies vives, composées notamment de chênes, délimitaient les propriétés. Des fossés contribuaient au drainage des zones inondables. Des piquets fichés dans la rive consolidaient les berges. Le paysage qui en découlait était beaucoup plus ouvert. Ainsi, le cadastre de 1841 du quartier du Graoux comportait 28 parcelles[1] : 14 comprenaient des prairies ou des broussailles, 9 étaient couvertes de bois.

Cette organisation perdura jusqu'en 1950, date où l'élevage extensif disparut. En effet, l'intensification des méthodes culturales fit préférer l'exploitation d'espaces plus vastes. Les agriculteurs délaissent la vallée au profit du plateau. Ses portions les plus humides sont drainées. De nouveaux collecteurs se connectent à l'ancien système de fossés. Le parcellaire du cadastre actuel témoigne de cette transformation. La plupart des prairies évoluent vers l'aulnaie-saussaie, ou vers la pinède. Ailleurs, l'absence d'entretien et le colmatage des fossés modifient radicalement le paysage. C'est le cas de l'étroite vallée du ruisseau de la Gaure, un affluent de la Leyre. Sous l'action des crues hivernales, des levées se forment, piégeant l'eau qui forme alors des mares et des rigoles dans les anciennes prairies. Dans cette zone marécageuse s'installent des espèces pionnières. Elles vont fixer la vase et former des monticules (« touradons »), phénomène qui annonce les arbustes et les arbres hygrophiles tels aulnes et saules. Une galerie forestière succède au marécage. A son tour, elle évolue vers la chênaie humide si l'apport en sédiments élève le substrat et protège des inondations trop fréquentes.

Les barthes sont les terres inondables des rives de l'Adour, du Gave et du Luy dans leur cours inférieur. Les barthes de l'Adour bordent le fleuve principalement en aval de Dax. Larges de 70 à 100 mètres, elles couvrent 12 000 hectares à une altitude comprise entre 1 et 25 mètres. Leur tracé est instable. Elles appartiennent aux

1. *Les Landes et l'Homme, (évolution naturelle et évolution dirigée des Landes de Gascogne)*, Centre d'animation du Graoux, Belin-Beliet, 1988, p. 11.

communautés voisines. Les riverains y trouvent de la jaugue (un ajonc épineux), qui sert de fourrage ou de combustible. Mais la grande affaire reste l'exploitation des vergnes (aulnes) et des aubiers (saules). En effet, les « aubarédes » produisent des échalas dont la consommation, liée à la culture de la vigne, progresse pendant tout le XVIIIe siècle.

L'aménagement d'une barthe oblige à édifier un talus pour protéger de l'inondation. Ensuite, un ensemble de fossés de drainage (les esteys) est mis en place, avec son cortège de pelles et d'écluses pour diriger et refouler l'eau vers la rivière. C'est un travail de longue haleine, qui demande de gros investissements et, selon Madame Anne Zink, exige 50 à 80 années de travail[2]. Elle situe la formation d'un tel paysage au milieu du XVIIIe siècle. Les barthes ainsi aménagées trouvent leurs origines dans les échalassières du siècle précédent. Outre la stabilisation des rives, elles ont favorisé l'alluvionnement important au cours des inondations, donc le réhaussement du sol. La besogne nécessaire à cet aménagement explique que ces barthes ne soient pas terres communes mais partagées : chaque lot est assimilé à une propriété. Chaque portionniste a participé à sa création. Aujourd'hui, il concourt à l'entretien. Les barthes sont soigneusement closes, car destinées à l'agriculture. Il est primordial d'empêcher l'entrée du bétail. L'accès n'est ouvert que de novembre à mars. Au reste, le pacage est réservé aux animaux des portionnistes, là encore de manière égalitaire. Chaque foyer peut envoyer une ou deux bêtes, selon le règlement communautaire. Le rôle du syndic, outre la gestion hydraulique, est de vérifier que la barthe est bien close et d'imposer les réparations le cas échéant.

Cet espace sert surtout à la production du foin. D'ailleurs, à Heugas ou à Tilh, il s'appelle la « barthe à foin ». L'autre grande culture est celle du « blé d'Espagne » (maïs), qui exige un sol riche et beaucoup d'eau. Ce qui convient à ces terres. La culture est diverse. Chacun est libre de choisir ce qu'il entend sur son lot. À l'orée du XXIe siècle, les barthes ont conservé leur vocation agricole. Sur 10 000 hectares, 2 000 sont en cultures, 3 000 en prairies et 5 000 en forêts[3]. Ce sont toujours des zones de maïsiculture. Mais la populiculture compte de plus en plus, tandis que les prairies régressent et que les friches augmentent. Ainsi, les ripisylves de la Leyre et de l'Adour ont connu une évolution

---

2. A. Zink, *Clochers et troupeaux, Les communautés rurales des Landes et du Sud-Ouest avant la Révolution*, Bordeaux, Presses Universitaires de Bordeaux, 1997, pp. 52-64.

3. M.-C. Moulis, conseil général des Landes Mont-de-Marsan, « Une opération agri-environnementale au secours des paysages de la vallée de l'Adour », *Ingénieries-E.A.T.*, n° spécial Rivières et paysages, CEMAGREF, 1997, pp. 75-78.

divergente depuis le XVIIIe siècle. Dans l'une, les aménagements sont abandonnés. Dans l'autre, la production agricole demeure importante.

II – DES PAYSAGES PATRIMONIAUX À MAINTENIR

Plusieurs menaces pèsent sur le paysage rural. Dans un premier temps, l'agrandissement des parcelles, l'homogénéisation des pratiques et des systèmes de production ont conduit à « l'élimination de nombreux motifs agro-paysagers[4] » comme « haies, talus, murs, bosquets… ». Dans un second temps, l'exode rural a entraîné « l'abandon des parcelles les moins riches dans les bas-fonds humides ou sur les pentes les plus raides[5] » En effet, la déprise agricole, accentuée à partir des années 1970, entraîne le délaissement des zones humides. Faute d'entretien, elles sont remplacées par une formation forestière spontanée, à moins que les propriétaires aient favorisé l'extension de la forêt de chênes ou de peupliers. Face à la banalisation ou à la régression insidieuse de ces paysages, on réagit pour les conserver et les valoriser. Les zones humides sont désormais considérées comme des espaces patrimoniaux qu'il convient de préserver. Selon les lieux et les acteurs, on protège l'espace « naturel » : les galeries forestières plutôt que les prairies, à moins que ce soit les prairies aménagées plutôt que la forêt alluviale.

C'est ainsi que les communes riveraines de la Leyre se sont réunies en 1970 pour fonder le Parc naturel régional du val de l'Eyre et des vallées de la Leyre. Cela vise depuis le début à placer le patrimoine au centre du développement local. Aujourd'hui, on l'appelle Parc Naturel Régional des Landes de Gascogne. Il regroupe une quarantaine de communes. Il présente deux particularités. Premièrement, il abrite à Sabres l'écomusée de la Grande Lande à Marquèze. Deuxièmement, et c'est unique, il englobe un bassin versant, celui de la Leyre, dont il défend les atouts. Outre le maintien « au bénéfice de tous… d'un patrimoine naturel préservé », il « initie les visiteurs à l'observation des milieux naturels et à l'histoire des paysages pour que se développe une pédagogie de l'environnement[6] ».

Autre action, celle des Espaces Naturels de France, la fédération des Conservatoires Régionaux des Espaces Naturels (CREN), association régie par la loi de 1901. Le CREN Aquitaine assure la

4. *Paysages d'élevages, paysages d'éleveurs*, Institut de l'élevage, Ministère de l'Agriculture et de la pêche, Paris, 2006, p. 16.

5. Ibidem, p. 17.

6. *Marquèze, Guide du visiteur*, Écomusée de la Grande Lande, 48 p., s.d.

gestion et la protection de 48 sites, soit 887 hectares. Il doit aussi les valoriser et les ouvrir au public. D'où la convention passée entre la commune de Mées dans les Landes et l'Office National de la Forêt (ONF) pour gérer la tourbière de l'Estanque.

Dans les barthes de l'Adour, c'est la Fédération des Chasseurs des Landes qui crée un réseau de réserves. Le premier but est de fixer les populations d'oiseaux sur des points précis, proches des zones d'alimentation. Au cours des haltes migratoires (cas de l'hivernage), les oiseaux s'y reposent. Dans les décennies 1980-1990, cette Fédération a décidé d'entretenir les barthes afin d'améliorer celles destinées aux oiseaux migrateurs. Les effets de cette politique sont mesurés par des études et des recensements. Le travail entrepris dans la réserve de Saint-Martin-de-Seignanx est exemplaire. Grâce aux achats et aux échanges, la Fédération possède 90 hectares environ. Entre 1985 et 1990, le système hydraulique de la barthe est restauré. Une partie de la forêt alluviale est supprimée et quatre plans d'eau permanents en occupent le tiers de la surface. Sur un autre quart, des prairies humides sont rétablies et pâturées dans le cadre des pratiques agri-environnementales. Les comptages effectués révèlent que la flore s'est diversifiée et que le nombre d'espèces fréquentant le site a triplé[7].

La C.E.E apporte sa contribution à la délimitation et la conservation des zones humides au travers de la directive Habitats du 21 mai 1992. Cette législation protège les espèces faunistiques ou floristiques mais aussi une portion d'espace. L'objectif est d'« assurer la biodiversité par la conservation des habitats naturels ainsi que de la faune et de la flore sauvage sur le territoire européen ». La France, comme les autres États membres, est chargée d'identifier les sites importants pour la sauvegarde des habitats et des espèces concernés par la directive et de désigner des Zones Spéciales de Conservation (ZSC). L'ensemble des sites constitue le réseau écologique Natura 2000. Les Zones de Protection Spéciale (ZPS) désignées en application de la directive Oiseaux du 2 avril 1979 ont été intégrées. Les mesures prises dans ces espaces protégés « visent à assurer leur maintien ou leur rétablissement » en respectant les « exigences économiques, sociales et culturelles, ainsi que les particularités régionales et locales ». L'appartenance d'un site au réseau Natura 2000 ne signifie pas un gel des activités. Non seulement elles sont maintenues, mais de nouvelles

7. *La réserve de Saint-Martin-de-Seignanx*, Fédération des Chasseurs des Landes, s.d.

activités peuvent naître. Une partie des sites du Parc Naturel Régional des Landes de Gascogne bénéficie de ce classement[8].

III – UNE NOUVELLE MISE EN VALEUR

Le Parc Naturel Régional des Landes de Gascogne conduit une politique privilégiant l'accueil du public. Il propose de « prendre le train de l'ancienne gare de Sabres » qui conduira le visiteur « sur Marquèze, site de l'écomusée où la vie au temps des échasses et des airials est si bien racontée. Il glissera en canoë sur la Leyre, traversera la forêt-galerie jusqu'au labyrinthe des terres marines du delta ». Enfin, il se laissera « envoûter par les vols des oiseaux migrateurs qui peuplent le parc ornithologique du Teich[9] ». En effet, les activités du Parc sont disséminées : l'écomusée de Marquèze est complété par le site de Luxey dont les activités sont liées à la transformation de la résine (gemme) et par celui de Garein tournant autour de l'activité forestière. À cela, il faut ajouter deux sites sur la Leyre : le centre d'animation du Graoux à Belin-Beliet, qui est également un Centre d'Initiation à l'Environnement (C.I.E.), et le parc ornithologique du Teich près du delta, dans la commune éponyme.

Le long de la Leyre, le Parc Naturel Régional des Landes de Gascogne a fédéré et structuré les activités de découverte de la « forêt-galerie »[10] en canoë ou en kayak. Dès 1992, il a vu « arriver des dizaines de familles avec leur canoë, des comités d'entreprise proposer des balades et se développer un secteur marchand autour des activités de sport-découverte de la Leyre[11] ». Cinq équipements sont gérés soit par le parc, soit par deux communes. L'association Mexico-Loisirs accueille le public sur sa base nautique de Mexico, à Commensacq (Landes). Elle

---

8. La vallée de La Leyre, comme les barthes de l'Adour servent de refuge à la loutre, au vison d'Europe, à la cistude et au fadet des laîches entre autres. Voir M.-C. Moulis, *op. cit.*, ainsi que *Programme de conservation des forêts-galeries des Leyres*, Conseil Général des Landes, 2000, 27 p.

9. *Carte Guide des découvertes 2006*, Parc Naturel Régional des Landes de Gascogne : carte présentant la géographie des lieux ainsi que toutes les activités.

10. La production écrite du Parc Naturel utilise ce terme et a réussi à l'imposer. La Leyre est également surnommée « la petite Amazone », un cours d'eau « drapée de verdure luxuriante avec des ponts d'arbres qui, couchés d'un bord à l'autre, constituent des tunnels de feuillage », « En canoë sur la petite Amazone », *Sud-Ouest*, 23 juin 2006.

11. « Sport et nature : on peut choisir la bonne intelligence » *Parcs*, n° 51, février 2005, p. 14.

propose notamment la descente de la Leyre en canoë, 87 kilomètres jusqu'au Teich. En même temps, la base de loisirs offre des circuits balisés pour des randonnées de quatre à cinquante kilomètres, à pied ou en VTT. En outre, le site propose un hébergement (gîte, tentes collectives) et une salle polyvalente pour le travail des groupes scolaires (ou autre). En Gironde, le centre d'animation et d'hébergement du Graoux offre des prestations similaires : hébergement dans neuf chalets, descente de la Leyre en canoë-kayak, randonnées pédestres ou à vélo, découverte scientifique du milieu à travers le « Club Environnement 33 de la communauté de communes du Val de l'Eyre » pour les 8-14 ans.

Dans le delta de la Leyre, au cœur d'un site Natura 2000, s'est installé le parc ornithologique du Teich. En une dizaine d'années, il s'est imposé comme un site majeur en matière de conservation de l'avifaune et comme un centre régional du tourisme de nature. Le parc, construit en partenariat avec le Parc Naturel Régional des Landes de Gascogne et la commune du Teich, est aménagé afin d'accueillir les oiseaux et de sensibiliser les visiteurs à l'avifaune. Autour d'un centre d'hébergement qui peut recevoir des groupes en pension complète, il permet de découvrir le parc ou le delta, de faire du canoë ou des balades en vélo. Il comprend six kilomètres de parcours, semé de vingt cabanes d'observation.

Ces activités sont centrées sur la Leyre, ce qui implique un entretien rigoureux. Il ne s'agit plus du « nécessaire nettoyage des rivières entrepris depuis des années pour sécuriser la pratique du canoë »[12]. En effet, leur « succès se mesure désormais au nombre impressionnant de canoës sur l'eau »[13]. Ce n'est pas la seule utilisation. Il faut tenir compte des demandes des riverains et des communes qui souhaitent un aménagement répondant aux problèmes d'érosion et d'ensablement. Les pêcheurs ont consenti de nombreux efforts, notamment en se repliant sur les affluents de la Leyre pour laisser passer les canoës. Maintenant, ils souhaitent « favoriser d'autres espèces de poissons »[14]. L'entretien doit encourager et maintenir la biodiversité. Aussi des interventions douces sont-elles mises en place : suppression de certains arbres, des embâcles, piquetage de la rive avec des pieux ou renforcement par la plantation d'arbres. Le débardage s'effectue à l'aide d'un attelage de trait pour minimiser l'impact de l'entreprise. Afin d'assurer et d'enrichir la biodiversité, une grande attention est portée à la variété des milieux : embâcles modifiant la physionomie de la rivière, coupes d'éclaircie pour

12. *Le Journal du Parc*, PNR des Landes de Gascogne, n° 34, 2005.

13. Ibidem.

14. Ibidem.

favoriser le développement des herbiers et des insectes aquatiques, boisements des rives pour garantir une température fraîche et contribuer à la qualité de l'eau.

Dans les barthes de l'Adour, la Fédération des Chasseurs des Landes répond au désir de communication de la part du public. C'est ainsi que la restauration de la barthe de Saint-Martin-de-Seignanx s'est accompagnée de l'établissement d'une structure permanente d'accueil du public dotée d'une aire de stationnement, d'un mirador d'observation et de panneaux d'information. Avec l'aide de la municipalité de Saint-Martin-de-Seignanx, un Centre Permanent d'Initiation à l'Environnement (CPIE) a vu le jour. Il reçoit notamment des scolaires dans le cadre de classes vertes.

C'est dans le même esprit qu'agit le CREN Aquitaine, gestionnaire des tourbières de l'Estanque à Mées. Après des travaux de conservation comme la construction de petits barrages pour limiter le drainage de la tourbière et la coupe des pins les plus proches pour supprimer l'ombre et réduire l'assèchement, un accueil du public est mis en place. Il comporte surtout un sentier sur pilotis. Il assure la découverte de la tourbière tout en atténuant les dégâts sur le site. Le long du chemin, un parcours de 600 mètres aide à comprendre l'écosystème, juxtaposant des panneaux informatifs à l'observation directe.

La perte des racines rurales de la population liée à l'urbanisation croissante explique l'envie d'une campagne oubliée. Depuis la fin des années 1980, la demande sociale de zones de loisirs proches de la ville se fait plus pressante. En même temps, la déprise agricole et l'exode rural qui va avec ont montré l'importance du paysage et son caractère éphémère. Les ripisylves, zones fragiles, dont la mise en culture est délicate au vu des exigences d'une agriculture mécanisée et productiviste, sont les premières touchées. La prise en compte de leur importance en termes de biodiversité et de patrimonialité débouche sur deux types d'actions. La première conserve une utilisation agricole, qui proroge un paysage comme les barthes. A contrario, la mission du Parc Naturel Régional des Landes de Gascogne consiste à valoriser un paysage délaissé par l'agriculture où la forêt reprend ses droits. Mais cette orientation écotouristique peut-elle associer activités humaines et paysage rêvé, ce qui renvoie à la notion de développement durable, et ce malgré l'affluence des citadins en manque de nature ?

Évolution de la ripisylve de la Garonne (entre Toulouse et Langon)

*Philippe VALETTE**

« La Garonne coule dans une avenue d'arbres et cela la différencie de la Loire et de la Seine et même du Lot et du Tarn » (Deffontaines, 1932). Dans sa thèse sur la Moyenne vallée de la Garonne, en 1932, Deffontaines insiste largement sur l'omniprésence des arbres et de la ripisylve le long du fleuve garonnais. Aujourd'hui, certains tronçons de la moyenne vallée de la Garonne possèdent une couverture forestière importante. Dans d'autres secteurs, elle a quasiment disparu ou se limite à un liseré de berge. Dans ce contexte, il est intéressant d'analyser la relation entre le fleuve garonnais et la forêt alluviale, et de voir comment elle a évolué depuis le XVIIIe siècle. Le territoire d'étude retenu s'étend de Toulouse à Langon et correspond à la partie médiane du fleuve garonnais (Figure n° 1). Cette portion est caractérisée par une large plaine alluviale, zone où s'étalent crues et inondations. Néanmoins, leur fréquence n'a pas empêché l'installation, dans la zone inondable, d'une agriculture opulente qui réduit peu à peu l'emprise de la ripisylve.

L'étendue et la composition de cette ripisylve sont liées au fonctionnement morphodynamique du fleuve, mais aussi à toute une série de facteurs anthropiques qui modifient ou ont modifié la forêt alluviale garonnaise. Il sera donc question de décrire et de définir les caractéristiques de la ripisylve garonnaise car, à l'état naturel, les paysages fluviaux garonnais sont très boisés. On évoquera ensuite les pressions anthropiques subies par la végétation alluviale, de l'époque moderne à aujourd'hui. On terminera par les différentes temporalités et leurs décalages, qui expliquent la situation actuelle de la ripisylve de la moyenne Garonne.

---

* Maître de conférences, Université de Toulouse Le Mirail.

I – UN PAYSAGE TRÈS BOISÉ À L'ÉTAT NATUREL

La Garonne érode fréquemment son lit et ses berges. Elle transporte des sédiments et inonde périodiquement les terrains riverains et la plaine inondable. Le fonctionnement du fleuve que l'on peut qualifier de naturel est à l'origine d'un paysage spécifique, organisé en gradins à partir du fleuve.

Organisation transversale du paysage fluvial garonnais

Deffontaines définit le premier les différents paliers. Deux sont distingués qu'il décrit par deux termes issus de la langue populaire : la hauture et la bassure (Figure n° 2). La hauture (haute plaine) correspond à la zone des terrasses à l'abri des inondations. La bassure (ribière) correspond à la plaine inondable. Dans la bassure, Deffontaines distingue deux niveaux. Le plus bas est appelé les îles, définies par l'endroit où le lit de la Garonne oscille. Cela détermine « tantôt de véritables îles au milieu du lit, tantôt des atterrissements latéraux qu'on appelle également îles ; c'est davantage le domaine des galets » (Deffontaines, 1932). La bassure basse (îles) dépend du fleuve, où les crues et les inondations jouent un rôle prépondérant. Un peu plus haut se trouve une autre zone : les mattes (matte ferme). Là aussi, le terme vient des parlers locaux. Le terme possède un double sens. D'un côté, il s'agit de digues (région de Marmande). De l'autre, la terre solide. La matte ferme, plus haute que les îles, est moins sous l'emprise du fleuve, bien qu'elles soient recouvertes par les inondations exceptionnelles. L'inondation exceptionnelle, grâce aux dépôts d'alluvions, a créé les riches terres qui contrastent avec le gravier des îles. Par sa hauteur, la matte ferme est à l'abri des crues les plus fréquentes mais reste soumise aux inondations les plus importantes. (Figure n° 2).

L'organisation transversale du paysage de la moyenne vallée de la Garonne, caractérisée par une succession de paliers que commande la fréquence des inondations, va de Toulouse à Langon. La présence ou non du risque d'inondation engendre des conditions de vie différentes selon l'endroit. Cette succession topographique transversale a généré une grande variété paysagère au sein de la plaine inondable. Suivant la hauteur du palier et la fréquence des inondations, on trouve deux types de paysages fluviaux. Le type d'occupation du sol les révèle.

Le niveau supérieur de la plaine inondable (matte ferme) attire une agriculture intensive et une occupation humaine importante. Comme les inondations y sont rares, l'installation des hommes se traduit par un habitat diffus et l'existence de villages au sein de la plaine inondable. Au contraire sur les secteurs les plus bas (îles), le paysage demeure sous l'emprise naturelle du fleuve. On y observe tout un cortège de bras morts, d'anciens lits révélateurs de la dynamique fluviale de la Garonne. La végétation est omniprésente. La ripisylve côtoie les peupleraies.

La ripisylve de la moyenne Garonne

La ripisylve (forêt riveraine) correspond à l'espace-limite entre le milieu aquatique et le milieu terrestre. Elle est influencée par le cours d'eau autant qu'elle l'influence (Piégay, Pautou, Ruffinoni, 2003). La ripisylve se caractérise par diverses successions végétales. Elle est soumise à des rajeunissements périodiques, répétés mais souvent partiels, dus au passage de crues et des inondations. Elle abrite, également, une mosaïque d'espèces végétales composée d'unités aquatiques, semi-aquatiques et terrestres, qui sont fonction du niveau des crues. Ainsi, il est possible de distinguer quatre paliers (Figure n° 3).

Le premier palier est aquatique. La force du courant ne permet pas le développement de nombreux végétaux, sauf lorsque l'eau stagne, dans les bras morts par exemple. Les groupements d'hydrophytes se mettent alors en place.

Sur les berges et le haut du lit mineur normal (grèves), des formations pionnières herbacées souvent nitrophiles colonisent les bancs d'alluvions grossières, qu'elles soient annuelles, vivaces ou rampantes (renouées, chanvre d'eau, chénopodes). Légèrement plus haut en altitude, on trouve un palier d'hélophytes (iris jaune, lysimaque, phalaris).

Plus haut encore, donc plus loin du fleuve, le troisième stade comprend des communautés de bois tendres appelées saulaies. On y rencontre saules blancs et aulnes glutineux. Ces végétaux sont situés 3 à 4 m au-dessus de la ligne des eaux d'étiage. En fait, la zone regroupe le lit immédiat et le lit d'inondation des crues fréquentes. La saulaie-aulnaie inclut deux sous-parties. La première correspond à la saulaie basse composée de saules blancs, de saules cendrés, de saules des vanniers. La saulaie basse se caractérise par le passage fréquent d'inondations. Cela laisse place à des essences à croissance rapide, de taille réduite et de faible longévité (inférieure à 50 ans). La seconde sous-partie correspond à l'aulnaie-saulaie. Elle réunit aulnes glutineux, saules blancs, peupliers, trembles, sureaux noirs. Ces végétaux étant moins inondés que les précédents se développent peu à peu. Néanmoins, ce type de peuplement régresse au profit de la culture du peuplier ou du maïs quand le colmatage est plus avancé.

Enfin, le dernier palier correspond aux secteurs rarement inondés lors d'épisodes exceptionnels. Il comporte des essences à croissance plus lente, à longévité plus longue que l'on peut qualifier de groupements de forêts à bois durs (ormaie-frênaie, chênaie-ormaie, chênaiefrênaie). On y trouve des chênes pédonculés, des frênes communs, des peupliers noirs, et des ormes. On y trouve aussi des arbres envahissants comme l'érable negundo, l'ailante, le robinier faux-acacia.

La dynamique végétale dans les ripisylves

La ripisylve est ainsi composée d'une mosaïque de groupements végétaux d'âges divers. Plus on va vers le fleuve, plus les végétaux sont soumis aux crues et inondations. Plus on s'en écarte, plus l'âge des végétaux augmente. Sans contrainte fluviale, l'évolution de la ripisylve passe de groupements pionniers sur dépôts récents à des communautés de bois tendres, puis à des communautés de bois durs sur sédiments stabilisés. La dynamique est remise en question par les processus qui régulent les ripisylves (Bassin Rhône Méditerranée Corse, 1998).

La ripisylve évolue en fonction de ces phénomènes physiques que sont les crues et les inondations. Elles érodent les berges et la plaine inondable et suppriment la litière. Ici, l'eau de crue fluctue et limite l'implantation des végétaux. La ripisylve est aussi liée aux phénomènes chimiques et/ou biotiques relatifs au sol. En effet, la richesse en éléments nutritifs conditionne le développement et l'évolution de la ripisylve. Enfin, des processus anthropiques interfèrent dans l'évolution des forêts alluviales, en la limitant, en la faisant disparaître ou au contraire en la favorisant.

De plus, l'origine des processus affecte la dynamique des ripisylves, selon qu'ils sont externes ou internes au milieu fluvial. Les processus externes concernent essentiellement des dépôts ou des reprises d'alluvions récentes. Les apports de limons fins sont des apports externes et permettent aux groupements pionniers d'occuper les berges. Les processus internes impliquent une évolution sur place. Il s'agit du passage des groupements pionniers à la saulaie basse, puis à la saulaie haute. Cela se traduit par la compétition entre espèces.

L'évolution de la ripisylve est également fonction de la réversibilité des phénomènes. Les phénomènes réversibles interviennent près du fleuve, dans les zones basses des groupements pionniers, de la saulaie basse et haute. « Les déplacements du chenal, la sédimentation et l'érosion ne sont jamais définitivement établis dans la zone de remaniement : tout peuplement n'y est que temporaire, toute situation n'y est que provisoire » (Bassin Rhône Méditerranée Corse, 1998). A l'inverse, les phénomènes irréversibles concernent les zones hautes, mises hors d'eau. Là, la végétation évolue de façon quasi-stable vers des communautés à bois durs.

Enfin, les processus agissent simultanément dans la vallée, mais chacun possède sa temporalité différente et se matérialise à son rythme. On trouve des épisodes très courts comme la crue qui érode, produit des excavations, ou sédimente, modifie et déplace le chenal. Quand les temporalités sont plus longues, à l'échelle pluriséculaire, la chênaie a le temps de s'installer.

Cependant, en scrutant la ripisylve, on constate qu'il faut distinguer la forêt alluviale (forêt du lit majeur) et les boisements de berge, à proximité du lit mineur. La forêt alluviale est un compartiment terrestre de l'hydrosystème, localisé sur ses marges et composé de groupements végétaux multiples, que dominent les groupements arborés (Rhône, Méditerranée, Corse, 1998). Il est possible d'y observer des zones prairiales ou des bras secondaires du chenal. Quant aux boisements de berge, ils portent un couvert végétal le long du lit mineur, fréquemment soumis aux crues et participant directement à la qualité physique du milieu aquatique (Rhône, Méditerranée, Corse, 1998). Or, de Toulouse à Langon, certains secteurs de la plaine inondable sont couverts de forêts alluviales, alors que d'autres sont occupés par des boisements de berge (Figure n° 4). La différence entre les deux résulte d'une anthropisation différente sur les secteurs les plus bas de la Garonne. En effet, depuis la période moderne, plusieurs activités humaines ont réduit l'emprise spatiale de la ripisylve de la moyenne Garonne.

II – UNE RIPISYLVE SOUMISE AUX PRESSIONS ANTHROPIQUES

La ripisylve, à l'interface entre fleuve et terres riveraines, est ou a été l'objet d'emprises et d'activités humaines, dont les finalités sont différentes et divergentes : navigation, agriculture, arboriculture, extraction de granulats.

La navigation

La navigation concerne le chenal du fleuve et ses berges immédiates, de sorte que ses effets sur la ripisylve s'exercent du fleuve vers la plaine inondable (Figure n° 5). Aux Temps Modernes, la navigation constitue le moyen de transport le plus sûr et le plus rentable. Avec l'ouverture du Canal du Midi en 1681, l'axe garonnais devient une voie de passage incontournable pour relier la Méditerranée à l'Atlantique. Il faut donc mettre en place des politiques qui améliorent la navigation. Or, à l'époque, le fleuve garonnais est instable, en constants déplacements. Les pouvoirs publics tentent de fixer le fleuve en fermant les bras secondaires et en supprimant les îles. « Deux objectifs s'imposaient au bon sens : la création d'un lit unique par la suppression des îles et des bras secondaires, la protection des berges contre les agressions des courants nuisibles surtout sur les rives concaves » (Vital, 1984).

Les bras secondaires sont colmatés à l'amont : les clayonnages favorisent leur atterrissement, planté ensuite d'arbres pour en accroître l'exhaussement. Par contre, les îles sont déboisées, afin que l'érosion les fasse peu à peu disparaître. Enfin, les berges étaient protégées de l'érosion par des plantations de jetins. Toutes ces actions cherchaient à fixer le fleuve. Cela se répercutait sur l'emprise végétale des terres riveraines, puisqu'elle était favorisée par plantation ou au contraire détruite pour encourager l'érosion. Les archives départementales contiennent des liasses qui montrent plantation, destruction en fonction non des intérêts des riverains, mais plutôt en fonction des intérêts de la navigation. Il est alors fréquent que les ingénieurs des ponts-et-chaussées prescrivent d'arracher les arbres plantés par un riverain pour se protéger, car ces plantations gênent la navigation. C'est le cas, par exemple, à Magnan, près de Tonneins. En 1770, les plantations sur les graviers deviennent « nuisibles à la navigation et tendent à la destruction des berges ainsi qu'à la ruine des propriétés des fonds riverains » (Arch. dép. Gironde, C 1952). On pourrait multiplier de tels exemples, tant le procédé est employé à l'époque moderne pour étendre les parcelles. La multiplication des plantations se matérialise par une végétation importante sur les abords de la Garonne. « Cette importance des bois sur les rives de Garonne provient de ce que l'arbre fut longtemps le seul moyen de se défendre contre la rivière ; les berges n'ont été définitivement fixées qu'au XIXe siècle ; jusqu'alors, c'étaient surtout les plantations qui protégeaient des érosions et des divagations ; en armant les berges de végétation, on limitait l'approvisionnement du fleuve en matériaux meubles, principale cause d'instabilité » (Deffontaines, 1932).

Sur la Garonne, l'emprise économique de la navigation décline progressivement au XIXe siècle. Au début du XXe siècle, on ne l'observe plus, si ce n'est à l'aval dans la partie maritime. L'interruption de cette activité densifie la végétation alluviale, ce que révèlent les nombreuses cartes postales de l'époque (Figure n° 6). Partout, de Toulouse à Langon, les berges rases, qui laissent passer les cordes du système de navigation à la remonte, sont envahies par une importante végétation arbustive. Le fleuve se replie sur lui-même et les berges deviennent parfois impénétrables (Valette, 2002). Toutes ces zones riveraines sont donc occupées par la végétation spontanée.

Si la navigation concerne le chenal du fleuve et ses abords, l'agriculture exploite la plaine inondable, en gagnant le maximum de terres.

L'agriculture

Leur conquête, alors qu'il s'agissait de territoire anciennement voué à la ripisylve, fut progressive.

A la période moderne, l'agriculture accentue sa pression sur la bassure basse pour permettre le développement de nouvelles cultures (Figure n° 5). Les nouvelles parcelles sont défrichées pour être mises en blé, en maïs, mais aussi en fourrages artificiels (luzerne, sainfoin), ce qui constitue un nouveau procédé de « mise en culture des fonds de rivière » (Théron de Montaugé, 1869). Ainsi, certains bas-fonds servent de pâturage pour l'élevage d'appoint. D'autres cultures apparaissent comme le chanvre, le sorgho à balai, les oseraies… Elles connaîtront un réel essor au XVIIIe et XIXe siècle. Dans certains secteurs de la moyenne Garonne, elles ont amenuisé la ripisylve. En effet, la fin du XIXe siècle enregistre le déclin et la fin de la navigation fluviale au profit d'autres moyens de transport (canal, train). A cette époque, l'agriculture jusque là secondaire devient l'activité essentielle de la vallée de la moyenne Garonne. A partir du milieu du XIXe siècle, l'essor de l'élevage favorise les cultures fourragères introduites précédemment. Partout, sur les bords de Garonne les prairies progressent, y compris dans les bras morts asséchés. Cette période connaît aussi le développement du maraîchage et l'implantation de vergers jusque sur les berges.

Au début du XXe siècle, l'agriculture augmente sa pression sur la ripisylve. De nouvelles parcelles sont conquises sur la forêt alluviale et la fragmentent. Aujourd'hui, la vallée de la Garonne présente une agriculture diversifiée. Le lit majeur forme un vaste jardin irrigué, qui permet de juxtaposer plusieurs productions. Certaines datent du XXe siècle et il est fréquent de les voir à côté des boisements de berge (orge, maïs, soja, colza). Si ces cultures l'emportent, l'image de l'agriculture de la basse vallée de la Garonne est associée, aussi, à des productions moins exigeantes en superficie et essentiellement maraîchères (fraise, tomate, pomme de terre, poireaux, salades, asperges, carottes). On trouve également une grande diversité en arboriculture fruitière (pruniers, pommiers, poiriers, noyers, pêchers). De plus, l'élevage demeure encore en moyenne vallée de la Garonne, mais sous forme résiduelle. « L'essor considérable de ces « nouvelles » cultures sur les alluvions est dû en grande partie au recours intensif à l'irrigation qui a permis de pallier le problème de sécheresse des terres de bordure du fleuve » (Guilloy, 1995).

L'arboriculture

La ripisylve subit des pressions anthropiques extérieures à partir du fleuve et de la plaine inondable. Elle subit également une pression anthropique intérieure liée à l'arboriculture (Figure n° 5). L'arboriculture s'est largement développée sur les terres riveraines.

Il s'agit aussi de remplacer leurs arbres par d'autres plus rentables. « Cet objet (les saules, après quelques années…) est le plus solide et le meilleur des revenus. Toutes les prairies le long de la Garonne depuis Bordeaux jusqu'au Gers, et au-dessus, au lieu de produire du fourrage, ont été converties en cette nature de biens » (Arch. dép. Haute-Garonne, C 177). L'arboriculture remonte au XVIe siècle et permet de valoriser les terrains (Guilloy, 1995). On exploite saule, peuplier, robinier, orme, frêne et arbres fruitiers. « Le peuplier d'Italie est si agréable, si utile et sa culture si aisée que chacun s'empresse de le multiplier » (Arch. dép. Tarn-et-Garonne, 4 DD1). Le peuplier est très présent dans les ripisylves à l'état naturel, ou en plantation, de sorte qu'on le considère comme l'élément fondamental des paysages végétaux. « La Garonne reste le domaine du peuplier, c'est lui qui donne à la bassure une véritable individualité végétale et la différencie des coteaux où continue à régner l'orme » (Deffontaines, 1932).

L'extraction de granulats

Depuis longtemps, les sociétés riveraines ont prélevé dans le fleuve des matériaux de construction. Après la Seconde Guerre mondiale, en raison des besoins en granulats, de nombreuses exploitations s'implantent dans le lit de la Garonne. L'extraction dans le lit mineur s'est étendue jusqu'à la fin des années 1970. Les sites jalonnaient les berges de la Garonne (Figure n° 7). On les retrouve près des berges. Maintenant, ce sont des lieux de stockage, car, depuis l'interdiction de prélever des granulats en lit mineur, l'activité extractive s'est déplacée vers le lit majeur. Cependant, l'activité extractive a approfondi le lit de nombreux cours d'eau français. La Garonne n'échappe pas à ce type de dégradation.

Néanmoins, cette activité n'est pas seule responsable de l'approfondissement. Deux autres aménagements anthropiques viennent le compléter et l'accentuer. Après la Seconde Guerre mondiale, l'équipement hydroélectrique de la Garonne, avec la construction de barrages, a diminué l'alimentation du fleuve en matériaux issus de la montagne. De plus, les travaux du service RTM se sont traduits par des reboisements, qui retiennent les sols et, de ce fait, réduisent les matériaux mobilisables. De même, la fixation des berges, à l'origine du resserrement de la bande active explique aussi la réduction des apports latéraux dus aux divagations fluviales. Le fleuve, privé de l'apport en matériaux, creuse son lit et provoque de grandes transformations.

L'approfondissement du chenal se traduit par des érosions, par des affouillements multiples, dont certains affectent les ouvrages d'art tels Beauzelle, Bourret, Mondou (Beaudelin, 1989). Ces érosions ont des conséquences ponctuelles. L'approfondissement affecte également les bras morts et la ripisylve. La plupart sont perchés au-dessus du niveau du fleuve. « Ils fonctionnent maintenant comme des zones riveraines généralement hors d'eau, parfois sièges d'eau stagnante, et ne redeviennent fonctionnels, c'est-à-dire connectés à l'écoulement du chenal principal que lors des hautes eaux ou des grandes crues » (Direction départementale de l'Équipement, Tarn-et-Garonne, 1997). En période de fortes crues, les bras morts servent d'exutoires et reçoivent les eaux du fleuve. Mais ces événements ne sont pas les plus fréquents. Ainsi, peu à peu, les bras morts se colmatent et la végétation les envahit. L'approfondissement du chenal abaisse aussi la ligne d'eau d'étiage, d'où la descente des nappes alluviales. Plusieurs puits sont déconnectés. Cela met en péril les grands arbres de la ripisylve, car leur système racinaire se trouve hors d'eau.

La navigation, l'agriculture, l'arboriculture, l'extraction de granulats, auxquels s'ajoutent des éléments anthropiques sporadiques (infrastructures de transports, urbanisation, lotissement) ont participé à l'évolution et surtout à la fragmentation de la ripisylve garonnaise. Sur les trois derniers siècles, on y distingue trois phases.

III – ÉVOLUTION SPATIALE DE LA VÉGÉTATION ALLUVIALE

Phase de mobilité du lit et développement des formations végétales pionnières

Le premier temps est celui de l'instabilité et de la mobilité du fleuve, où les forêts alluviales sont très présentes et très étendues dans le palier le plus bas de la plaine inondable. De nombreuses cartes montrent l'emprise spatiale de la ripisylve (Arch. dép. Gironde, 2fi 2097 et 2098). Les fluctuations du lit déterminent une enveloppe d'instabilité autour du fleuve, ourlé par la forêt alluviale. La mobilité de la Garonne est matérialisée par une bande active très large. Partout, les berges allient graviers, sables, atterrissements, mais aussi parfois bras secondaires, bras morts, dépressions. « Il est impossible de donner une liste ou une carte des îles et des gaures de la Garonne, elles étaient trop nombreuses, trop intermittentes. On peut dire qu'il n'est pas une portion de berge actuelle qui n'ait appartenu jadis à une île » (Deffontaines, 1932).

Même s'il est difficile de répertorier les îles, il est possible de lister les secteurs instables. Ainsi, au XVIIIe siècle, Blagnac, Fenouillet, Saint-Jory, Grenade-sur-Garonne, Verdun-sur-Garonne, Mas Grenier, Bourret, Castelferrus, Saint-Aignan, Saint-Nicolas-de-la-Grave, Auvillar, Saint-Loup, Agen, Saint-Hilaire-de-Lusignan, Saint-Léger, Aiguillon, Monheurt, Tonneins, Taillebourg, Marmande, Sainte-Bazeille, La Réole, Gironde-sur-Dropt, Barie et Caudrot constituent des secteurs très instables en raison de la fréquente mention dans les sources d'archives (Valette, 2002). De plus, de nombreuses îles sont signalées dans les rapports de visite et les demandes de concessions ou de travaux sur la Garonne (Arch. dép. Gironde et Haute-Garonne). Les archives conservent également de nombreuses plaintes et lettres relatives à la formation de graviers ou de nouveaux atterrissements.

Chaque crue change la physionomie du fleuve et, par là, la physionomie de la végétation. Les formations végétales s'adaptent en permanence à des situations réversibles. Par exemple, un bras mort déconnecté du fleuve, peut redevenir le bras principal après le passage d'une crue. Autre exemple, un gravier qui apparaît à cette occasion peut disparaître à la crue suivante. Face à cette instabilité, durant la période de la mobilité la ripisylve s'adapte. Elle est essentiellement composée de formations pionnières herbacées, très souvent modifiées par la Garonne. Elles sont associées à la saulaie (Briane, Valette, 2006). Cependant, celle-ci est très basse, puisque il s'agit d'un stade pré-arbustif et parfois arbustif, aisément emporté par une crue. Cette végétation, soumise aux caprices du fleuve, progresse quand les berges sont stabilisées. A contrario, dans le cas d'un lit très mobile, elle est détruite par érosion. On constate qu'elle revient sur de nouvelles zones d'atterrissements. Ainsi, dans cette phase, le lit majeur immédiat, souvent inondé, accueille les premiers stades de la ripisylve. Cela restreint les activités humaines. Plus haut, le lit majeur exceptionnel est moins soumis aux inondations si bien que l'agriculture fait disparaître toute trace de ripisylve. Finalement, la densité de la ripisylve ancienne révèle les endroits qui ont échappé au déplacement fluvial. En effet, il faut plusieurs années pour que la végétation se développe.

Phase de stabilisation du lit et densification de la ripisylve

Le temps de la fixation est celui où les ingénieurs fixent, rectifient, enrochent les berges, construisent des digues pour répondre aux différentes activités économiques, essentiellement la navigation fluviale et l'agriculture.

La Garonne est stabilisée par différentes techniques. La plus courante associe l'enrochement au dragage, renforcé par les plantations arborées. « Le système général des travaux entrepris pour le perfectionnement de la navigation de la Garonne, consiste en la rectification et la régularisation de son cours au moyen de lignes de tunages, dont l'effet est de déterminer dans la partie de la rivière conservée l'approfondissement du lit, et dans la partie qui en est retranchée, la formation d'atterrissement dont les accroissements successifs, favorisés par des plantations, parviennent après quelques années jusqu'à atteindre la hauteur des anciennes berges » (Arch. dép. Lot-et-Garonne, S 1397).

Les travaux pour approfondir le lit consistent en de simples dragages. Cela facilite la navigation. Cette technique est étendue à l'ensemble du fleuve. Par contre, les travaux qui aident les atterrissements sont plus complexes. Plusieurs termes sont utilisés. On parle de construction d'enrochements, de « trainées » ou de « garde-terrain ». Les enrochements couvrent de vastes portions territoriales : certaines berges sont enrochées sur plusieurs centaines de mètres. Ils correspondent à la réalisation de deux lignes de rives, à l'aide de roches et de pieux parallèles. Suivant les endroits, l'écartement varie entre 175 et 200 mètres (Figure n° 8). Les lignes de rattachement peuvent être doublées pour résister aux courants, notamment pour barrer les bras secondaires du fleuve. Les « traînées » et les « gardes terrain » ont un impact plus limité, car ils concernent de petites portions de berges (quelques dizaines de mètres). Ces lignes artificielles fixent les berges et contribuent aux dépôts alluvionnaires entre les ouvrages et la berge naturelle, afin que la berge se rapproche de l'enrochement.

Aussi complète-t-on les atterrissements en installant des saules sur les vides que créent les différentes lignes de rives et de rattachement. Plantés très serrés, ils favorisent les dépôts de sables et de vases. « Cette opération, qui hâte singulièrement les atterrissements, s'appelle flocage » (Baumgarten, 1849). Les plantations sont fréquemment utilisées dans les secteurs les plus instables, où la Garonne anéantit régulièrement tout ouvrage humain. Il faut entendre par plantation « la mise en terre de menues boutures et branchages de jettins de 3 cm de diamètre ou plus, disposés en quinconces » (Arch. dép. Tarn-et-Garonne, 56 S3). Il s'agit de taillis de saules dont la hauteur est limitée à 4 ou 5 mètres pour, autrefois, laisser passer la corde de halage. Les plantations servent surtout à fixer du sol par l'enracinement des arbres même si, en milieu fluvial, elles sont soumises à la force du courant.

La technique de fixation associant enrochements et plantations n'emporte pas un succès identique sur l'ensemble de la moyenne vallée, de sorte que la fixation du fleuve n'intervient pas partout au même moment. Quand le fleuve est fixé, on passe d'une végétation qui obéissait à une situation mouvante à une situation stable. Le lit fluvial est dessiné. Les bras secondaires sont fermés et s'atterrissent peu à peu. Progressivement, la plaine inondable s'exhausse par accumulation de limons, ce que traduit la végétation riveraine. Elle tend à se densifier, que les strates soient herbacées, arbustives ou arborées. De plus, en secteurs stabilisés, la plantation systématique des atterrissements augmente les superficies forestières.

Cependant, la pression anthropique empêche la ripisylve de s'installer. Aussi le troisième temps intervient-il après le second dès que le fleuve est stabilisé. Protégée des inondations, la ripisylve supporte des demandes anthropiques croissantes.

Phase de fragmentation forestière

Longtemps, les sociétés garonnaises souffrirent de l'instabilité naturelle du fleuve. Une fois la Garonne stabilisée, il est possible de construire des digues sur ses berges. De cette manière, l'agriculture progresse à l'abri des inondations. Cependant les exploitants, en acceptant la lize ou le limon des crues, demeuraient soumis à une « servitude d'inondation » (Deffontaines, 1932).

L'agriculture, une polyculture qui regroupait parcelles emblavées, parcelles maraîchères et vergers, occupe les terrains les moins vulnérables aux inondations et, progressivement, les terrains échappent aux crues. Dans ce contexte, seuls les terrains bas et fréquemment inondés sont abandonnés à la ripisylve, exploités pour l'élevage (prairie) ou plantés en peupliers. D'ailleurs, souvent les peupleraies sont situées dans les endroits les plus hauts du lit majeur immédiat et forment de grandes parcelles sur toute la moyenne Garonne. Ainsi, la pression anthropique, via l'agriculture et l'arboriculture, morcelle la forêt alluviale. Cela touche d'abord les terrains éloignés du fleuve et s'en rapproche ensuite jusqu'à ne laisser qu'un liseré arboré dans certains secteurs.

Ces trois temps amènent la réduction de la ripisylve. On les retrouve partout de Toulouse à Langon, mais avec des décalages spatio-temporels.

Les décalages chronologiques

Le temps de l'instabilité, qui marqua fortement la période moderne sur toute la Moyenne Garonne, s'étend jusque dans les années 1960 de Toulouse à la confluence avec le Tarn. Par contre, plus en aval, au début du XIXe siècle, les rectifications opérées fixent le cours du fleuve. La différence d'étendue actuelle de la ripisylve au nord et au sud de la confluence du Tarn reflète le décalage temporel. Aujourd'hui, de Toulouse à Langon, les boisements de berge sont partout présents et dominent de la confluence du Tarn jusqu'à Langon, mis à part quelques secteurs anciennement très instables. Au contraire, les forêts de plaine alluviale sont plus rares et concentrées en Moyenne Garonne, entre Toulouse et la confluence. Au reste, le Schéma Directeur d'Aménagement et de Gestion des Eaux Adour-Garonne répertorie ce tronçon comme corridor alluvial doté d'une ripisylve remarquable (SDAGE Adour-Garonne, 1996). C'est à mettre en relation avec la fixation du fleuve dans la deuxième moitié du XXe siècle, qui a façonné de nombreux bras morts. Là, la ripisylve est très dense.

Au début du XIXe siècle, la rectification du fleuve entre la confluence du Tarn et Langon modifie profondément les paysages. Ils gardent la trace de ces travaux. Partout, les berges sont faites des anciennes lignes de rives en enrochement. Le lit offre ainsi un chenal de largeur constante. Les opérations conduites par les ponts-et-chaussées, entre 1820 et 1870, ont permis d'accroître l'agriculture et l'arboriculture, ce qui contracte la ripisylve.

Dans la même période, des travaux sont entrepris entre Toulouse et Lamagistère. Malgré les efforts publics, le paysage fluvial conserve les caractères d'instabilité et de mobilité, d'où une ripisylve à formations pionnières herbacées dominantes. A partir de la seconde moitié du XXe siècle, de 1960 à 1984, la Garonne est enfin fixée pour lutter contre les inondations et favoriser l'agriculture. En effet, les exploitants souhaitent la fixation et l'extension des terres cultivables, auxquelles s'ajoutent les stations de pompage d'eau d'irrigation installées le long du fleuve. Dans cette seconde moitié du XXe siècle, agriculture, populiculture et extraction de granulats renforcent leur pression sur la ripisylve entre Toulouse et la confluence du Tarn. Or, depuis la Seconde Guerre mondiale, le pastoralisme a décliné sur ses territoires. En outre, depuis les années 1990, l'activité extractive disparaît du lit mineur et des berges. Cela entraîne par endroits une forte colonisation arbustive (Briane, Valette, 2006).

De plus, dans cette même zone, la ripisylve bénéficie depuis une vingtaine d'années d'une politique de protection des zones riveraines. En effet, la fin du XXe siècle vit la prise de conscience des menaces qui pèsent sur cet écosystème et de la nécessité de le sauvegarder. C'était impensable au XIXe siècle, ce qui explique d'ailleurs la régression de la ripisylve en aval de la confluence du Tarn.

La ripisylve actuelle résulte des mécanismes naturels et de l'activité humaine. Celle-ci joue un rôle prépondérant dans l'emprise de la ripisylve sur la moyenne vallée garonnaise. Aux Temps Modernes, malgré des efforts répétés, les sociétés restèrent soumises au fleuve garonnais, caractérisé par la forte mobilité du lit et ses formations végétales pionnières. A partir du moment où la Garonne fut fixée, la colonisation arbustive s'étend. Mais ce stade ne dure pas car les activités économiques réduisent la ripisylve. Ce schéma se retrouve partout, souvent avec des décalages importants, puisque la ripisylve de la confluence du Tarn à Langon recula au profit de l'agriculture et de la populiculture dès le XIXe siècle. Plus en amont, de Toulouse à la confluence, elle fut moins contrainte, car les travaux interviennent plus tard, mais aussi parce que des mesures de protection furent instaurées.

Depuis quelques années, malgré les aménagements, la Garonne regagne un peu d'espace et remodèle certaines portions du lit entre Toulouse et Langon. Cela explique la reprise progressive et ponctuelle de l'instabilité fluviale, avec la formation d'atterrissements et de loupes d'érosion. On le constate au travers de l'implantation d'une végétation pionnière et l'installation de peupliers au stade arbustif (Figure n° 9) sur de nombreux atterrissements et graviers du lit mineur. N'est-ce pas le prémice d'une quatrième phase dans l'évolution spatiale de la ripisylve garonnaise, celui de la recolonisation végétale du lit mineur ?

BIBLIOGRAPHIE

– BASSIN RHONE MÉITERRANÉE CORSE, *Guide technique n°1, La gestion des boisements de rivières, fascicule 1 : dynamique et fonctions de la ripisylve*, 1998, 42 p.
– BAUMGARTEN, *Notice sur la portion de la Garonne qui s'étend en aval de l'embouchure du Lot dans le département de Lot-et-Garonne et sur les travaux qui y ont été exécutés de 1836 à 1847*, Paris, Carilian Goeury, 1849, 157 p.
– BEAUDELIN P., « Conséquences de l'exploitation des granulats dans la Garonne », *Revue Géographique des Pyrénées et du Sud-Ouest*, 1989, tome 60, n° 4, pp 603-616.
– BRIANE G., VALETTE P., « Dynamique et évolution des milieux forestiers alluviaux de la moyenne vallée de la Garonne », in M. GALOCHET, *La forêt, ressource et patrimoine*, Ellipses, coll. Carrefours, 2006, pp 188-207.
– DECAMPS H., *Les boisements riverains de la Garonne : un patrimoine régional méconnu*, Toulouse, CERR, 1987, 29 p.
– DEFFONTAINES P., *Les hommes et leurs travaux dans les pays de la moyenne Garonne (Agenais, Bas-Quercy)*, Lille, 1932, 462 p.
– DIRECTION DÉPARTEMENTALE DE L'ÉQUIPEMENT DU TARN-ET-GARONNE, *La réouverture des bras morts de la Garonne : dossier 1 (diagnostic de l'état actuel)*, 1997, non paginé.
– GUILLOY H., *Évolution des boisements riverains de la Garonne : approche historique et essai de cartographie évolutive*, DEA d'écologie, Toulouse, Université Paul Sabatier, 1995, 53 p.
– LAQUERBE M., « Dynamique du paysage riverain des bords de Garonne. Effets anthropiques », *Bulletin de la Société d'Histoire Naturelle de Toulouse*, 1997, n° 133, pp. 7-13.
– PIEGAY H., PAUTOU G., RUFFINONI C., *Les forêts riveraines des cours d'eau, écologie, fonctions et gestion*, Paris, Institut pour le développement forestier, 2003, 464 p.
– SDAGE ADOUR-GARONNE, *Schéma directeur d'aménagement et de gestion des eaux*, Comité de bassin Adour-Garonne, 1996, non paginé.
– THERON DE MONTAUGE M., 1869, *L'agriculture et les classes rurales dans le pays toulousain depuis le milieu du XVIIIe siècle*, Paris, 682 p.

– VALETTE P., *Les paysages de la Garonne : les métamorphoses d'un fleuve (entre Toulouse et Castets-en-Dorthe)*, Thèse de doctorat en géographie, Université de Toulouse-Le-Mirail, 554 p.
– VITAL P., *Requiem pour une Garonne défunte*, Bordeaux, Wallada, Collection Avenir des peuples, 1984, 525 p.

Figure n° 1 : Localisation géographique

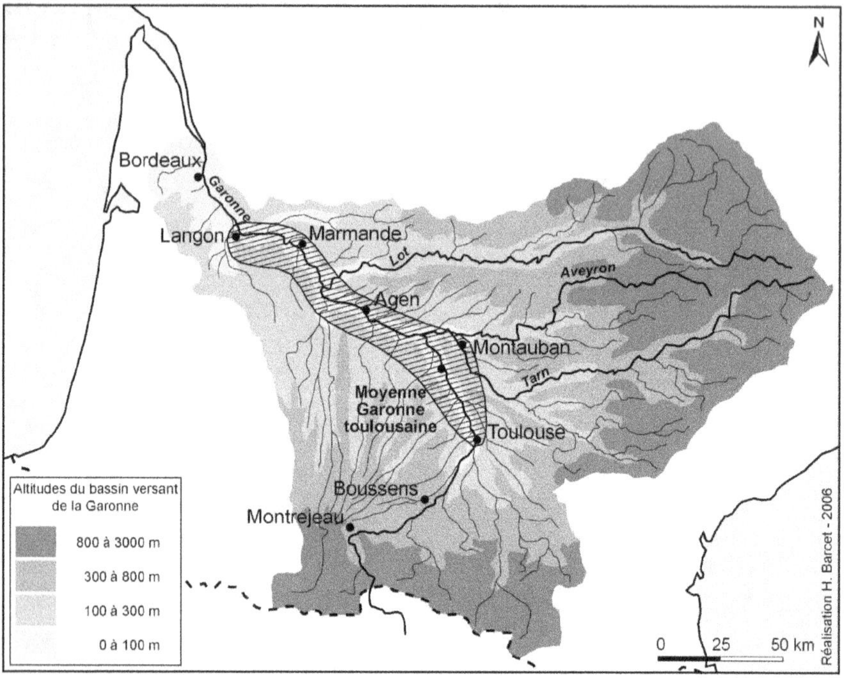

Figure n° 2 : Les différents niveaux de la vallée de la Garonne

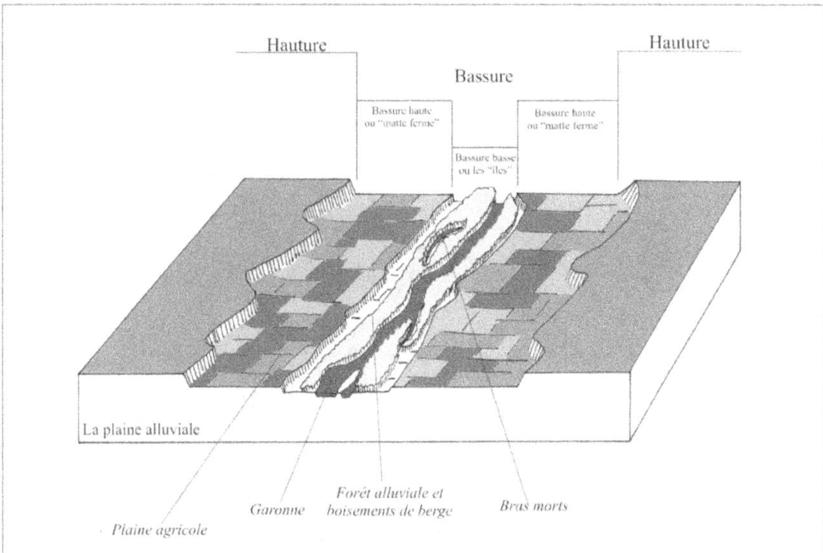

Figure n° 3 : Composition et stratification de la ripisylve

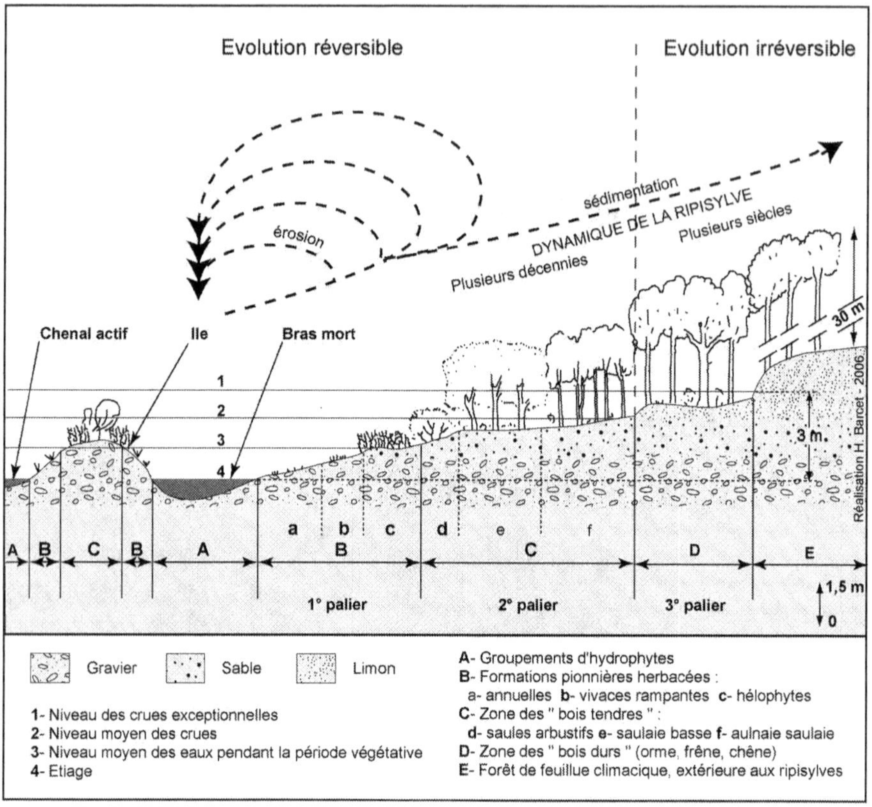

Figure n° 4 : Forêt alluviale et boisements de berge

Environs de St-Aignan, forêt alluviale dense

Environs de Laspeyres. La plaine agricole (maïs, vergers...) laisse peu de place à la ripisylve qui se limite à des boisements de berge

Figure n° 5 : Pression anthropique sur la ripisylve de la période moderne à aujourd'hui

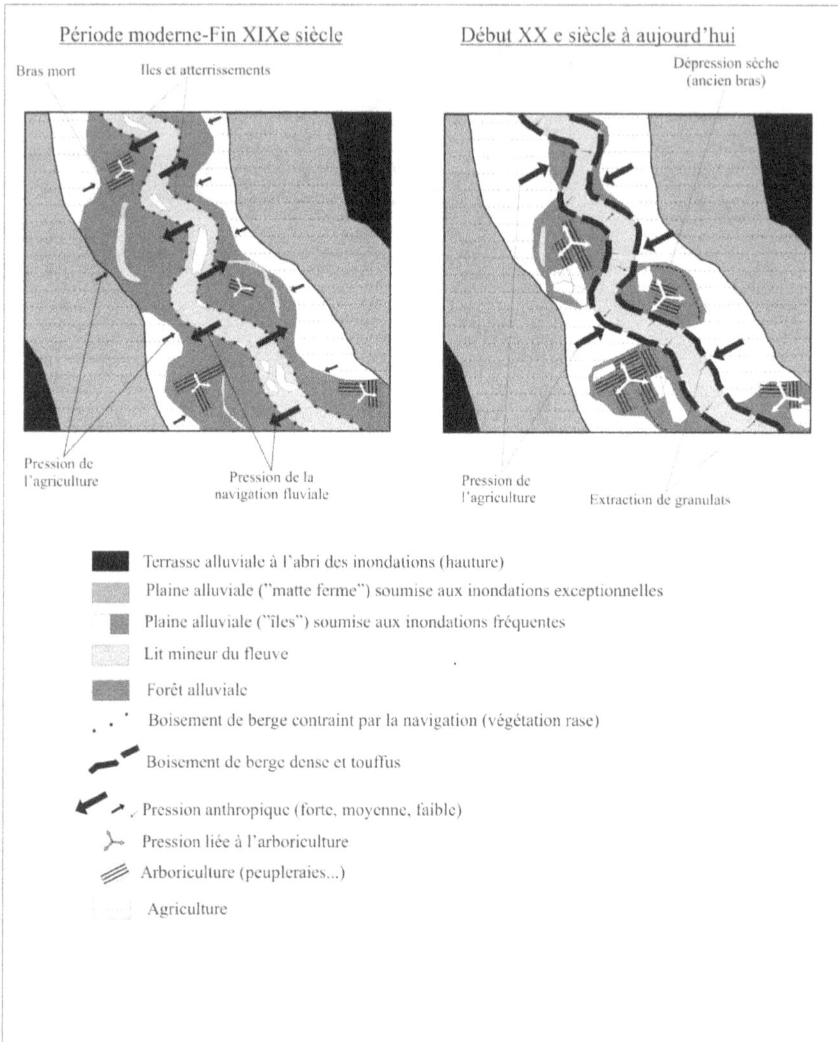

Figure n° 6 : Densification de la ripisylve après abandon de la navigation fluviale

Les jettins (arbustes) sur la rive gauche à La Réole. Ces derniers deviennent plus touffus, ce qui témoigne d'une pression humaine moins importante sur la berge.
(vers 1910).

Là où l'abandon de la navigation est plus ancien, les jettins deviennent une véritable frange végétale sur les berges. Le paysage ouvert des berges du XIXe siècle devient un paysage fermé par un rideau végétal.
(St Nicolas de la Grave vers 1910).

Figure n° 7 : L'extraction de granulats en lit mineur

Extraction de matériaux de la Garonne en 1977 dans les environs de Mas Grenier (Archives direction départementale de l'Equipement du Tarn-et-Garonne)

Sites de gravières sur les berges de la Garonne dans les environs du plan d'eau artificiel de Malause. L'impact de cette activité sur le paysage fluvial se traduit par l'implantation de petits complexes industriels
(1991, Archives direction départementale de l'Equipement du Tarn-et-Garonne).

Figure n° 8 : Les travaux de fixation du fleuve

Ligne de rive sur la rive droite dans les environs de Marmande (Thivras), datant de la seconde moitié du XIXe siècle.

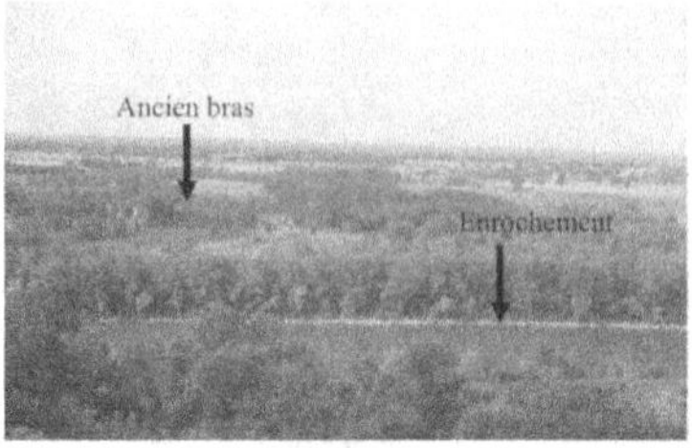

Enrochement à Cordes Tolosannes, datant de la seconde moitié du XXe siècle. Ces travaux ont permis à la ripisylve de se développer autour de l'ancien bras du fleuve court-circuité.

Figure n° 9 : Recolonisation végétale du lit mineur

Atterrissement au niveau de la confluence entre le Lot et la Garonne en cours de végétalisation (environs d'Aiguillon).

Atterrissement de Sauveterre-St-Denis en cours de végétalisation.

Changements fluviaux et forêts riveraines

*Simon DUFOUR**, *Hervé PIÉGAY***

Dans les milieux forestiers qui bordent les cours d'eau, les relations eaux-forêt sont fondamentales et réciproques. La dynamique de la rivière ou du fleuve influence la répartition de la végétation par le biais des crues, qui régissent la fréquence et la durée de l'inondation ou remanient le substrat. Cela explique l'existence de milieux forestiers propres aux vallées alluviales. La présence de boisements dans la plaine d'inondation est également un facteur d'évolution du chenal. La végétation affecte les flux : ralentissement des écoulements de surface, piégeage des sédiments fins, production de matière organique. La gestion des fonds de vallée doit donc tenir compte des liens d'interdépendance entre ces deux compartiments. Nous traitons ici des connaissances scientifiques qui doivent permettre aux opérateurs de formuler des interventions spécifiques et cohérentes. Nous prendrons des exemples dans le bassin du Rhône, à deux échelles spatiales différentes : corridor fluvial et parcelle forestière, avant d'aborder les implications opérationnelles de ces liens fonctionnels.

I – L'ÉVOLUTION DES CORRIDORS FLUVIAUX : CHANGEMENT FLUVIAL ET PAYSAGE FORESTIER

La colonisation récente des marges fluviales du réseau hydrographique

Au XXe siècle, les marges de cours d'eau européens ont connu des évolutions paysagères contrastées. Certains tronçons fluviaux ont enregistré une expansion des écosystèmes boisés et, simultanément, une rétraction significative des bandes actives (chenal en eau et bancs de galets non végétalisés). A l'échelle nationale, l'ampleur du phénomène est difficile à évaluer, mais elle concerne de nombreux cours d'eau du bassin rhodanien (Liébault, Piégay, 2002). En dressant une synthèse de

* Maître de conférences, Université de Provence.
** Directeur de recherche, CNRS.

la végétalisation des marges fluviales dans ce bassin, Piégay *et al.* (2003) distinguent 4 situations :

- les ripisylves intra-alpines, installées dès la fin du XIXe siècle, comme sur les marges du Giffre (Alpes du Nord), où le corridor boisé était maintenu pour éviter l'érosion.
- les corridors boisés apparus au début du XXe siècle au sein des plaines intra-montagnardes (Ubaye) et résultant d'une baisse des apports sédimentaires liée à la fin du Petit Age Glaciaire et au reboisement des versants (Piégay, 1995). Localement, la construction de digues pour lutter contre les inondations a pu favoriser un développement plus précoce des stades arborés (Arve, Peiry, 1988).
- les boisements des rivières de piedmont (Ain, Ardèche, Drôme) postérieurs à 1945 (Piégay, 1995 ; Landon 1999). Cette situation est également observée sur des petits affluents de la Drôme et du Roubion (Liébault, 2003).
- les forêts situées à l'aval d'un barrage ou sur un tronçon court-circuité, comme la Durance à l'aval de Serre-Ponçon (Gallois-Montbrun, 1983), le Drac inférieur (Peiry, Vivian, 1994) ou les aménagements CNR du Rhône (Michelot, 1989).

Cependant, cette progression végétale ne se rencontre pas le long des tronçons fluviaux (Doubs, Allier) sur lesquels les usages agricoles ou pastoraux ont résisté au XXe siècle (Liébault, Piégay, 2002 ; Petit, 2006). De même, les tronçons où les crues sont contrôlées, autorisant l'implantation humaine sur la rive immédiate du lit mineur (Rhône, Isère), n'ont pas connu l'expansion généralisée des boisements.

L'apparition de ces forêts pose de nouvelles questions scientifiques (origine, structure, diversité, fonctionnement, perception, appropriation, gestion), d'autant que ce sont des milieux rares à l'échelle européenne et qu'ils demeurent soumis à une pression anthropique importante. L'expansion des boisements dans les corridors fluviaux est la plupart du temps associée à un rétrécissement des bandes actives. Liébault et Piégay (2002) identifient quatre facteurs expliquant la rétraction de la bande active d'un tronçon fluvial et de l'augmentation des surfaces forestières associées (Tableau n° 1).

Le plus souvent, l'expansion forestière récente est expliquée par la modification des facteurs de contrôle amont, à savoir le régime hydrologique et la dynamique sédimentaire. En effet, en réduisant la dynamique fluviale, cette modification entraîne une rétraction de la bande active, par végétalisation des surfaces non remaniées associée à la maturation des unités présentes moins fréquemment érodées. Les causes amont sont multiples : construction de barrages (Johnson, 1994 ;

Miller *et al.*, 1995 ; Maekawa & Nakagoshi, 1997 ; Azami *et al.*, 2004), reboisement naturel ou artificiel des versants (Liébault, 2003).

Le contrôle local de la végétalisation des bandes actives est plus rarement abordé. Or, si l'évolution des bassins versants explique la rétraction des bandes actives depuis cent cinquante ans (Bravard, 1991 ; Gautier, 1992 ; Miramont et Guilbert, 1997), cela n'explique pas l'accélération du phénomène sur certains tronçons entre 1950 et 1970 (Liébault et Piégay, 2002). Localement, deux causes possibles peuvent être invoquées : l'abandon des pratiques riveraines en lit majeur (coupes, pâturage) et l'incision du lit mineur. C'est, par exemple, ce que l'on constate sur l'Isère à l'amont de Grenoble, où les extractions de la deuxième moitié du XXe siècle se traduisent par un chenal enfoncé, des bancs stabilisés, et donc végétalisés (Didier, 1994 ; Vautier, 2000).

Le contrôle anthropique local, par modification des pratiques agro-sylvo-pastorales, est moins étudié et rarement présenté comme la cause principale de la végétalisation d'un tronçon. Pourtant, plusieurs faits jouent en ce sens. Ainsi, sur des cours d'eau à charge grossière, Andrews (1984), Hey et Thornes (1986) observent des chenaux de plus faible largeur dans les corridors boisés, comparativement à ceux présents dans un corridor prairial. Des études indiquent que le développement de la végétation sur les marges fluviales et dans la bande active réduit la largeur et la mobilité du chenal (Tal *et al.*, 2004). Des cours d'eau comme le Giffre ou l'Ubaye enregistrent une végétalisation plus précoce que les fortes incisions des années 1960/1970. De plus, les rivières dont le lit majeur ne s'est pas boisé après la Seconde Guerre mondiale ont une bande active qui ne s'est pas rétractée (Doubs). Enfin, aucune baisse du régime de crue n'est perceptible sur l'Ardèche, le Buech ou l'Ouvèze malgré la rétraction du lit mineur. Nous avons donc testé sur l'Ain ce modèle d'ajustement à un contrôle local, test qui n'avait auparavant jamais été réalisé à large échelle, hormis sur des cours d'eau en tête de bassin (Magilligan et McDowell, 1997 ; Sidle et Sharma, 1996).

Tableau n° 1 : Causes de la rétraction des bandes actives (Liébault & Piégay, 2002)

<table>
<tr><th>Influence</th><th>Facteurs</th><th>Causes</th><th>Remarques</th></tr>
<tr><td rowspan="2">Amont</td><td>Réduction du transport solide</td><td>Fin du Petit Age Glaciaire (1850/1880)
Construction de barrages
Végétalisation du bassin versant (spontanée ou plantation)
Correction torrentielle</td><td>Réduction des apports, antérieure à la rétraction (temps de réponse)
Rétraction progressive vers l'aval depuis les sources sédimentaires</td></tr>
<tr><td>Réduction du régime de crue</td><td>Fin du Petit Age Glaciaire (1850/1880)
Période hydrologique particulière durant le XXe siècle
Construction de barrages
Végétalisation du bassin versant (spontanée ou plantation)</td><td>Végétalisation et rétraction synchrones</td></tr>
<tr><td rowspan="2">Locale</td><td>Incision du chenal</td><td>Extraction, dégraissement des bancs…</td><td>Incision antérieure à la végétalisation du lit mineur
Rétraction progressive depuis le site d'extraction</td></tr>
<tr><td>Végétalisation de la plaine alluviale</td><td>Modification des pratiques sylvo-pastorales</td><td>Végétalisation et rétraction synchrones</td></tr>
</table>

Boisement riverain et contrôle anthropique local : l'Ain

L'analyse rétrospective des structures paysagères du corridor de l'Ain, réalisée à partir de photographies aériennes, souligne que le facteur anthropique local peut contribuer à initier la végétalisation d'un lit fluvial. Ainsi, nous avons reconstitué par photo-interprétation l'évolution des surfaces boisées de la plaine moderne sur les 36 kilomètres de la basse vallée de l'Ain entre 1945 et 2000.

Elle révèle que, depuis 50 ans, les superficies des différentes unités physionomiques de la plaine moderne ont changé. Aucune n'est stable sur l'ensemble de la période (Dufour, 2005). Parmi les unités paysagères qui progressent dans la deuxième moitié du XXe siècle, les surfaces occupées par des forêts matures (frênaies surtout) sont passées de moins de 120 hectares à plus de 800 hectares (sur un total de 3 300 hectares). Dans le même temps, la bande active régresse de 650 hectares à moins de 410 hectares, soit 20 puis 13 % de la plaine moderne. Comme nous l'avons dit, quatre éléments peuvent expliquer la végétalisation d'une plaine moderne. Chaque facteur est caractérisé par un signal permettant de l'identifier (Tableau n° 1). Dans le cas de l'Ain, nous avons donc cherché à évaluer leur part respective.

• Facteur n° 1 : une réduction du régime des crues.

Dans ce cas, la colonisation végétale est synchrone sur l'ensemble du tronçon et correspond à une période de faible hydraulicité soit naturelle, soit du fait de l'implantation d'un barrage. Le seul barrage pouvant modifier le régime des crues sur l'Ain est celui de Vouglans mis en service en 1968. La chronique des débits maximum annuels de l'Ain montre une faible hydraulicité relative à partir 1958 (Fagot *et al.*, 1989). Or dès les années 1960 certains secteurs, tel Mollon (Figure n° 1), accueillent des surfaces boisées matures implantées dans les décennies précédentes. La réduction de l'activité hydrologique ne semble donc pas provoquer la végétalisation de la plaine de l'Ain.

• Facteur n° 2 : un changement de style fluvial lié à la réduction des apports de sédiments.

La colonisation accompagne de façon synchrone la métamorphose fluviale et se manifeste de façon progressive (amont-aval) au sein du réseau hydrographique. Or ce gradient n'existe pas dans la plaine moderne de l'Ain ; en effet, le secteur amont (Pont d'Ain) ne se végétalise pas plus précocement que le secteur aval (confluence).

• Facteur n° 3 : une incision du chenal.

Dans ce cas, la végétalisation caractérise surtout les secteurs incisés. Or, dans la basse vallée de l'Ain, la végétalisation affecte l'ensemble du corridor comme les tronçons fortement incisés (confluence, pont d'Ain). Le secteur central de la vallée montre un profil en long stable, voire en léger exhaussement entre 1920 et 1999 (site de Mollon). Le facteur incision ne génère donc pas la végétalisation de la plaine.

• Facteur 4 : la modification des pratiques dans la plaine alluviale.

Dans le cas de l'Ain, le contrôle anthropique apparaît prépondérant. Sa nature renvoie au changement de pratiques plus qu'à l'évolution démographique (Piégay, 1995). Les pratiques sylvo-pastorales semblent perdurer jusqu'à la Seconde Guerre mondiale. Elles ont permis de maintenir un paysage ouvert composé de pâturages et de broussailles. Dans ce cadre, la métamorphose fluviale n'a pas permis une explosion végétale dans la plaine moderne, mais a créé des conditions favorables à son expression. En effet, ce n'est qu'au cours des décennies 1950-1980 qu'elle se manifeste dans les secteurs incisés comme dans le secteur exhaussé. La pression anthropique sur les boisements se relâche alors dans la plaine aussi bien que dans la bande active. Leur surface augmente assez rapidement. La vitesse du phénomène dépend de la dynamique interne des unités écologiques mais aussi, probablement, de la rétroaction positive de la végétation sur les conditions hydrauliques dans la plaine : baisse des contraintes, piégeage des sédiments fins, concentration des flux (Tal *et al.*, 2004). A l'image de la métamorphose fluviale, l'écrêtement des crues par le barrage à partir de 1968 accompagne l'évolution, mais ne l'initie pas.

Figure n° 1 : Évolution des surfaces boisées de peuplements matures dans trois secteurs de la basse vallée de l'Ain, 1945-2000 :
un secteur amont (« Pont d'Ain »), un secteur médian (« Mollon ») et un secteur aval (« confluence »).

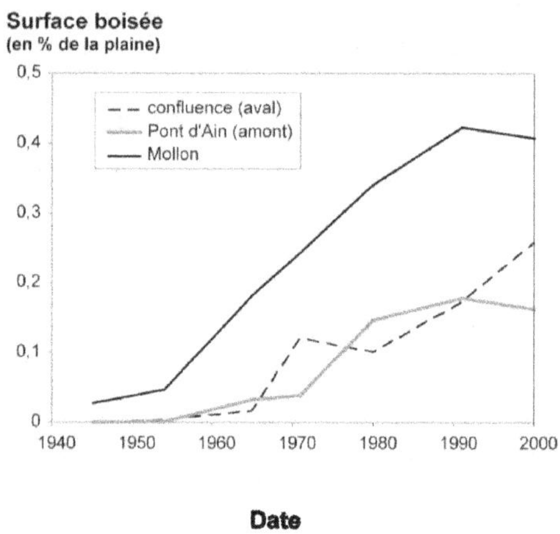

III – LA CROISSANCE LIGNEUSE SOUS CONTRAINTE HYDRO-GÉOMORPHOLOGIQUE : ARBRE ET CHANGEMENT FLUVIAL

La croissance ligneuse des ripisylves

La croissance des arbres est fonction des facteurs génétiques et environnementaux qui opèrent à travers les processus physiologiques au sein de l'arbre (Kozlowski *et al.*, 1991). Dans les hydrosystèmes, milieux humides par définition, on admet que l'eau n'est un facteur limitant seulement dans certains contextes géographiques de marais alluviaux, lorsqu'elle se trouve en excès et induit une inhibition de la croissance, notamment par diminution de l'oxygénation du sol (Kozlowski *et al.*, 1991). Dans les autres cas, les milieux alluviaux sont jugés bien pourvus en eau. Or, dans la mesure où les cours d'eau constituent des structures dynamiques qui s'ajustent en permanence, il est judicieux d'avoir une vision plus dynamique des conditions d'alimentation en eau, car elles évoluent constamment selon les contrôles morphologiques (incision, exhaussement) et anthropiques (barrage, pompage).

Sur le plan physiologique, une baisse du niveau de la nappe réduit le potentiel hydrique chez certaines essences de saules et de peupliers, d'où une baisse de la conductance stomatique et, corrélativement, une diminution de l'activité photosynthétique, de la croissance et, à moyen terme, du recrutement (Mahoney et Rood, 1992 ; Mahoney et Rood, 1993 ; Horton *et al.*, 2001). Ce type d'approche quantitative permet d'identifier des seuils de réponse des espèces et de la communauté aux changements. Ainsi, Lite et Stromberg (2005), ont mis en évidence un seuil de baisse de la nappe qui favorise le *tamarix* dans les communautés pionnières que dominent saules et peupliers dans les ripisylves de la rivière San Pedro en Arizona (États-Unis).

L'impact qu'a l'altération du régime hydrologique a été étudié dans différents contextes, mais essentiellement dans des situations hydro-climatiques contrastées dans lesquelles l'eau devient un problème en saison de croissance :

- Pour des climats secs, en tête de bassin généralement, où le manque d'eau lié aux périodes à faible pluviosité affecte fortement la croissance (Stromberg et Patten, 1996 ; Horton *et al.*, 2001 ; Disalvo et Hart, 2002 ; Galuszka et Kolb, 2002).
- À l'inverse, sur les marges de rivières à faible énergie, notamment en climat sub-tropical, où les longues périodes d'inondation diminuent la croissance, le stress étant dû dans ce contexte un excès d'eau (Teskey et Hinckley, 1977 ; Mitsch et Rust, 1984 ; Conner et Day, 1988 ; Keeland *et al.*, 1997).

Sur les cours d'eau de la zone tempérée, les changements dans l'alimentation en eau ont également été traités, en termes de croissance comme sur le Danube (Smelko et Scheer, 2000 ; Schume *et al.*, 2004), ou de morphologie ligneuse, comme sur la Saône (Astrade et Bégin, 1997). En revanche, le contrôle exercé par l'activité morphologique et l'évolution progressive de la géométrie du chenal est rarement considéré. Dans les rares études où il l'est, il s'agit d'observer l'effet d'une transformation subite, telle l'incision rapide d'un chenal en raison de l'extraction de granulats (Scott *et al.*, 2000 ; Amlin et Rood, 2003) ou la mise à nu des systèmes racinaires par érosion latérale (Lamarche, 1966). Il arrive aussi que des changements fluviaux plus graduels affectent également la croissance des arbres, comme l'illustre le cas du frêne commun.

Contrôle géomorphologique de la croissance du frêne commun (Fraxinus excelsior)

Les conditions d'alimentation en eau régissent la croissance du frêne. Ce contrôle souligné en dehors du contexte alluvial (Devauchelle et Lévy, 1977), concerne également les frênes en bord de cours d'eau (Dufour, 2005). Or, en milieu alluvial, l'alimentation en eau dépend des ajustements fluviaux. Deux exemples illustrent ce contrôle de façon contrasté selon le contexte géomorphologique : le long de l'Ain et de la Drôme. Dans chaque cas, la croissance radiale du frêne a été mésurée à partir de prélèvements dendrologiques.

Le long de la Drôme, quatre sites ont été échantillonnés : un site témoin et trois sites situés en amont d'un seuil (Figure n° 2A et n° 2B). Pour ceux-là, les mesures sont effectuées sur trois transects situés à 1 500, 1 200 et 1 000 mètres à l'amont du seuil des Tours. Il fut construit en 1962 pour diminuer la pente et retenir les sédiments. Il stabilise, voire exhausse le chenal, et donc il relève le niveau la nappe phréatique. Cela affecte les boisements de manière graduelle de l'aval vers l'amont. Sur le transect le plus proche du seuil, la placette est à 40 centimètres au-dessus du chenal (contre 120 centimètres pour les deux autres transects). La nappe est donc proche de la surface. La croissance des frênes y présente des valeurs plus faibles que dans les sites éloignés. Cet exemple illustre le caractère limitant du facteur hydrique dans le cas d'excès d'eau.

Figure n° 2 : La haute Drôme, A) localisation du site, B) localisation des transects (Piégay et al., 2004), C) croissance du frêne pour les placettes de la Drôme ; il s'agit ici d'une mesure relative, les valeurs représentent les écarts à un modèle de croissance régional « rayon/âge » construit à partir de 395 échantillons prélevés sur l'ensemble du bassin rhodanien (Dufour, 2005), une valeur de 0 indique une croissance moyenne, une valeur négative (positive) une croissance plus faible (forte) que la moyenne, les lettres indiquent les groupes homogènes (ANOVA, $p < 0,05$)

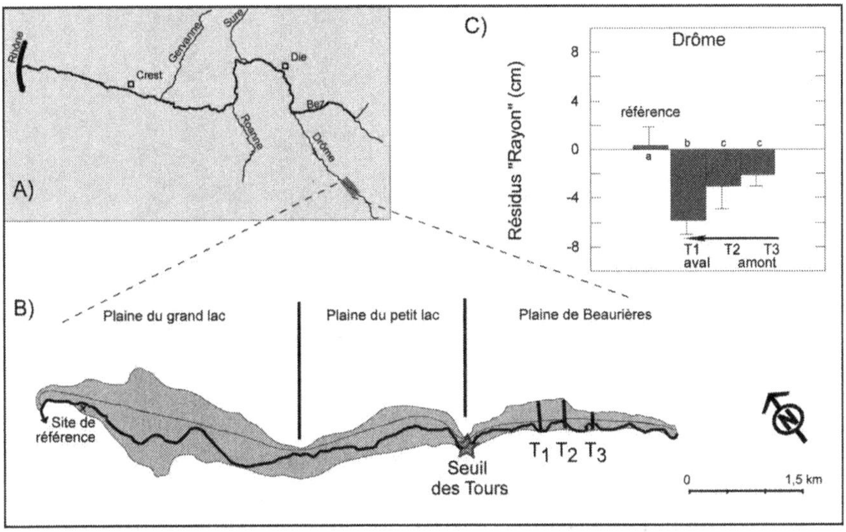

Dans la basse vallée l'Ain, la croissance radiale du frêne a été mesurée dans deux cas : des sites où le chenal s'enfonce dans ses alluvions (incision) et des sites où le chenal est relativement stable, voire exhaussé sur la période 1920-1999. La comparaison des courbes de croissance pour les sites de Gévrieux (secteur stable ou exhaussé) et de Bellegarde (secteur incisé) dévoile des différences significatives (Figure n° 3). La croissance est semblable sur les deux sites entre le début de la chronique et la fin des années 1980 avec, pour cette période, une légère augmentation. A partir des années 1990, la croissance des frênes du site de Bellegarde ralentit. Cette baisse n'est pas enregistrée sur le site de Gévrieux. Les deux courbes s'écartent à partir de 1989, année particulièrement sèche, qui a probablement constitué un seuil déclencheur.

Figure n° 3 : Croissance radiale du frêne sur deux sites contrastés de la basse vallée de l'Ain (Bellegarde : contexte d'incision du chenal, et Gévrieux : contexte de stabilité ou de léger exhaussement), l'indice de croissance permet de corriger l'effet « âge » (Dufour, 2005), une valeur de 0 indique une croissance moyenne, et une valeur négative (positive), une croissance plus faible (forte) que la moyenne.

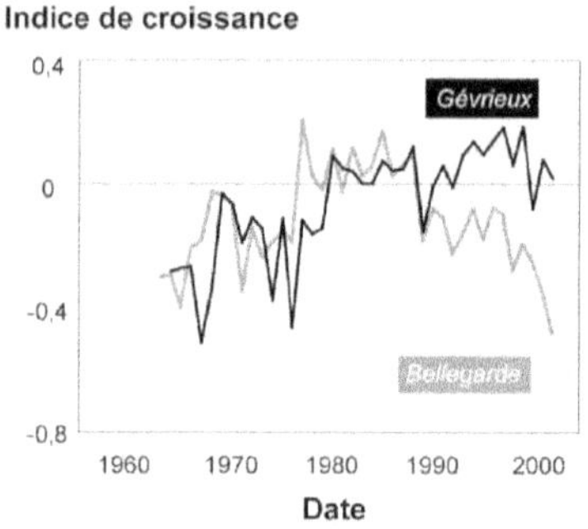

En termes de fonctionnement, la dynamique des compartiments « chenal » et « nappe » de l'hydrosystème à moyen terme joue un rôle essentiel dans l'évolution de la croissance ligneuse. On la contrôle en modifiant les conditions d'alimentation en eau. La figure n° 4 résume le processus ci-dessus ainsi que les résultats acquis dans le bassin du Rhône (Dufour, 2005). Le long d'un gradient de connexion, la croissance du frêne dessine une courbe en cloche. Le manque d'eau et l'excès d'eau nuisent à sa croissance. Entre les deux, la croissance du frêne est optimale. Lorsque des changements fluviaux arrivent, cela provoque un décalage vers un niveau de connexion (et donc un niveau de croissance) différent. Trois éléments importants sont à considérer : l'ampleur de la modification, la brutalité de la modification et la réversibilité du phénomène.

Figure n° 4 : Schéma simplifié de la relation entre connexion hydrologique et croissance du frêne en milieu alluvial

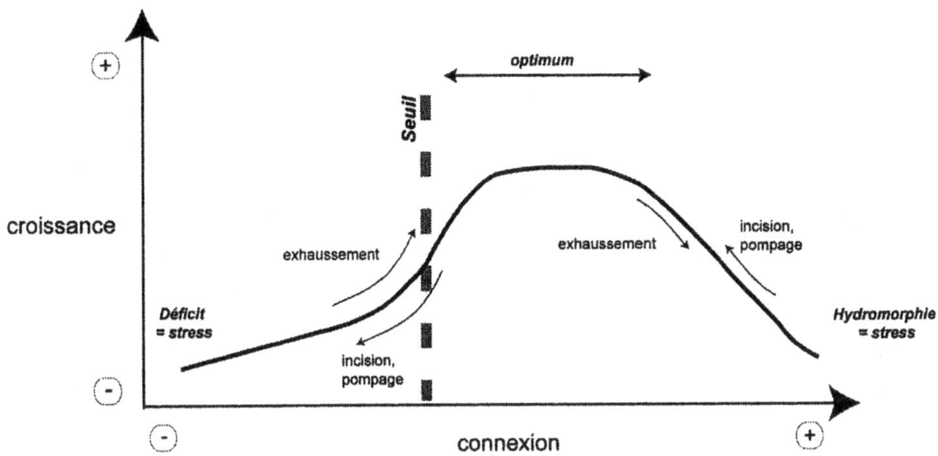

Ces exemples permettent de comprendre l'évolution des forêts riveraines et soulignent avec force qu'elles obéissent à une trajectoire temporelle complexe. Leur histoire n'est donc pas simple. Les évolutions ne sont ni cycliques ni linéaires, mais enregistrent des ruptures et des changements directionnels. Intégrer cette dynamique de changement est fondamental. La conjonction des différents facteurs de contrôle (hydrologie, dynamique sédimentaire, activités humaines) est toujours différente et la situation toujours nouvelle. Le fonctionnement du cours d'eau change, les relations avec les sociétés riveraines aussi. L'ensemble du système présente une trajectoire évolutive. Aussi la valeur des caractéristiques (dont la diversité) des paysages actuels et anciens comme élément de référence pour fixer les objectifs à atteindre peut être discutée. Une alternative possible passe par la réflexion sur les conditions actuelles et futures des facteurs de contrôle et sur l'objectif de gestion que se fixe la société (ou le gestionnaire).

Les conditions stationnelles non stationnaires sont également à intégrer pour gérer les corridors riverains : le choix des essences à favoriser doit tenir compte non seulement des conditions hydrologiques actuelles, mais aussi futures. Pour cela, le praticien doit ajouter un diagnostic hydro-morphologique à la définition des stations écologiques, et ainsi évaluer l'évolution probable du tronçon pour en déduire les conditions futures et choisir les essences adaptées.

L'exemple du frêne illustre l'importance de ce diagnostic. C'est une essence forestière possédant de bonnes propriétés mécaniques et un potentiel commercial important. Cependant, pour qu'il puisse s'exprimer, il exige des conditions de croissance optimales. Ainsi, des cernes réguliers et d'une largeur de 0,4 à 0,7 cm donnent un bois bon pour l'usinage et le tranchage. Pour éviter la réduction de leur taille à moyen terme, il faut éviter le frêne dans les secteurs où l'on peut prévoir une incision dans les années à venir, même si aujourd'hui les conditions semblent propices.

D'un point de vue opérationnel, le lien entre forêt et cours d'eau oblige le forestier à prendre en compte les processus hydromorphologiques dans ses pratiques sylvicoles, mais aussi dans la définition des objectifs et des références de gestion (Dufour et Piégay, 2004). De fait, la notion de dynamique de référence doit remplacer celle d'état de référence. Cela suppose des pratiques réellement intégrées et une valorisation des retours d'expérience s'appuyant sur une évaluation scientifique rigoureuse des résultats écologiques mais aussi socio-économiques des pratiques de gestion et de réhabilitation des milieux alluviaux.

REMERCIEMENTS

Les réflexions et les résultats présentés dans cet article s'inscrivent dans le cadre d'un programme de recherche portant sur la réponse de la végétation riveraine à la dynamique fluviale, financé par l'ONF, l'Agence de l'Eau Rhône Méditerranée Corse, le CNRS, le Ministère de l'Education Nationale, de l'Enseignement Supérieur et de la Recherche et les universités Lyon 2 et Lyon 3 et d'un programme européen Life Environnement « Eau et Forêt » (2003-2007).

BIBLIOGRAPHIE

– AMLIN N.M., ROOD S.B., « Drought stress and recovery of riparian cottonwoods due to water table alteration along Willow Creek », Alberta, *Trees*, 2003, 17, pp. 351-358.

– ANDREWS D., « Bed-material entrainment and hydraulic geometry of gravel bed rivers in Colorado », *Geological Society of American Bulletin*, 1984, 95, pp. 371-378.

– ASTRADE L., BÉGIN Y., « Tree-ring response *Populus tremula* L. and *Quercus robur* L. to recent spring floods of the Saône River », France, *Ecoscience*, 1997, 4 (2), pp. 232-239.
– AZAMI K., SUZUKI H., TOKI S., « Changes in riparian vegetation communties below a large dam in a monsoonal region: Futase dam Japan », *River Research and Applications*, 2004, 20, pp. 549-563.
– BRAVARD J.P., « La dynamique fluviale à l'épreuve des changements environnementaux : quels enseignements applicables à l'aménagement des rivières ? », *La Houille Blanche*, 1991, 7-8, pp. 515-521.
– CONNER W.H., DAY J.W. Jr., « The impact of rising water levels on tree growth in Louisiana », *in* D.D. Hook [coor.], *The ecology and management of wetlands*, Vol. 2, Management, use, and value of wetlands, Croom Helm Ltd Publishers, England, 1988, pp. 219-224.
– DIDIER M., « Relation entre l'enfoncement du lit de l'Isère et la stabilité de ses îles dans le Grésivaudan », *Revue de Géographie Alpine*, 1994, 2, pp. 147-155.
– DISALVO A.C., HART S.C., « Climatic and stream-flow controls on tree growth in a Western Montane riparian forest », *Environmental Management*, 2002, 30 (5), pp. 678-691.
– DUFOUR S., *Contrôles naturels et anthropiques de la structure et de la dynamiques des forêts riveraines du bassin rhodanien (Ain, Arve, Drôme, Rhône).* Thèse de Doctorat, Université Jean Moulin Lyon 3, 2005, 242 p.
– DUFOUR S., PIÉGAY H., *Guide de gestion des forêts riveraines de cours d'eau*, ONF, Agence RMC, CNRS, Université Lyon 3, 2004, 132 p.
– FAGOT P., GADIOLET P., MAGNE M., BRAVARD J.P., « Étude de dendrochronologie dans le lit majeur de l'Ain : la forêt alluviale comme descripteur d'un changement morphodynamique », *Revue de Géographie de Lyon*, 1989, 64, pp. 213-223.
– GALLOIS-MONTBRUN B., *Impact de la pression humaine sur la végétation de la basse vallée de la Durance.* Thèse de 3ième cycle, Faculté des Sciences et Techniques St-Jérome Aix Marseille, 1983, 87 p.
– GALUSZKA D.M., KOLB T.E., « Tree growth and regeneration response to climate and stream flow in a species-rich southwestern riparian forest", *Western North American Naturalist*, 2002, 62 (3), pp. 266-279.
– GAUTIER E., *Recherches sur la morphologie et la dynamique fluviales dans le bassin du Buech (Alpes du Sud).* Thèse de Doctorat, Paris X Nanterre, 1992, 439 p.
– HEY R.D., THORNE C.R., « Stable channels with mobile gravel beds », *Journal of Hydraulic Engineering*, 1986, 112, pp. 671-689.
– HORTON J.L., KOLB T.E., HART S.C., « Physiological response to groundwater depth varies among species and with river flow regulation », *Ecological Applications*, 2001, 11 (4), pp. 1046-1059.

– JOHNSON W.C., « Woodland expansion in the Platte River, Nebraska », *Ecological Monographs*, 1994, 64, pp. 45-84.
– KEELAND B.D., CONNER W.H., SHARITZ R.R., « A comparaison of wetland tree growth response to hydrologic regime in Louisiana and South Carolina », *Forest Ecology Management*, 1997, 90, pp. 237-250.
– KOZLOWSKI T.T., KRAMER P.J., PALLARDY S.G., *The physiological ecology of woody plants*, San Diego, California, Academic Press, 1991, 657 p.
– LAMARCHE V.C., *An 800 year history of stream erosion as indicated by botanical evidence*. Professional Paper USGS, 550D D83-D86, 1966, 267 p.
– LANDON N., *L'évolution contemporaine du profil en long des affluents du Rhône moyen, constat régional et analyse d'un hydrosystème complexe, la Drôme*. Thèse de Doctorat, Université Sorbonne Paris IV, 1999, 560 p.
– LIÉBAULT F., *Les rivières torrentielles des montagnes drômoises : évolution contemporaine et fonctionnement géomorphologique actuel (massifs du Diois et des Baronnies)*. Thèse de Doctorat, Université Lumières Lyon 2, 2003, 357 p.
– LIÉBAULT F., PIÉGAY H., « Causes of 20th century channel narrowing in mountain and piedmont rivers and streams of Southeastern France », *Earth Surface Processes and Landforms*, 2002, 27, pp. 425-444.
– LITE S.J., STROMBERG J.C., « Surface water and ground-water thresholds for maintaining *Populus–Salix* forests, San Pedro River, Arizona », *Biological Conservation*, 2005, 125 (2), pp. 153-167
– MAEKAWA M., NAKAGOSHI N., « Riparian landscape changes over a period of 46 years, on the Azusa River in central Japan », *Landscape and Urban Planning*, 1997, 37, pp. 37-43.
– MAGILLIGAN F.J., MCDOWELL P.F., « Stream channem adjustments folowing elimination of cattle grazing », *Journal of the American Water Resources Association*, 1997, 33 (4), pp. 867-878.
– MAHONEY J.M., ROOD S.B., « Response of hybrid poplar to water table decline in different substrates », *Forest Ecology and Management*, 1992, 54, pp. 141-146.
– MAHONEY J.M., ROOD S.B., « A model for assessing the effects of altered river flows on the recruitment of riparian cottonwoods », *in Riparian management : common threads and shared interests*, February 4-6 1993, Albuquerque, New Mexico, USDA Forest Service, General technical report RM 226, 1993, pp. 228-232.
– MICHELOT J.L., *Les espaces naturels de la vallée du Rhône, éléments pour une politique de gestion intégrée*. Thèse de Doctorat, Université Jean Moulin Lyon 3, 1989, 459 p.
– MILLER J.R., SCHULZ T.T., HOBBS N.T., WILSON K.R., SCHRUPP D.L., BAKER W.L., « Changes in the landscape structure of a

southeastern Wyoming riparian zone following shifts in stream dynamics », *Biological Conservation*, 1995, 72, pp. 371-379.
– MIRAMONT C., GUIBERT X., « Variations historiques de la fréquence des crues et évolution de la morphogénèse fluviale en moyenne Durance (France du Sud-Est) », *Géomorphologie : Reliefs, Processus et Environnement*, 1997, 4, pp. 325-338.
– MITSCH W.J., RUST W.G., « Tree growth responses to flooding in a bottomland forest in northeastern Illinois », *Forest Science*, 1984, 30, pp. 499-510.
– PEIRY J.L., *Approche géographique de la dynamique spatio-temporelle des sédiments sur un cours d'eau intramontagnard ; l'exemple de la plaine alluviale de l'Arve (Haute-Savoie)*. Thèse de Doctorat, Université Jean Moulin Lyon 3, 1988, 376 p.
– PEIRY J.L., VIVIAN H., « Dynamique des crues et réduction de la capacité du chenal consécutive à la construction d'un barrage hydroélectrique : l'exemple du Drac inférieur à l'amont de Grenoble », *in* SHF, *23e journées de l'Hydraulique : crues et inondations*, Nîmes, 1994, 1, pp. 321-329.
– PETIT S. (soumis), Reconstitution de la dynamique du paysage alluvial de trois secteurs fonctionnels de la rivière Allier (1946-2000), Massif Central, France. Géographie Physique et Quaternaire.
– PIÉGAY H., *Dynamiques et gestion de la forêt alluviale de cinq cours d'eau à charge grossière du bassin du Rhône : l'Ain, l'Ardèche, le Giffre, l'Ouvèze et l'Ubaye (19e -20e siècles)*. Thèse de Doctorat, Université Paris IV-Sorbonne, 1995, 455 p.
– PIÉGAY H., PAUTOU G., BRAVARD J.P., « L'histoire contemporaine des marges fluviales : entre renaturation et dénaturation. *In* PIÉGAY H., G. PAUTOU, C. RUFFINONI », *Les forêts riveraines des cours d'eau*, IDF, 2003, pp. 72-92.
– PIÉGAY H., WALLING D.E., LANDON N., HE Q., LIÉBAULT F., PETIOT R., « Contemporary changes in sediment yield in an alpine montane basin due to afforestation (the upper Drôme in France) », *Catena*, 2004, 55, pp. 183-212.
– SCHUME H., GABNER M., ECKMÜLLER O., « The influence of an altered groundwater regime on vessel properties of hybrid poplar », *Trees*, 2004, 18, pp. 184-194.
– SCOTT M.L., LINES G.C., AUBLE G.T., « Channel incision and patterns of cottonwood stress and mortality along the Mojave River, California », *Journal of Arid Environment*, 2000, 44, pp. 399-414.
– SIDLE R.C., SHARMA A., « Stream channel changes associated with mining and grazing in the Great Basin », *Journal of Environmental Quality*, 1996, 25 (5), pp. 1111-1121.

– SMELKO S., SCHEER L., « Dendrochronological analysis of diameter growth and increment of pedunculate oak (*Quercus robur* L.) in Danube floodplain forests », *Ekologia* (Bratislava), 2000, 19 (2), pp. 125-140.
– STROMBERG J.C., PATTEN D.T., « Instream flow and cottonwood growth in the eastern Sierra Nevada of California, USA », *Regulated River: Research and Management*, 1996, 12, pp. 1-12.
– TAL M., GRAN K., MURRAY A.B., PAOLA C., HICKS D.M., « Riparian vegetation as a primary control on channel characteristics in multi-thread rivers », *in* Bennett S.J., Simon A. (eds.), *Riparian vegetation and fluvial geomorphology: hydraulic, hydrologic, and geotechnical interaction*, American Geophysical Union Monograph, 2004, 16 p.
– TESKEY R.O., HINCKLEY T.M., *Impact of water level changes on woody riparian and wetland communities.* Six volumes, FWS/OBS 77/58, 77/59, 77/60, 78/87, 78/88, 78/89, US Fish and Wildelife Service, Office of Biological Service, Washington DC, USA, 1977.
– VAUTIER F., *Dynamique géomorphologique et végétalisation des cours d'eau endigués : l'exemple de l'Isère dans le Grésivaudan.* Thèse de Doctorat, Université Joseph Fourier Grenoble, 2000, 378 p.

Conclusions générales

*Jean-Louis MARTRES**

Il me revient, par un acte discrétionnaire de Madame Corvol, d'avoir à conclure sur les propos de collègues historiens, ce qui me dispense d'avoir à prouver ma compétence. Je ne me hasarderai donc point sur le fond, me contentant de nouer la gerbe de vos communications.

Pour en souligner d'abord la richesse et l'intérêt. Le panorama spatial et temporel incite à la comparaison et inspire au politiste des remarques rendues possibles par la modernité des discours en présence. En effet l'expérience de la vieille Europe, mais aussi de nombreux autres pays, du Vietnam aux Etats-Unis, de la Roumanie au Chili, sont au rendez-vous.

DES-ÉQUILIBRES

La première remarque est impertinente, puisqu'elle pousse l'audace jusqu'à vous demander quelle part des messages rassemblés ici a une chance de toucher les décideurs ? La réponse est floue, le bruit du colloque indistinct et les canaux de transmission mal identifiés. Connaissances perdues ? Ou doit-on penser que l'ignorance est un élixir du bonheur dont ont abusé nos gouvernants ? Pourtant, en particulier la comparaison, sur une longue période, entre les mérites de la décentralisation et ceux de l'autorité centrale, entre également,la circonférence restreinte du pouvoir royal et son extension géographique et administrative jusqu'à la frontière nationale, impose une évaluation technique. N'est-ce pas le problème que vous posez lorsque vous décrivez les pratiques différenciées et empiriques des provinces face à l'immixtion, brutale et régalienne de l'État, afin de s'assurer les bois nécessaires à sa puissance militaire ?

* Professeur émérite, Université Montesquieu Bordeaux IV.

En tout cas, le débat reste ouvert et l'interrogation se résout dans l'impermanence d'équilibres successifs et bancals. Est-ce une constance culturelle de notre pays ou un dilemme universel sur les formes d'intervention de l'État ?

LE TEMPS DES FONCTIONS

La deuxième remarque concerne le marché, réputé, sinon comme la main invisible qui répartit équitablement les richesses, du moins comme l'ultime régulateur des forces économiques.

Vos réponses induisent une appréciation plus subtile, moins manichéenne du phénomène. Car le marché est second, il dérive de la fonction, donc de la technique et de la logistique avant de dévoiler son emprise. En effet, lorsque la fonction cesse ou diminue d'intensité, cas du bois de chauffage, le commerce s'étiole et, par un effet écologique de reversion, tout le dispositif technique, juridique, fiscal, paysager, s'efface jusqu'à l'oubli. Il n'en sort que grâce à la fouille archéologique ou la recherche d'archives, nécessaires pour restituer l'intelligence complète du système.

En outre la succession des fonctions depuis l'approvisionnement énergétique, puis la métallurgie et enfin, l'épuration des eaux, révèle la diversité des solutions que l'imagination propose pour un même problème, comme si le génie humain ne se résolvait jamais à l'unique. Là, d'ailleurs, git sans doute une source appelant une recherche complémentaire que souhaite le politiste, concernant la comparaison des systèmes mis en évidence à partir de l'inventaire que vous en avez dressé, afin de parvenir à une typologie mesurant avantages et inconvénients.

Une conséquence adjacente concerne la différenciation sociale, étudiée et théorisée par Max Weber, laissant supposer un itinéraire, partant de l'improvisation hasardeuse pour parvenir à des conduites légal-rationnelles de plus en plus complexes.

Vos analyses tempèrent ce parcours téléologique, car la différenciation sociale paraît atteindre son optimum quand la fonction et le besoin créent un marché régulier et ceci indépendamment de l'époque. Les caractères de l'âge théologique, décrits par Auguste Comte, ne sont plus pertinents à ce niveau d'organisation. Ainsi, en suivant l'histoire de l'approvisionnement en bois, apparaissent des séparations fonctionnelles ou institutionnelles extrêmement raffinées où chacun trouve un rôle précis et différencié : propriétaire, seigneurs, bateliers, éclusiers, « ingénieurs » ou « aménageurs », contrôleurs, fiscalistes, sans ignorer les spécialistes du contentieux. Le tout se déroule à l'abri du pouvoir royal, limité mais souvent péremptoire. La diversité n'est pas signe d'arriération, mais le résultat d'une connaissance précise de l'adaptation au milieu. Les grandes synthèses chancellent quand la pénétration dans les micro-milieux se précise. Tout est déterminé par l'équilibre et les relations de puissance dans un périmètre de pouvoir, extrêmement étroit et pratiquement clos.

LE DROIT ET LA COUTUME

Reprenons ensuite la relation entre la coutume et le droit, qui met en jeu l'idée de modernité. Le droit en général est salué comme un signal de progrès, car il rendrait réelle l'égalité et permettrait ainsi d'échapper à l'injustice des privilèges singuliers. Il aurait couronné l'ascension du pouvoir central, baguette magique qui transforme l'irrégularité provinciale en harmonie territoriale unique et hiérarchisée, siège de la Nation Souveraine. L'idéologie a toute sa place dans ces concepts, bien qu'impuissante à les définir, si bien que la dispute entre Herder et Goethe demeure actuelle.

Rappelons ici le mépris chinois pour le droit, pourtant connu et étudié par eux, mais répudié comme un embâcle qui bloque le flux des événements. Condamné pour son effet retard, l'autorégulation est préférée à l'injonction autoritaire et barbare.

L'effacement de la coutume devant la loi suit un long chemin qui change le système des normes, avec autant d'avantages que d'inconvénients. Ainsi, la critique de la loi Barnier, à propos du curage des cours d'eau, démontre l'illusion juridique dont l'ambition est de résoudre tout problème particulier. Elle croit le faire mais c'est au prix d'une multitude de textes qui provoque la dégénérescence du droit, aujourd'hui omniprésente. Cette loi n'est pas fautive « en soi », en raison d'un oubli ou d'un contresens. Elle marque simplement la limite du droit qui ne peut s'élever jusqu'au général en englobant le singulier. On constate d'ailleurs le retour à la coutume ou à la semi-coutume. L'État encourage la constitution de codes de bonnes pratiques, assez largement laissés à l'initiative locale. Sans doute l'Etat ne se dessaisit pas totalement, car il assortit son engagement de promesses financières. Mais comme elles sont virtuelles, il y a en fait renonciation à la généralité de la loi.

Vous avez également lancé dans le courant de ce colloque une idée qui a fait un long chemin, puisque face à une prospective linéaire de type kantien ou marxiste, vous suggérez balance, oscillation, et ne dissociez pas progrès de régression, présentés comme des phases alternantes et finalement complémentaires. Mais la renonciation à une flèche du temps ne va pas sans affecter ceux qui confondent changement avec progrès !

LA POLÉMOLOGIE SOCIALE ET LES FORMES INSTITUTIONNELLES DES ACTEURS

Les conflits sociaux semblent obéir à une étrange permanence dans la mesure où le décor, en dépit de son évolution ou à cause d'elle, fait appel à des acteurs identiques, mais dont la puissance varie dans le temps. Nous retrouvons l'opposition public/privé, centre/périphérie, aménageur/gestionnaire, seigneur/vassal, etc..., mais les lieux d'exercice, la fréquence et l'intensité des batailles varient. Les instruments de puissance suivirent la croissance du pouvoir royal qui, d'arbitre lointain, est devenu le pivot d'un système envahissant, mais impuissant au regard des contraintes contemporaines.

Il est tentant de risquer une comparaison homologique que vos travaux suggèrent avec une certaine insistance. La distinction entre le pouvoir ou propriété « éminente » du seigneur et le travail du serf sur la propriété « utile » rappelle étrangement la dissociation paradoxale que nous connaissons actuellement. Par exemple, un établissement public de type CRPF fonctionne comme une sorte de féodalité élective qui oriente la gestion du propriétaire privé, sur un mode de répartition des tâches et des compétences très proche de la distinction médiévale. Curieux destin de la démocratie, havre de paix de l'évolution humaine, qui reconstitue le modèle féodal, en respectant une sémantique moderne ! Le rapprochement est trop scandaleux pour retenir l'écoute, mais la description suffisamment nette pour alarmer.

En effet, suivant le nombre et la force des sylviculteurs face à la tutelle chargée d'appliquer les contraintes administratives, la structure oscillera entre une autogestion corporatiste et un pouvoir réglementaire dérivé.

Dans la même direction, on peut mettre en parallèle un pragmatisme soucieux d'atteindre l'objectif et le perfectionnement de l'instrumentum juridique. Ce débat opposera de plus en plus les pays nordiques aux états romanisés de l'Union Européenne. La ligne de fracture passera au centre de la France. Elle suit le tracé des coutumes anciennes, fondées sur l'oil et l'oc.

RAISON ET MODERNITÉ

Est-ce que le Saint Sacrement peut arrêter les inondations ? Sans doute les créationnistes trouveraient-ils de l'intérêt à la question. Mais je ne la pose pas dans ce sens : est-ce que la Raison l'a finalement emporté sur la Foi ?

La modernité implique le choix de la science, comme *l'ars operandi* de la Raison. Qu'entend-on par là ? La pensée critique développée à partir de Kuhn a remis en question les dogmes paradigmatiques qui conféraient à la Science les attributs de Dieu : Universalité, Infaillibilité, Éternité des sentences. Mais la « défaisance » de cette divinité nouvelle est à l'œuvre. Sa première manifestation concerne la renonciation au pourquoi. Cela ouvre un superbe territoire de conquête à des sectes proliférantes, réintroduisant par là la magie et le chamanisme dans un monde officiellement dédié à la Raison.

Je ne parle pas simplement des adorateurs de l'oignon, objet métaphysique s'il en fut, et pas davantage des lecteurs d'horoscopes, mais plutôt des cabinets d'avocats américains spécialisés dans la défense des cailloux, des cactées, des séquoias ou autres vespertilions à oreille échancrée. Il est vrai que la clientèle est peu exigeante et le financement assuré par de vieilles dames en quête d'héritiers !

Par ailleurs la crainte évoquée par Hannah Arendt de voir dans la cause une survie inacceptable de la métaphysique a engagé la science dans l'explication des phénomènes en recourant à des analyses multi variées. Bien. Mais cela repousse le problème sans l'éteindre, car l'analyse phénoménologique interdit de rechercher des lois de tendance ou d'évolution. Est-ce un progrès ? La juxtaposition de cas d'espèces n'ajoute rien à l'intelligibilité du monde et s'arrête au seuil de la méthode comparative, sans l'utiliser. Comment établir le sens des séquences entre ces causes plurielles, trouver les charnières ou le déclic qui entraîne le phénomène ?

Le comment bafouille, le pourquoi est banni, le mouvement de balancier qui agite l'Occident a réintroduit l'incertitude et l'instabilité de hasards qui laissent entrer la magie dans l'esprit d'hommes qui s'imaginaient aux commandes du monde.

LE PAYSAGE

S'il y a une conclusion – ironique – à retenir, comme un dessin émergeant de la mosaïque des communications, c'est bien celle de l'impermanence du paysage, incessamment remanié en fonction des besoins, de la technique et du marché, avec une indifférence constante pour la préoccupation esthétique, réservée aux seuls jardins.

Or le contraste, voire la rupture, est saisissant avec l'époque contemporaine, qui désire faire de la nature ou plutôt de la campagne un objet à la fois muséographique et sacré. Elle le sanctuarise dans les formes récentes codifiées depuis le XIXe siècle par les peintres ou les photographes qui travaillent sur le motif. Loin de l'idéalisme de Poussin et de l'école platonicienne, ils avaient érigé la réalité de leur époque en modèle. Leurs successeurs lointains les croient dictés par un souci de « Beauté ». Mais, en réalité, seul le talent de l'artiste était en question. Il élevait le paysage au niveau de l'esthétique, alors que son origine renvoyait à la trivialité des fonctions économiques et alimentaires.

Nous essayons donc pour la première fois non de préserver la Nature, mais de la « Construire ». Nous sommes inspirés par un désir d'Eden. Le rêve est à la portée des citadins en quête de la « pureté » disparue. Cela consacre le règne de l'homme, devenu un dieu mineur capable d'habiter les arbres. Ce faisant, il pense créer l'harmonie du monde, voire découvrir une « valeur » supérieure à toutes les anciennes vertus. Pourtant, c'est tout juste une consécration muséographique, voire un projet colonisateur, car le « vrai » à poursuivre et à réhabiliter, ce n'est pas la nature qui l'engendre, mais l'homme qui le conçoit. La démonstration a été apportée par la communication sur les tourbières où l'on s'efforce de préserver, voire de dessiner des modèles « parfaits, « idéaux », parce que l'opinion les croit conformes à l'action de la nature, ce qui est un mythe.

Voilà ce que l'homme moderne appelle protéger la Nature et établir la gestion durable ! Cependant, peut-être que les sciences sociales, encloses dans leur jardin académique, en portent une part de responsabilité. En incitant à découper les matières au nom de la spécialisation qu'exigerait la rigueur scientifique, ne laissent-elles pas aux intérêts corporatistes ou financiers le soin de faire la synthèse ? Les politiques s'empressent de la transformer en loi, afin de ne pas négliger la voix d'une prétendue opinion publique !

Les auteurs

– Monsieur Mauro AGNOLETTI
Professeur d'Université
Università di Firenze
Dipartimento di Scienze e
Tecnologie Ambiental Forestali
Via San Bonaventura 13
50145 Florence (Italie)

– Monsieur Jean-Marc ANTOINE
Maître de conférences
Université de Toulouse-le-Mirail II
Goede UMR 5602
Maison de la Recherche
5, allées Antonio Machado
31058 Toulouse

– Monsieur Jean-Marie BALLU
Ex-Président de la Section
« Eaux » du Conseil Général
du Génie rural des Eaux et Forêts
Ministère de l'Agriculture
251, rue de Vaugirard
75015 Paris

– Monsieur Noury BENABADJI
Professeur d'Université
Université de Tlemcen
Département de Biologie
BP 119
13000 Tlemcen (Algérie)

– Madame Karine BERTHIER
Chercheur
Laboratoire départemental
d'archéologie
7-9, rue Môquet
94800 Villejuif

– Monsieur Jean BOISSIÈRE
Professeur émérite
24 ter, rue Albert Moreau
77000 Melun

– Monsieur Mohamed
BOUAZZA
Professeur d'Université
Université de Tlemcen
Département de Biologie
BP 119
13000 Tlemcen (Algérie)

– Monsieur Victor BRUNETTE
Agence de mise en valeur des
forêts privées outaouaises
394, blvd. Maloney Ouest
Bureau 103
Gatineau, Québec, J8P 7Z5
Canada

– Monsieur Jérôme BURIDANT
Maître de conférences
Université de Reims-Champagne-
Ardenne
Département d'Histoire
57, rue Pierre Taittinger
51096 Reims Cedex

– Monsieur Roger CANS
Journaliste
6, rue de l'Eglise
72510 Saint-Jean-de-la-Motte

– Madame Andrée CORVOL
Directeur de recherche CNRS
Présidente du G.H.F.F.
45 rue d'Ulm
75005 Paris

– Madame Claude COSANDEY
Directrice de recherches CNRS
Laboratoire de Géographie physique
1, place Aristide Briand
92195 Meudon Cedex

– Monsieur Philippe CRÉMIEU-ALCAN
Enseignant
50, rue Binaud
33300 Bordeaux

– Monsieur Georges CUER
Directeur des Archives départementales du Doubs
Rue Marc Bloch
BP 2059
25050 Besançon Cedex

– Monsieur François DUCEPPE-LAMARRE
Professeur agrégé
9, rue Barthélemy Delespaul
59000 Lille

– Monsieur Simon DUFOUR
Maître de conférences
CEREGE - CNRS UMR 6635
Equipe Géomorphologie & tectonique
Université de Provence
Europôle Méditerranéen de l'Arbois - BP 80
13545 Aix-en-Provence Cedex 04

– Monsieur Eric GERVREAU
Maître de conférences
IUT Cergy-Pontoise
Département Génie civil
Route d'Eragny
Neuville sur Oise
95031 Cercy-Pontoise

– Madame Maria-Carmen GRAS
Enseignante
Le Bourg
14380 Pont-Farcy

– Monsieur Fabrice GREGOIRE
Ingénieur CNRS
Centre de Biogéographie
ENS-LSH
15, parvis René Descartes
69342 Lyon Cedex 07

– Monsieur Pierre GRESSER
Professeur d'Université émérite
10 Domaine du Château
25870 Devecey

– Monsieur Fabrice GUIZARD-DUCHAMP
Maître de conférences
Université de Valenciennes
35, rue Michelet
02100 Saint-Quentin

– Madame Keido IZUMI
Chercheur
Université de Tokyo
Forestry and Forest Products

Research Institute
Tohoku Research Center
020 0123 Morioka (Japon)

– Monsieur Yves-François
LE LAY
UMR 5600-CNRS
Université Jean Moulin Lyon III
18, rue Chevreul
69362 Lyon Cedex 07

– Monsieur Guy LEMPÉRIÈRE
Professeur d'Université
Université Joseph Fourier
38041 Grenoble Cedex

– Monsieur Jean-Louis
MARTRES
Professeur d'Université émérite
Université de Montesquieu
Bordeaux IV
Avenue Léon Duguit
33608 Pessac Cedex

– Madame Tatiana MUXART
Directrice de recherche, CNRS
7 allée du Château
91310 Longpont sur Orge

– Madame Thao TRAN
Docteur en géographie
Résidence Pléiades (Appt 36)
24, avenue Alain Savary
45100 Orléans

– Monsieur Philippe VALETTE
Maître de conférences
Université de Toulouse-le-Mirail
Toulouse II
5, allées A. Machado
31058 Toulouse Cedex

Table des matières

Bibliographie du Groupe d'Histoire des Forêts Françaises

• *Aspects de la recherche sur l'Histoire des forêts françaises*, Paris, Institut d'Histoire Moderne et Contemporaine et CNRS, 1980, 51 p. (épuisé).

• *Histoire des forêts françaises, Guide de recherche*, Paris, Institut d'Histoire Moderne et Contemporaine et CNRS, 1982, 193 p. (épuisé).

• *Jalons pour une histoire des gardes forestiers*, actes du Colloque Les Gardes forestiers, textes réunis et présentés par G. Buttoud, Paris, Institut d'Histoire Moderne et Contemporaine (CNRS) et Laboratoire d'Économie forestière et agricole (INRA), 1985,151 p. (épuisé).

• *Quarante ans de législation forestière (1945-1985)*, préface de R. Blais, actes de la Journée d'Etudes Le Front forestier National (FFN), textes réunis et présentés par P. Arnould, Paris, CNRS et École normale supérieure de Fontenay Saint-Cloud, 1987, 128 p. (épuisé).

• *Révolutions et Espaces forestiers*, actes du Colloque La Révolution et la Forêt, textes réunis et présentés par D. Woronoff, préface de M. Vovelle, Paris, L'Harmattan, 1989, 264 p.

• *Forges et forêts. Recherches sur la consommation proto-industrielle*, sous la direction de D. Woronoff, Paris, Éditions de l'École des Hautes Études en Sciences Sociales (EHESS), 1990, 263 p.

• *La Forêt et l'Eau*, actes du Colloque La Forêt et l'Eau, textes réunis et présentés par A. Corvol et F. Ogé. Paris, GHFF, 1990. 122 p.

• *Le Bois et la Ville*, actes du Colloque La Ville et l'approvisionnement en bois, textes réunis par J.-Cl. Biget, J. Boissière et J.-Cl. Hervé, préface de D. Roche, Paris, École normale supérieure de Fontenay-Saint-Cloud et GHFF, 1991, 318 p.

• *La Forêt*, actes du 113e Congrès annuel des Sociétés savantes, section La Forêt, Strasbourg, Université de Strasbourg, Faculté des Lettres et Sciences humaines, 1988, textes réunis et présentés par A. Corvol, Paris, Éditions du Centre des Travaux Historiques et Scientifiques (CTHS), 1991, 380 p.

• *Enseigner et apprendre la Forêt, XIXe-XXe siècles*, actes du Colloque L'Enseignement et l'Information sur la forêt, textes réunis et présentés par A. Corvol avec la collaboration de C. Dugas de la Boissonny, Paris, L'Harmattan, 1992, 264 p.

• *Forêt et Guerre*, actes du Colloque Forêt et Guerre, textes réunis et présentés par A. Corvol avec la collaboration de J.–P. Amat, Paris, L'Harmattan, 1994, 325 p.

• *La Nature en révolution, 1760-1800*, sous la direction d'A. Corvol, Paris, L'Harmattan, 1993, 230 p.

• *La Forêt malade, débats anciens et phénomènes nouveaux, XVIIe-XXe siècle*, sous la direction d'A. Corvol, Paris, L'Harmattan, 1994, 284 p.

• *Nature, paysage et environnement,* Tome I, L'Héritage révolutionnaire, sous la direction d'A. Corvol, avec la collaboration d'I. Richefort, Paris, L'Harmattan, 1995, 295 p.

Prix Michel Texier, Académie des Sciences morales et politiques.

• *Roger Blais : agronome, forestier, historien, géographe et humaniste*, actes du Colloque en l'honneur de M. le Directeur Roger Blais, textes réunis et présentés par A. Corvol avec la collaboration de P. Arnould et de A. Bloch, Paris, Groupe d'Histoire des Forêts Françaises (GHFF), Institut National Agronomique (INA) et Office National des Forêts (ONF), 1996, 81 p.

• *La Forêt : perceptions et représentations*, actes du Colloque La Forêt, images et conceptions, textes réunis et présentés par A. Corvol avec la collaboration de M. Hotyat et de P. Arnould), Paris, L'Harmattan, 1997, 401 p.

• *Forêt et Marine*, actes du Colloque Forêt et Marine, textes réunis et présentés par A. Corvol, Paris, L'Harmattan, 1999, 525 p.

• *Les Sources de l'histoire de l'environnement*, Le XIXe siècle, sous la direction d'A. Corvol, Paris, Ministère de la Culture et L'Harmattan, 1999, 502 p.

• *Duhamel du Monceau : un Européen des Lumières*, actes du Colloque Duhamel du Monceau, scientifique, administrateur, humaniste, Orléans, textes réunis et présentés par A. Corvol, Académie des Lettres, Sciences et Beaux-Arts de l'Orléanais et Musée d'Histoire naturelle, 2001, 330 p.

• *Le Sapin : enjeux anciens, enjeux actuels*, actes du Colloque Le Sapin, répartition et utilisation, textes réunis et présentés par A. Corvol, Paris, L'Harmattan, 2001, 391 p.

• *Les Sources de l'histoire de l'environnement*, Le XXe siècle, sous la direction d'A. Corvol, Paris, Ministère de la Culture et L'Harmattan, 2002, 750 p.

• *Forêt et Vigne, Bois et Vins*, actes du Colloque Forêt et Vigne, Bois et Vins, textes réunis et présentés par A. Corvol, Paris, L'Harmattan, 2002, 501 p.

Prix Drouyn de Lhuys, Académie des Sciences morales et politiques.

• *Les Forêts dans l'Occident, du Moyen Âge à nos jours*, actes du Colloque de l'abbaye de Flaran, textes réunis et présentés par A. Corvol, Toulouse, Presses Universitaires du Mirail, 2004, 300 p.

• *Tempêtes sur la Forêt française, XVIe-XXe siècle*, sous la direction d'A. Corvol, Paris, L'Harmattan, 2005, 250 p.

• *Forêt et Chasse, X[e]-XXe siècle*, actes du Colloque Forêt et Chasse, textes réunis et présentés par A. Corvol, Paris, L'Harmattan, 2005, 350 p.

• *Forêt et Eau, XIIIe-XXIe siècle*, actes du Colloque L'Eau et la Forêt, textes réunis et présentés par A. Corvol, Paris, L'Harmattan, 2007, 351 p.

L'HARMATTAN, ITALIA
Via Degli Artisti 15 ; 10124 Torino
L'HARMATTAN HONGRIE
Könyvesbolt ; Kossuth L. u. 14-16
1053 Budapest
L'HARMATTAN BURKINA FASO
Rue 15.167 Route du Pô Patte d'oie
12 BP 226
Ouagadougou 12
(00226) 50 37 54 36
ESPACE L'HARMATTAN KINSHASA
Faculté des Sciences Sociales,
Politiques et Administratives
BP243, KIN XI ; Université de Kinshasa
L'HARMATTAN GUINÉE
Almamya Rue KA 028
En face du restaurant le cèdre
OKB agency BP 3470 Conakry
(00224) 60 20 85 08
harmattanguinee@yahoo.fr
L'HARMATTAN CÔTE D'IVOIRE
M. Etien N'dah Ahmon
Résidence Karl / cité des arts
Abidjan-Cocody 03 BP 1588 Abidjan 03
(00225) 05 77 87 31
L'HARMATTAN MAURITANIE
Espace El Kettab du livre francophone
N° 472 avenue Palais des Congrès
BP 316 Nouakchott
(00222) 63 25 980
L'HARMATTAN CAMEROUN
Immeuble Olympia, face à la Camair
BP 11486 Yaoundé
(237) 458.67.00/976.61.66
harmattancam@yahoo.fr

Achevé d'imprimer par Corlet Numérique - 14110 Condé-sur-Noireau
N° d'Imprimeur : 777464 - Janvier 2018 - Imprimé en France

www.ingramcontent.com/pod-product-compliance
Lightning Source LLC
LaVergne TN
LVHW011154061026
849535LV00003B/729
* 9 7 8 2 2 9 6 0 3 8 0 9 7 *